電気・電子工学基礎講座 3

電気物性学

東京工業大学名誉教授・工学博士
酒 井 善 雄
東京工業大学名誉教授・工学博士
山 中 俊 一
共著

森北出版株式会社

電気・電子工学基礎講座発刊のことば

工学，技術の諸分野の発展は量的にも質的にも年とともに速まり，電気・電子工学の分野では，その傾向が特にいちじるしいといえよう．これは，今日どの技術，産業の分野でも広く電気・電子技術が用いられるようになってきていることと，元来科学・工学・技術の性質がその内容の単なる積重ねだけのものではなく，開発の方法も進歩し，需要も増すために，内容が年とともに直線的にというよりは指数関数的に増大するからであろう．

しかし他方，人間そのものの能力はそれほど増しているとは考えられないから，これから，電気・電子工学を学ぼうとする人々にとって，今日の高度な質と膨大な量の学術を昔と同程度の期間内に昔と同様な方法で修得することは，過重負担というよりは不可能に近い．

電気・電子工学といっても，その中にはさらに多くの細分化された専門分野がある．教えるほうはそれぞれの専門家であるから教えたつもりでも，いろいろの専門分野の学問を短期間に受取らねばならないほうでは，与えられたものの多くが不消化のまま排泄されたり，オーバーフローしたりすることになる． これを避ける一つの行き方は， 細分化された一つの専門分野だけを専攻することであるが，あまりに分化された知識は，異なった専門分野にはあまり役立たないから，これでは自らの将来のゆくてを狭めることになろう．

学校で電気・電子工学を学ぼうとする人々は，卒業後どのような分野の仕事を専門とするようになるかわからない．また，卒業してある専門分野の仕事についたとしても，その後異なった分野の仕事に変らなければならないこともしばしばあろうし，同じ専門分野であってもその速い進歩に遅れないだけでなく，さらに追い越すことも必要であろう．

したがって，将来電気・電子工学のどのような専門分野に進むことになっても，必要に応じて自ら学ばなければならない．そのとき，どの分野にも共通になるような基礎学力を十分に身につけておけば，その先の高度な専門の勉学もあまり困難なしに自力でできることになる．細分化された専門分野に進む前に共通の基礎を学んでおくことは，今日きわめて大切なことといわなければならない．

幸いなことに，専門分野の種類が増し，細分化されてくる一方，部分的なところから発展してきた学問が，互いに関連をもった体系にまとめられてくるために，広い範囲に分散しているように見えた学問が整理されて，共通した基礎学の体系ができ，以前は高度で先端的であったために少数の人々にしか理解されなかったものが，今日では基礎的な学問体系に組入れられ，誰にでも理解されやすい形になっているものも少なくない．

ここに企画され，刊行の運びになった電気・電子工学基礎講座は，電気・電子工学を専攻しようとする人々が上記のような意味で共通の基礎学力を身につけるのに役立つことを目的としている．第１～８巻の各著者はそれぞれの専門分野で立派な研究業績をあげておられる方々であるが，また，長年大学で各巻の内容の授業を担当され，深い教育経験をももっておられるベテランぞろいである．

選ばれている各巻の内容は，いずれも将来電気・電子工学のどの分野に進む人にとっても基礎となるものであり，大学の学部の電気・電子関係専門過程に適する程度に書かれ，十分吟味されていると同時に，手頃な分量でもある．電気・電子工学専攻の学生諸君にとって良い基礎となるばかりでなく，一生の伴侶ともなりうるものであろう．

西　巻　正　郎

序

電気工学はエネルギー，情報・通信，材料・デバイスの三つを柱としている．これらのうち前の二者は電気を発生または利用する上からの分類にもとづくもので，一つは電気エネルギーと力・熱・光などのエネルギーとの相互変換に関するもの，他は通信・計算・制御などの機能を発揮させるためのものである．これに対して後者はこのような利用にあたって使用する各種の電気・電子機器を構成する材料の性質や，部品・デバイスの動作原理に関するものである．この分野の中心的な基礎科目である電気物性は電気工学全体の重要な基礎知識でありながら，それが学問として体形化されたのはかなり遅く，近年になってようやく確立したといえよう．

本書はこの電気物性学に関して，著者等が東京工業大学においてそれぞれ分担し，三学期に亘って行っている講義内容を集録したものである．かえりみると著者等両名による A. J. Dekker 教授の著書「Electrical Engineering Materials」の翻訳が「電気物性論入門」なる書名で出版されたのは 1961 年であった．この著書はそれまで電気工学を専攻する学生には難解とされていた物質の電気的振舞を，電磁気学的な基礎概念で理解しやすく記述したものとして，アメリカ合衆国において好評であったが，われわれの訳本もかなり広い分野の方々に利用されたと自負している．しかしその後十余年を経て，電気工学科の学生にも量子論の素養が高められた状況では，やや物足りなさが感じられるに至った．ここでわれわれは新しい構想で，その基本方針として大学の電気・電子工学科の低学年学生を対象とし，それまでに学んだ電気磁気学の知識と，これにある程度の量子論的取扱いを加味しつつ，物質の電気特性を把握させるという意図の下に本書を執筆した．

本書の１・２章では物質の構成要素である原子，およびその集合としての結晶について記述し，ついで，原子の配列からきめられる内部電子のエネルギー状態を考え，その説明において量子論の基礎知識の導入をはかった．３章では物質中における電子の流れを考えるにあたって，電子を粒子とみなすか，波動とみなすか両方の立場を比較しつつ，導体ならびに半導体の導電機構を論じた．４章では半導体が電子工業において利用される場合の基本構造である金属-半導体接触，あるいは p-n 接合について述べることによって，半導性について反復して履習するとともに，トランジスタを中心とする各種電子素子を学ぶための糸口とした．5章では物質が電界にさらされたとき，それの構成要素としての内部電子の振舞から誘電性・絶縁性を論じた．6章では物質が磁界にさらされたとき，内部電子への効果によってもたらされる磁気的性質の発生について述べた．なお各章ごとに演習問題を付記し，巻末の略解とともに本文の理解を深めるための一助とした．

擱筆にあたって，前記 Dekker 教授の著書をはじめとして多くの著書，あるいは内外の文献を参照し，データを引用させていただいたことに対して，それら著者の方々に深い感謝の意をあらわすとともに，出版にあたって森北出版の森北肇，池田広好氏に多大のお世話をいただいたことを，ここに併記して深謝するしだいである．

1976年1月

酒井善雄
山中俊一

目　次

4章 半導体接合と応用素子

5章 誘電体

6章 磁性体

物理定数の概略値

光の速さ	c	2.998×10^{8} m/s
電子の電荷	e	-1.602×10^{-19} C
電子の静止質量	m	9.109×10^{-31} kg
陽子の静止質量	M_{P}	1.673×10^{-27} kg
プランクの定数	h	6.626×10^{-34} Js
ボルツマンの定数	k	1.381×10^{-23} J/度
絶対零度	0K	−273.15℃
アボガドロ数		6.023×10^{23}/モル
1ボーア磁子	μ_{B}	9.273×10^{-24} Am^2
真空の誘電率	ε_0	8.854×10^{-12} F/m
真空の透磁率	μ_0	1.257×10^{-6} H/m

1章 物質の構造

1·1 水素原子模型

電気物性学は物質のマクロな電気的あるいは磁気的性質，たとえば電気伝導や強磁性といった性質を，その物質のミクロな構造，すなわちその物質を構成している原子の種類や並び方あるいは電子のふるまいなどにもとづいて説明しようとする学問である．そこで，われわれは個々の物質の性質について議論するまえに，あらかじめ物質の構造のあらましについて調べておく必要がある．物質の構造については，諸君はすでに物理学でその概要を学んでおられるわけであるが，いろいろな種類の粒子から構成されており，最終的に**素粒子**（elementary particle）と呼ばれる基本単位から成り立つとされている．しかし通常の物質の性質を特徴づけていると考えられる粒子は**原子**（atom）なので，ここでは，まず原子の構造について調べることにする．

原子は**原子核**（atomic nucleus）とこれをとりまくいくつかの**電子**(electron)より構成されている．電子は $e=1.602\times10^{-19}$ C なる素量の負電荷と，$m=9.109\times10^{-31}$ kg の静止質量をもつ粒子で，**原子番号**（atomic number）Z の原子は Z 個の核外電子をもっている．一方，原子核は正電荷をもつ Z 個の**陽子**（proton）と電荷をもたない若干個の**中性子**（neutron）よりなり，陽子1個のもつ電荷の素量は電子と等しく，質量は電子の約1836倍の $M_P=1.673\times10^{-27}$ kg であり，中性子の質量もほぼこれに等しい．したがって原子は全体として電気的に中性であり，また，その質量はほぼ原子核に集中しているものと考えてよい．なお，これらの大きさは原子の直径が約 10^{-10}m であるのに対し，電子と原子核の直径は 10^{-15}m 程度で，電子から見れば物質内部は宇宙空間の広さに比べることができよう．

さて原子の構造を考えるのであるが，われわれの立場からは特別な場合を除いて原子核内部の問題に立ち入る必要はなく，核外にある電子がどのような状態にあるかということが論議の主な対象となる．原子のうち構造の最も簡単なものは水素原子であり，まず水素原子の構造について考えよう．水素原子は1

個の陽子と1個の核外電子よりなるが，これをボーア（Bohr）の模型を出発点として考えてゆくことにする．この模型では，水素原子は $+e$ なる電荷をもつ原子核によりつくられる電界の中を，電子が円軌道を描きながら回転しているものとする．いま図1·1のように，円軌道の半径を r，電子の速度を v とすると，電子に働く遠心力とクーロン力のつり合いから

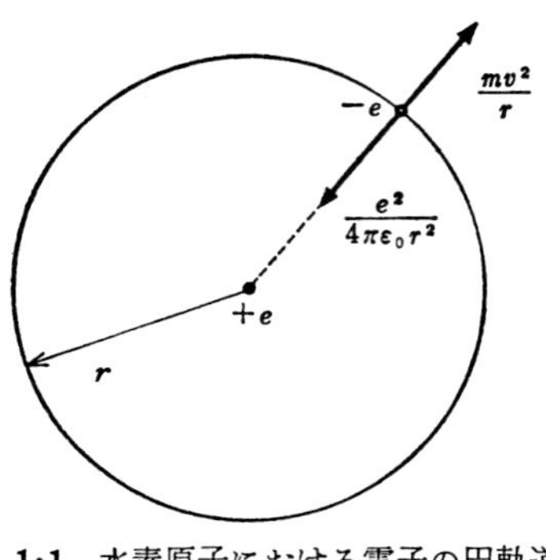

図 1·1　水素原子における電子の円軌道

$$\frac{mv^2}{r}=\frac{e^2}{4\pi\varepsilon_0 r^2} \tag{1·1}$$

が得られる．ε_0 は真空の誘電率で $\varepsilon_0=8.854\times10^{-12}$F/m である．この状態の電子のもつエネルギーは運動のエネルギーとポテンシャルエネルギーの和であるが，後者は電子が無限遠にあるときのエネルギーを0とすると，電子を無限遠から r なる位置までもってくる仕事で

$$V=\int_\infty^r \frac{e^2}{4\pi\varepsilon_0 r^2}dr=-\frac{e^2}{4\pi\varepsilon_0 r} \tag{1·2}$$

となる．したがって電子のもつ全エネルギーは

$$E=\frac{1}{2}mv^2-\frac{e^2}{4\pi\varepsilon_0 r} \tag{1·3}$$

で表される．ここで式（1·1）を式（1·3）に代入すると

$$E=-\frac{e^2}{8\pi\varepsilon_0 r} \tag{1·4}$$

となる．しかし，このような模型では，電子の運動にともなって電磁波が放射されるため，電子は次第にそのエネルギーを失い，ついには原子核に付着することとなって安定な状態を得ることはできない．

ここで，ボーアは式（1·5）に示すような角運動量 p_φ が $h/2\pi$ の整数倍であるような軌道のみは，電磁波を放射することも吸収することもなく安定に存在し得るという仮定を提案した．

$$p_\varphi=n\frac{h}{2\pi},\ n=1,\ 2,\ 3,\cdots \tag{1·5}$$ [1)]

1)　$h/2\pi=\hbar$（エッチバーと読む）とおいて，ディラック（Dirac）の定数またはディラック・エッチと呼び，このあとしばしば用いる．

h はプランク(Plank)の定数で $h=6.626\times10^{-34}$ Js であり，n は**量子数**(quantum number)，この式は**量子条件**(quantum condition) と呼ばれる．式(*1·5*)を適用すると

$$mvr=\frac{nh}{2\pi},\ n=1,\ 2,\ 3,\cdots \qquad (1·6)$$

となり，これから v を求めて式 (*1·1*) に入れると，円軌道のとり得る半径が次式のように決定される．

$$r_n=\frac{\varepsilon_0 h^2}{\pi me^2}n^2=0.529\times10^{-10}n^2\ [\mathrm{m}] \qquad (1·7)$$

電子軌道のとり得る最小半径は $n=1$，すなわち 0.529×10^{-10}m または 0.529 Å で，これを**ボーア半径** (Bohr radius) と呼び，原子の大きさの程度を示す値としてよく用いられる．次にこの r_n を式 (*1·4*) に入れると

$$E_n=-\frac{me^4}{8\varepsilon_0{}^2h^2}\frac{1}{n^2}=-\frac{13.6}{n^2}\ [\mathrm{eV}]^{1)} \qquad (1·8)$$

すなわち軌道電子のエネルギーは，$1/n^2$ に比例する不連続なとびとびの値をとることがわかる．これらの許されるエネルギーの値を**エネルギー準位** (energy level) と呼び，**図1·2** はこれを示したもので，**エネルギー準位図** (energy level diagram) と呼ぶ．これらの軌道にある電子は**定常状態** (stationary state) にあるといい，光すなわち電磁波の吸収も放出も示さない．このうち $n=1$ に相当する準位が最も低いエネルギーの状態で，これを**基底状態** (ground state)と呼び，水素原子では，-13.6 eV となる．これ以外の $n>1$ なる状態は**励起状態** (excitation state)と呼ばれ

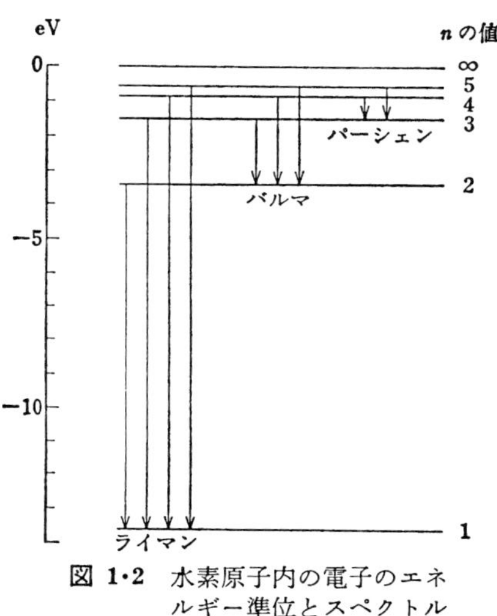

図 1·2　水素原子内の電子のエネルギー準位とスペクトル

1)　エネルギーの単位eV（エレクトロンボルト）は，電子が 1 V の電位差で加速されたときに得るエネルギーで，電子エネルギーの単位としてしばしば用いられる．

る．電子はふつうの状態ではこの基底状態にあるので，たとえば電子をとり出して水素原子をイオン化するには 13.6 eV のエネルギーを要することとなる．

さて原子のスペクトルとして観測される光の吸収および放出は，ボーアによれば電子がエネルギー E_n のある定常状態から E_m なる他の定常状態に移るとき，次式に従って周波数 f の電磁波を放出または吸収するとする．

$$hf=E_n-E_m \tag{1・9}$$

ここで $E_n>E_m$ ならば電磁波を放出，$E_n<E_m$ ならば吸収する．式 (*1・9*) をボーアの**周波数条件** (frequency condition) という．図 1・2 にエネルギー準位間の遷移による水素原子のスペクトル系列の一部が示されているが，これらは実験事実とよく一致し，ボーアの仮定が妥当なものであることを示している．

さてボーアの理論では円軌道のみを考えたが，われわれが天体の運動で知っているように，クーロン力のような中心力に引かれながら原子核のまわりを回る電子は，一般にはだ円軌道をとるはずである．ここでは詳しい計算は省略するが，ゾンマフェルト (Sommerfeld) らはこのことをとり入れて，電子軌道が $\boldsymbol{n}$，k なる二つの量子数で指定されることを示した．k は $k\leqq \boldsymbol{n}$ で与えられる整数であり，だ円軌道の両軸の比は k/n となる．たとえば $n=3$ にたいしては $k=1, 2, 3$ なる値があり，**図1・3**に示す三つの軌道となる．しかし，この場合もエネルギーのほうは n のみで決まり，式 (*1・8*) で表される[1]．

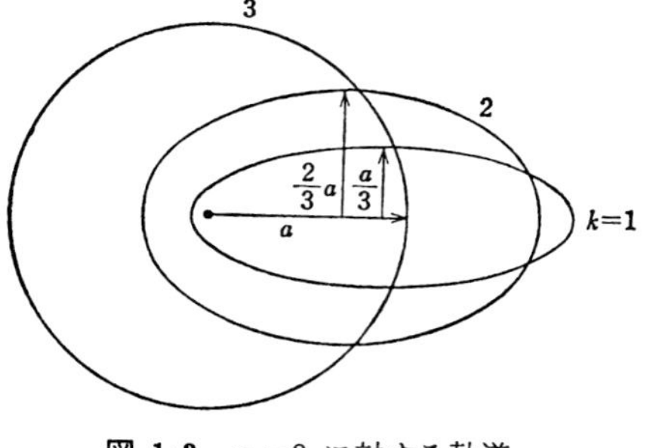

図 1・3　$n=3$ に対する軌道

このように同一のエネルギー準位に別々の運動が属している場合には，その準位は**縮退** (degenerate) しているという．図 1・3 の場合は 3 重に縮退しているという．ところで実験事実と一致させるためには，k のかわりに $l=k-1$ なる l を量子数として採用する必要のあることがわかった．すなわち

$$l=0,\ 1,\ 2,\ \cdots,\ n-1 \tag{1・10}$$

1) 水素以外の原子では k によって若干異なる．

この l を**方位量子数**（azimuthal quantum number）と呼び，これに対し n を**主量子数**（principal quantum number）という．もう一度くり返すと，n が電子軌道のエネルギーを決め，l が軌道の形，すなわち角運動量の大きさを定めることになる．なお量子力学によれば l なる量子数の軌道は

$$L=\sqrt{l(l+1)}\frac{h}{2\pi} \tag{1·11}$$

なる角運動量をもつことがわかる．

ところで空間における電子の運動は3次元的であるから，電子の運動状態を完全に指定するには三つの量子数が必要となるが，第3番目の量子数は空間における軌道面の方向を定めるものとして得られる．すなわち，たとえば z 方向に磁界 $\boldsymbol{H}$ を加えたとすると，電子の軌道運動は等価的に一つの板磁石とみなせるので，軌道面が磁界の方向となす角度によってエネルギーが異なってくる．この場合軌道面は勝手な方向を向くことは許されず，図1·4に示す軌道角運動量 $\boldsymbol{L}$ の磁界方向の成分 L_z が

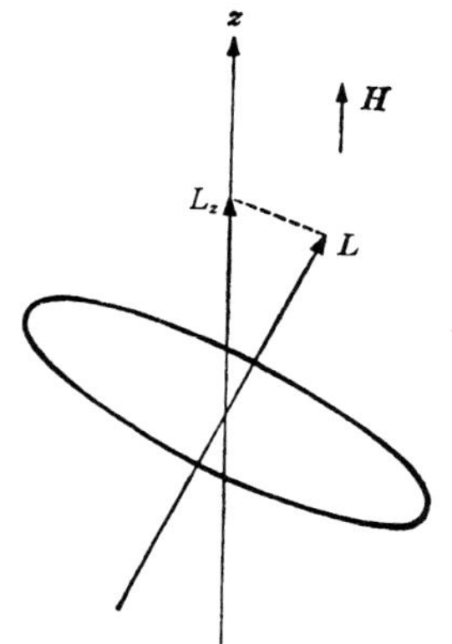

図 1·4 磁界と電子軌道

$$\left.\begin{aligned}&L_z=m_l\frac{h}{2\pi}\\&m_l=l,\ l-1,\ \cdots\cdots,\ 0,\ \cdots\cdots,\ -l+1,\ -l\end{aligned}\right\} \tag{1·12}$$

となるような傾きをもった軌道面だけが許されることがわかった．m_l を**磁気量子数**（magnetic quantum number）という．

さらにスペクトル線のこまかな観察から，電子自身が角運動量をもっており，この角運動量を量子化する**スピン量子数**（spin quantum number）s が必要となることがわかった．s は

$$s=-\frac{1}{2},\ \frac{1}{2} \tag{1·13}$$

の二つの値のみをとる．

以上のようにして核外電子の状態は，主量子数 $\boldsymbol{n}$，方位量子数 $\boldsymbol{l}$，磁気量子

数 m_l, スピン量子数 s なる四つの量子数で完全に定まることになる.

1・2　水素原子の量子力学による取扱い

1・1 ではボーアの模型その他仮定を設けることによって原子内における電子の定常状態を定めたが，量子力学によれば，このような仮定によらずに全く同様な結果を自然に導くことができる．さて光が波動であると同時に粒子としての性質をもっているのと同じように，電子その他の物質粒子は波動としての性質をもっているという考え方がド・ブロイ（de Broglie）によって提出された．この物質粒子にともなう波を **物質波**（material wave）または **ド・ブロイ波** と呼ぶ．物質波の周波数 f と波長 λ は，それぞれ粒子のエネルギー E および運動量 p と次の関係で結びつけられるとする．

$$E=hf, \quad p=h/\lambda \tag{1・14}$$

粒子の波動性が問題となるのは，これにともなう物質波の波長が短くなって，対象としている系の大きさに匹敵するようになる場合で，今問題にしている原子内の電子の運動などは勿論この場合に相当する．さて，このように粒子の波動性が問題となるときは，量子力学によれば粒子の状態は粒子の座標と時間の関数である**波動関数**（wave function）と呼ばれる関数 $\Psi\ (x,\ y,\ z,\ t)$ で与えられることになる．$\Psi\ (x,\ y,\ z,\ t)$ は $|\Psi|^2$ が時刻 t に位置 $x,\ y,\ z$ に粒子の存在する確率を与えるという性質をもっている．すなわち量子力学においては粒子がある時刻にある特定の位置に存在するというような概念は失われて，与えられるものは存在確率のみであり，粒子は空間に広がったある分布として示されることになる．$|\Psi|^2$ が存在確率を与えるためには，粒子は空間のどこかに必ず存在するはずであるから，確率の定義から

$$\int_{\text{全空間}} |\Psi|^2 dv=1 \tag{1・15}$$

のように Ψ を定める必要があり，これを規格化という．

さて古典力学において粒子の運動がニュートンの運動方程式によって与えられたのに対して，量子力学では**シュレージンガーの 波動方程式**（Schrödinger wave equation）と呼ばれる式が基本式になる．すなわち粒子の分布を示す波動関数 Ψ はこの方程式の解として与えられる．ところで通常の場合，Ψ は

$$\Psi(x, y, z, t) = \phi(x, y, z)\varphi(t) \tag{1·16}$$

のように，それぞれ座標のみと時間のみの関数に分けることができ，座標のみの関数である $\phi(x,\ y,\ z)$ は

$$-\frac{\hbar^2}{2m}\left(\frac{\partial^2}{\partial x^2}+\frac{\partial^2}{\partial y^2}+\frac{\partial^2}{\partial z^2}\right)\phi + V\phi = E\phi \tag{1·17}$$

の解として与えられる．ここでEは粒子のもつ全エネルギー，Vはポテンシャルエネルギー，mは質量である．式（1·17）は，時間を含まないシュレージンガーの波動方程式であるが，単にシュレージンガーの波動方程式とも呼ばれ，粒子の定常状態を与えるもので，われわれがふつう問題にするのは定常状態であるから，主として式（1·17）をもとに話を進めることになる．

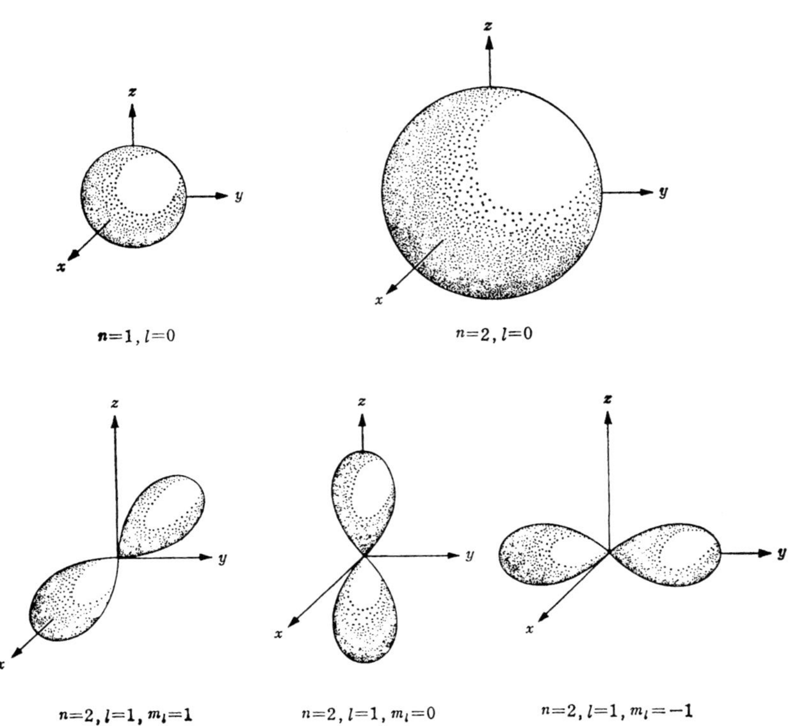

図 1.5　水素原子の電荷分布

さて水素原子について式（1・17）を適用し $V=-e^2/4\pi\varepsilon_0 r$（式（1・2））を用いると，途中の計算はここでは省略するが[1)]，波動関数 ψ の解が得られるのは n, l, m_l という三つの量が次のような特別の値をとる場合だけであることが示される．

$$n=1, 2, 3, \cdots, \infty$$
$$l=0, 1, 2, \cdots, n-1$$
$$m_l=l, l-1, \cdots, 0, \cdots, -l+1, -l$$

すなわち**1・1**で仮定によって与えられた三つの量子数が，波動方程式を解く過程で全く当然の結果として出てくるのである．いま，これら量子数の組に対応する波動関数によって与えられる核外電子の電荷分布の若干の例を示すと**図1・5**のようになる．図は便宜上はっきりした線で描いてあるが，実際は図のような形で空間にもっと不鮮明に広がっているわけである．ところで，たとえば図の $n=1$ の場合について電荷密度が最大になる場所を計算してみると，これが実は**1・1**で述べた基底状態の電子軌道に相当することがわかる．すなわち，古典的には電荷分布のかわりに存在確率の最も大きい距離を半径とする円軌道と考えているわけで，非常にあらい近似をしていることになる．しかし一々電荷分布と呼ぶのは面倒であるから，以後も軌道という用語を用いてゆくが，それは電荷分布を意味していることを承知しておかれたい．

なお最後にスピン量子数 s は，シュレージンガーの波動方程式を相対性原理の要求を満たすように補正することにより出てくるものであるが，ここではこれ以上立ち入らない．

1・3　原子内の電子配列

以上，水素原子を対象として核外電子のとり得る状態を調べてきたが，これらは一般の原子についてもあてはめることができる．すなわち核外電子は n, l, m_l, s という四つの量子数で指定される状態をとることになる．たとえば $n=1$ とすると，$l=0$, $m_l=0$, $s=\pm 1/2$ で状態は二つしかない．
$n=2$ に対しては

$$n=2,\ l=0,\ m_l=0,\ s=\pm 1/2, \qquad 2$$

1)　詳細は適当な量子力学の入門書を参考にされたい．なお式（1・17）は，第2章において他の問題に関し，実際に解くこととする．

$n=2,\ l=1,\ m_l=1,\quad s=\pm 1/2,\quad 2$

$n=2,\ l=1,\ m_l=0,\quad s=\pm 1/2,\quad 2$

$n=2,\ l=1,\ m_l=-1,\ s=\pm 1/2,\quad 2$

の8個の状態数が存在する．同様に $n=3$ には18個，$n=4$ には32個など，一般に任意の n に対しては $2n^2$ 個の状態数が存在することが簡単な計算で導かれる．

ところで，これらの各状態はふつう量子数に従ってグループにまとめられ，区別して呼ばれる．まず l の値により

l	0	1	2	3	4・・・
名称	s	p	d	f	g・・・

に区別され，それぞれのグループを s 状態（または s 軌道，以下同様），p 状態などと呼ぶ．次に n によって

n	1	2	3	4・・・
名称	K	L	M	N・・・

などと分けて，K殻，L殻などと称する．さらに n，l で定まる特定の状態は $3d$ 状態（$n=3$，$l=2$，$3d$ 軌道，以下同様），$4s$ 状態（$n=4$，$l=0$）などと呼んで区別する[1]．

さて実際の原子において，これらの状態に電子がどのように配置されるかを考えよう．この場合，**パウリの排他原理**（Pauli exclusion principle）と呼ばれる大原則がある．すなわち

n，l，m_l，s なる四つの量子数で定まる状態には1個の電子しか入り得ない．

という法則である．したがって基底状態，すなわちエネルギー最低の状態では，電子はエネルギーの低い量子状態から順番に詰ってゆくことになる．さて各量子状態のエネルギーはほとんど n によって決まり n が小さいほど低く，また同じ n に対しては l の小さいほど小さいので[2]，電子は n，l の小さい状態をまず満たしてゆく．たとえば水素原子では電子が1個ゆえ $1s$ に入り，ヘリウムでは電子が2個でいずれも $1s$ に入る．しかし，これで $1s$ は満員となり，次のリチウムでは1個は $2s$ に入ることになる．この様子を**表1・1**に示す．

1)　n，l で決まる状態を副殻と呼び，$2s$ 殻，$2p$ 殻などと称することもある．

2)　n が大きくなると，この順序は必ずしも正確ではない．

表 1·1　元素の電子配列

原子番号 Z	元素	K $n=1$	L $n=2$		M $n=3$			N $n=4$			
		s $l=0$	s $l=0$	p $l=1$	s $l=0$	p $l=1$	d $l=2$	s $l=0$	p $l=1$	d $l=2$	f $l=3$
1	H	1									
2	He	2									
3	Li	2	1								
4	Be	2	2								
5	B	2	2	1							
6	C	2	2	2							
7	N	2	2	3							
8	O	2	2	4							
9	F	2	2	5							
10	Ne	2	2	6							
11	Na	2	2	6	1						
12	Mg	2	2	6	2						
13	Al	2	2	6	2	1					
14	Si	2	2	6	2	2					
15	P	2	2	6	2	3					
16	S	2	2	6	2	4					
17	Cl	2	2	6	2	5					
18	Ar	2	2	6	2	6					
19	K	2	2	6	2	6		1			
20	Ca	2	2	6	2	6		2			
21	Sc	2	2	6	2	6	1	2			
22	Ti	2	2	6	2	6	2	2			
23	V	2	2	6	2	6	3	2			
24	Cr	2	2	6	2	6	5	1			
25	Mn	2	2	6	2	6	5	2			
26	Fe	2	2	6	2	6	6	2			
27	Co	2	2	6	2	6	7	2			
28	Ni	2	2	6	2	6	8	2			
29	Cu	2	2	6	2	6	10	1			
30	Zn	2	2	6	2	6	10	2			
31	Ga	2	2	6	2	6	10	2	1		
32	Ge	2	2	6	2	6	10	2	2		
33	As	2	2	6	2	6	10	2	3		
34	Se	2	2	6	2	6	10	2	4		
35	Br	2	2	6	2	6	10	2	5		
36	Kr	2	2	6	2	6	10	2	6		

さて元素の示すいろいろな性質は，その核外電子の配列に密接な関係のあることが多い．たとえば周期律表で表される各元素の化学的性質は，それぞれの元素の最も外側の電子の配置によってうまく説明することができる．それは化学変化にあずかるのはこの外側の電子，すなわち**価電子**（valence electron）で

あり，たとえば Na, K のように最外殻に1個しか電子をもたないものは，これを放出して陽イオンになりやすく，逆に F, Cl のように空席が1個のものは電子をとって**閉殻**[1] (closed shell) をつくろうとするので陰イオンになりやすい．これに対し Ne, Ar のような始めから閉殻になっているものは化学的に極めて安定である．また19番のK以下，内側の殻が完全に満たされていないのに外側の殻に電子が入るものを**遷移元素** (transition element) と呼び，その中に Fe, Co, Ni の強磁性体が含まれていることから想像されるように，物質の磁性に重要な関係をもっている．

1·4 化学結合と結晶

（1） **結晶質と非晶質**　原子がいくつか集まると分子になり，あるいは液体固体となる．われわれが主として扱うのは固体であるが，固体の性質を考えてゆく上で重要なのは結晶の問題である．固体はその内部を眺めると原子が一定の規則に従って3次元的に正しく配列している**結晶質**のものと，そうでない**非晶質**のものとに分けられる．たとえば普通の金属や岩石などは結晶質で，一方，ガラスやゴムのようなものは非晶質である．また結晶質の中で，その固体全体が一つの結晶からなるものを**単結晶** (single crystal) と呼ぶ．たとえば水晶やダイヤモンドその他の宝石類あるいはトランジスタに用いるシリコンがそうである．しかし多くの材料はふつう数 nm～数 μm の微結晶が集まったもので**多結晶** (polycrytal) である．これら微結晶の境界は**結晶粒界** (grain boundary) と言う．

宝石などに対する感覚から結晶と言うのはできにくいように思われるが，実は固体では原子がでたらめに配列しているよりも，規則的に配列しているほうがエネルギーが低い．したがって原子が自由に動きうる状態にあるときは結晶をつくろうとする．たとえば多くの単結晶は溶融状態から凝固点近辺で除冷するだけでつくることができる．一方，急冷して原子が動くひまのない場合や，高分子材料のように分子が巨大なものは非晶質になりやすい．いろいろの物質はそれぞれ特有の結晶をつくるので，固体の性質は結晶の性質を反映するが，結晶が非常に微細なときは結晶としての性質はあまり現れてこない．

（2） **化学結合よりみた結晶**　原子が集まって分子ができ，あるいは結晶

---

1)　n，l で示される状態が電子で完全に満たされているものを閉殻という．

ができるわけであるが，そのためには原子と原子との間になんらかの**引力**が働かねばならない．また引力だけでは駄目で原子と原子が一定の間隔を保つためにはこれに見合う**斥力**がなければならない．すなわち，これらの二つの力によるエネルギーの和が極小になるようなある一定の間隔で原子同志は結合することになる．まず斥力であるが，これは両原子が近づくとその電子軌道が重なるようになり，閉殻ではパウリの排他原理により同じ軌道には入れないので，一部の電子はエネルギーの高い空いた軌道に入らなければならないという事情から主として生ずる．その他原子核の間，あるいは電子相互間のクーロン反発力などもある場合にはきいてくる．

次に引力であるが，結晶がもついろいろな性質はこの引力の種類によるところが大きい．各種の引力の中，主なものは

イオン結合 (ionic bond)

共有結合 (covalent bond)

の二つである．**1･3** で述べたように，原子にはその電子配列によって電子を放出しやすいものと，とり入れやすいものがあり，このような両原子が出合うと電子が原子から原子へ移って，一方は＋イオンとなり，他方は－イオンとなるので，この間にクーロン力が働くことになる．これがイオン結合で，たとえば NaCl がそうで，Na より Cl に電子が 1 個移って Na^+ イオン，Cl^- イオンとなって結合する．

次に共有結合はその名前のとおり，原子が互いに電子を共有することによって結びつくとふつう説明されるが，本質は静電的な力で，両原子に属する電子が互いにその位置を交換することにより生ずる量子力学的な**交換力**と呼ばれる力である．ここでは，この力の本質に関する議論には立入らないが，上のような性格から外殻電子の波動関数の形が結晶構造を決めることが多い．たとえば C は $2s$ の 2 個と $2p$ の 2 個の 4 個の電子が価電子で，$2p$ にはあと 4 個の電子が入ることができ，四つの結合手をもっている．この $2s$ と $2p$ はあまりエネルギーがちがわないので，ふつう混成軌道をつくるが，**図 1･6**(a) のように四つの結合手が四面体の頂点を向く場合と，(b) のように三つが平面上に配置され，残りがこれに直角となる場合がある．たとえばダイヤモンド（図1･18参照）は (a) の場合で，ベンゼンは (b) の場合である．(b) の上下に向く電子は π 電子と呼ばれ，化学的には二重結合で表しているが，結合から結合へかな

り自由に移動することができる.

さて化学結合によって結晶を分類してみると，次のようになる.

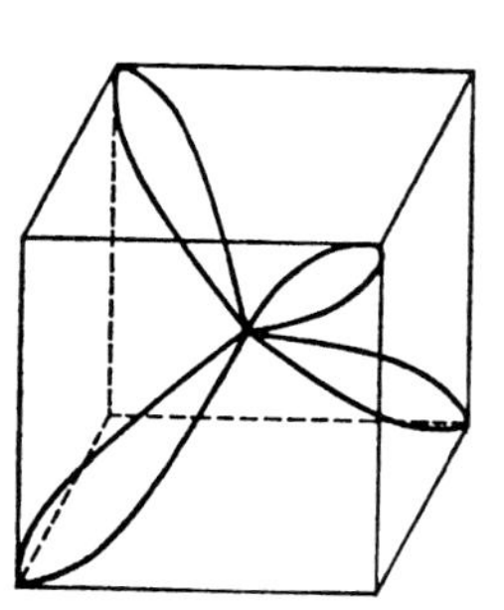

(a) 四面体配置

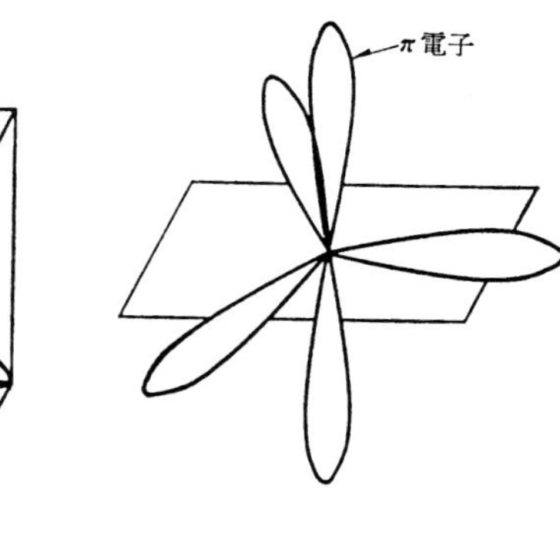

(b) 三角配置

図 1·6 炭素原子の s-p 混成軌道

(**a**) **イオン結晶** (ionic crystal) イオン結合により結びついている結晶で，たとえば NaCl がそうである. イオン結晶では電子がそれぞれのイオンに強く束縛されていて移動しにくいので，ふつう電気的に絶縁物である. ただし高温ではイオン自体が移動して弱い導電性を示す. また光による電子の励起も起りにくいので，光を吸収することも少なく，光学的に透明なものが多い. 周期律表で両端にある I 族元素と VII 族元素，すなわちアルカリ金属の Li, Na, K などとハロゲン元素の F, Cl, Br などの間でつくられるアルカリハロゲン化合物はイオン性が強いが，III 族の In と V 族の Sb のようなものの結合はイオン性がほとんどなくなり共有結合的になってくる.

(**b**) **共有結合結晶** (covalent crystal) 共有結合により結合している結晶でダイヤモンド，シリコンなどがそうである. 電子の共有が特定の原子間にのみ行われているものは絶縁物であるが，結合の方向性が薄れると金属的となり導電性を示すようになる.

(**c**) **金属結晶** (metal crystal) 各原子に属する価電子が結晶を構成するすべての原子に共有されていると見られる場合で，共有結合の極端な場合と考えることができる. したがって各価電子は結晶内を自由に動きまわることができ，これを**自由電子** (free electron) という. 金属が電気や熱をよく伝えるのはこの自由電子による．金属はいわば，負の価電子の集団の中に正イオンが埋まった構造であると見ることができ，この負電荷の集団と正イオンの間に働くクーロン力によって結合していると考えることができる．

以上の三つが代表的なものであるが，この他次のようなものもある．

（d） **分子結晶**（molecular crystal）　電気的に中性で，かつ電気モーメントももたない原子でも，その電荷分布は時々刻々変動しており，そのため瞬間的には電気モーメントをもつと考えられる．このモーメントが隣の原子に電気モーメントを誘導し，モーメント間に力が働いて相互の原子間に引力が生ずる．この力を**ファン・デア・ワールス力**（Van der Waals force）と呼び，イオン結合や共有結合に比べるとはるかに弱いものであるが，Ar のような化学的に安定な原子でも極めて低温になると，この力によって結晶をつくることができる．

（e） **水素結合結晶**（hydrogen bonded crystal）　電気陰性度[1]の大きい塩素や酸素のような原子の間に水素が入って両者を結びつけているものをいう．たとえば O-H-O について考えてみる．H に属する電子はある瞬間には左側のOに移って O^{-}-H^{+}····O のようになり，イオン結合で H は左側のOと結合しているが，別の瞬間には右側のOに移って O····H^{+}-O^{-} のようにHは右側と結合すると考えられる．両方の状態は確率的に同等に現れるはずであるから，Hを仲介にして両方の酸素が結びつくことになり，これを**水素結合**という．水素結合による結合力はファン・デア・ワールス力よりは強く，たとえば H_2O の結晶，すなわち氷などにみられる．

以上，化学結合の種類によって結晶を分けたが，多くの結晶は二種類以上の化学結合により，たとえば一部はイオン結合，一部は共有結合というような結合をしており，その割合によりイオン結晶に近い性質，共有結合に近い性質，あるいは両者の中間の性質を示す．

1·5 結晶構造

（1） **単位格子**　結晶は原子の規則正しい配列であり，次にこの規則性について考えてみよう．まず話をわかりやすくするため二次元の模型で考える．**図1·7**(a) は黒丸と白丸の一対の原子がくり返しの単位となって規則正

1) 原子が化学結合をつくるとき電子をひきつける能力を電気陰性度という．

しい配列をつくっている．すなわち，この一対の原子は結晶構造の単位となっているもので**構造単位**と呼ぶ．ところで図（a）の一対の原子を１点で代表させると図（b）のような網目模様が得られ，これを**空間格子**(space lattice)，また各点を**格子点**（lattice point）と呼ぶ．すなわち空間格子は結晶構造を抽象化したもので，空間格子に構造単位を配置したものが実際の結晶構造であり

空間格子＋構造単位＝結晶構造

の関係にある．

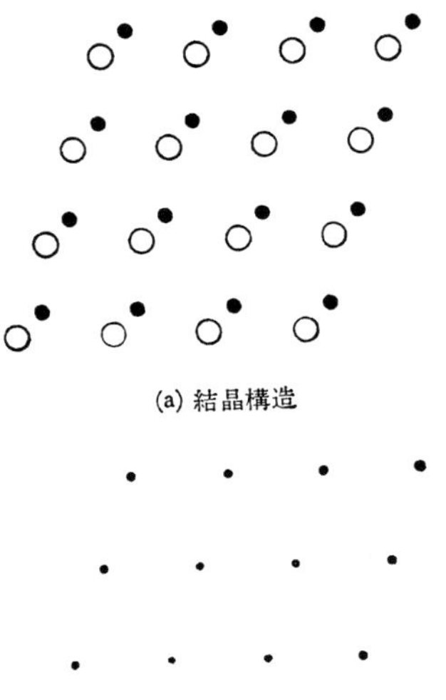
(a) 結晶構造

(b) 空間格子

図 1·7　空間格子と結晶構造

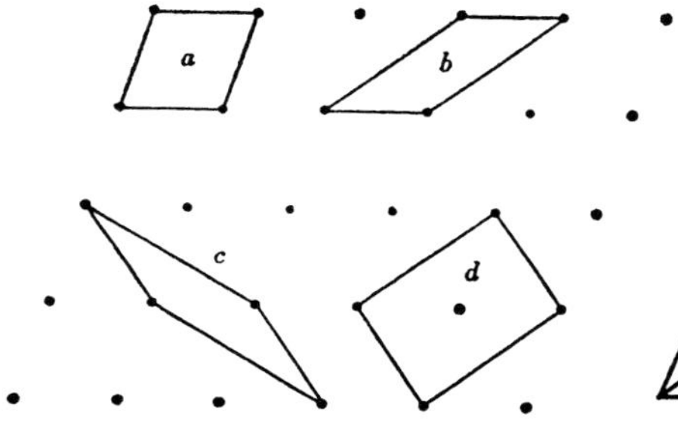

さて空間は格子点を結ぶ適当な平行六面体を積み重ねることによって隙間なしにうめつくすことができる．ふたたび二次元の模型で考えると，**図 1·8** のように単位となる平行四辺形はいろいろにとれる．*a*, *b*, *c* はその四隅にのみ格子点をふくみ面積最小のものであるが，*d* は中心に格子点をふくみ２倍の面積を

図 1·8　単位格子の選び方

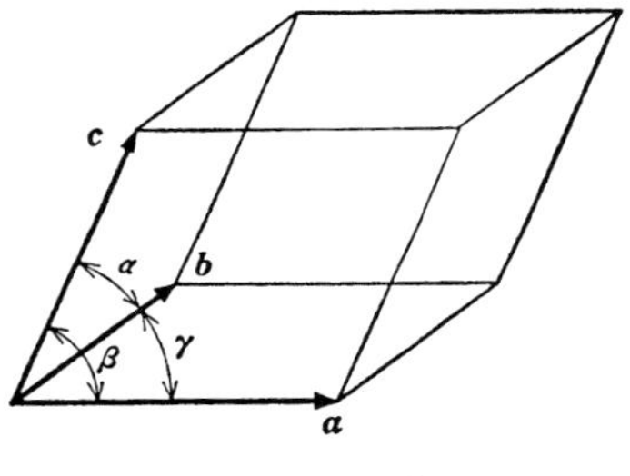

図 1·9　単位格子

もっている．このような単位となる平行四辺形を**単位格子**[1]または**単位胞**(unit cell) と呼び，三次元では**図 1·9** のような平行六面体である．したがって単位

1)　二次元では面積，三次元では体積最小の単位格子を**基本格子**と呼ぶ．

格子はいろいろにとれるが，ふつう結晶の対称性を見やすくするように三軸 $\boldsymbol{a}$, $\boldsymbol{b}$, $\boldsymbol{c}$ を決め，またその長さはできるだけ短くとるようにする．

図1·9を参照して単位格子の形と大きさは $\boldsymbol{a}$, $\boldsymbol{b}$, $\boldsymbol{c}$ の大きさと，それらの間の角度 α, β, γ によって決まり，これらを**格子定数**（lattice constant）という．また $\boldsymbol{a}$, $\boldsymbol{b}$, $\boldsymbol{c}$ の大きさの比 $a:b:c$ を**軸率**，角度 α, β, γ を**軸角**と呼ぶ．すなわち軸率と軸角が決まれば単位格子の形が決まることになる．

（2）　ミ ラ ー 指 数　　結晶はふつう規則正しい外形を示し，また方向によって物理的，化学的性質が異なるので，一つの結晶について方向や面を指定することが必要になる．さて二次元の模型について考えると，図 1·10 のように空間格子中に一列に並んだ格子点をふくむ平行な直線群を幾組も考えることができる．三次元ではこれに相当して平面群ができ，これらを**格子面**（lattice plane）と呼ぶ．結晶の表面に現れているのはこのような面である．

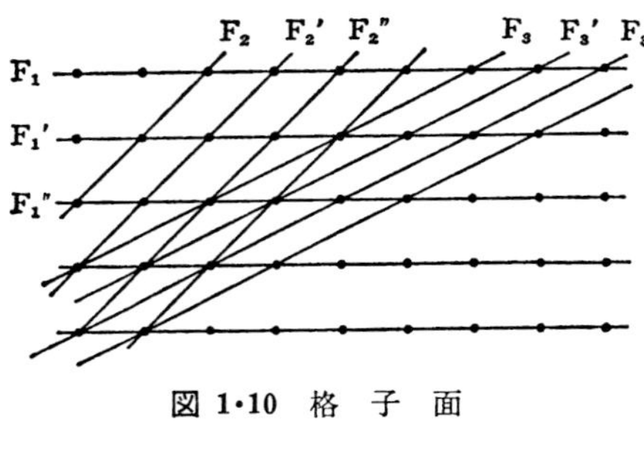

図 1·10　格　子　面

これらの格子面を指定するのにふつう **ミラー指数**（Miller indices）と呼ばれるものを用いる．すなわち 図 1·11 に示すように，単位格子の ベクトル $\boldsymbol{a}$, $\boldsymbol{b}$, $\boldsymbol{c}$ に平行に x, y, z 軸をとり，ある格子面が x, y, z 軸をそれぞれ pa, qb, rc なる点で切ったとする．そのとき

$$\frac{1}{p}:\frac{1}{q}:\frac{1}{r}=h:k:l \qquad (1\cdot18)$$

を満足する最小の整数の組 h, k, l で格子面を指定し，これをその格子面のミラー指数と呼び（$h\,k\,l$）と表す．言うまでもなく平行な格子面はみな同じ指数をもつ．また，いずれ

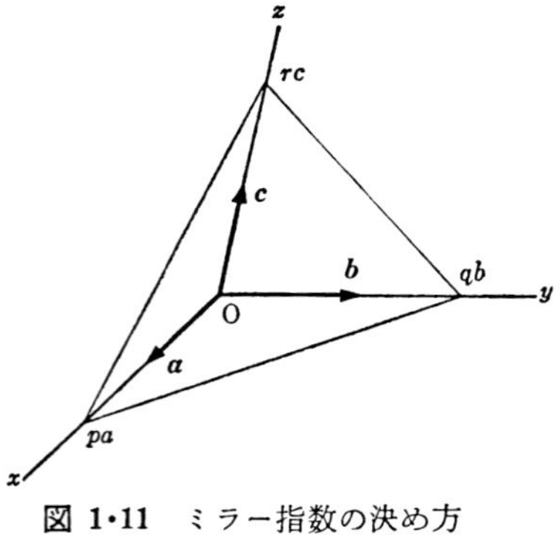

図 1·11　ミラー指数の決め方

かの軸に平行な面は無限遠において，その軸と交わると考えることができるので，そのミラー指数は0となる．たとえばx軸に平行な面は（$0\ k\ l$）のように表せる．また面が軸を負の側で切るときは，指数の上に負号をつけ（$\bar{h}\ k\ l$）のように表す．いま立方格子の各面をミラー指数により表すと**図 1・12** のよう

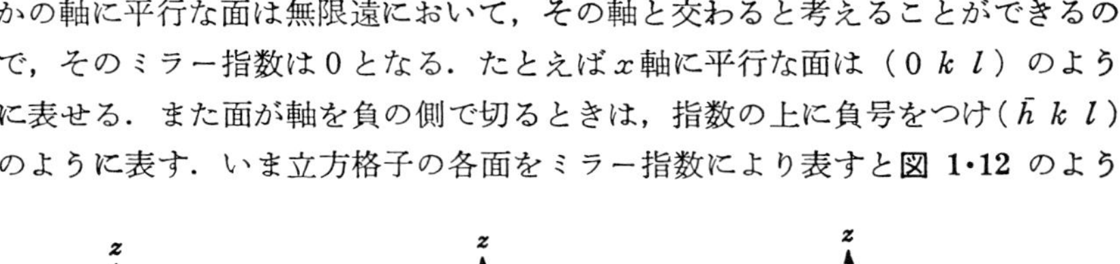
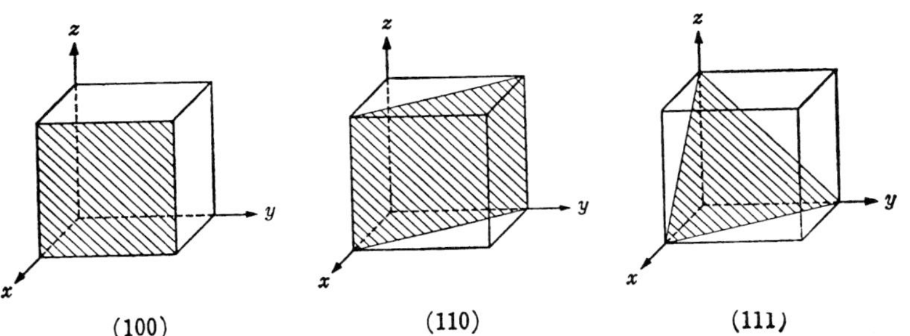
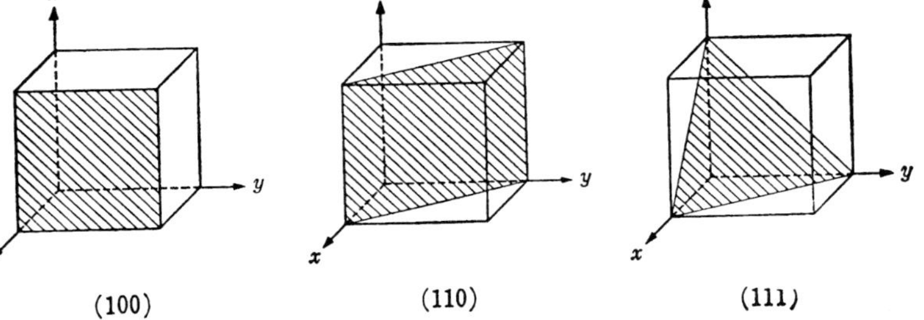

図 1・12　立方格子の主な面のミラー指数

になる．立方格子では (100)，(010)，(001)，($\bar{1}$00)，(0$\bar{1}$0)，(00$\bar{1}$) の六つの面は同等な面と考えられ，このような場合はこれらを一組として {100} のように表すこともある．

次に結晶の内部である方向を指定するには，与えられた方向をもち，かつ原点を通る直線を考え，その直線上の原点以外の点の座標を $\boldsymbol{a}$，$\boldsymbol{b}$，$\boldsymbol{c}$ を単位に

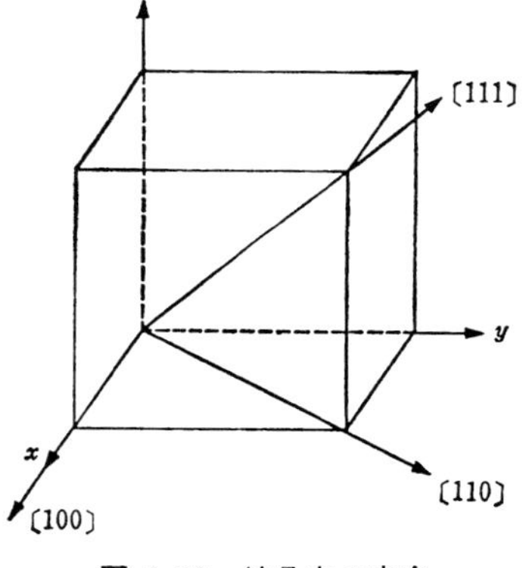

図 1・13　結晶内の方向を与える指数

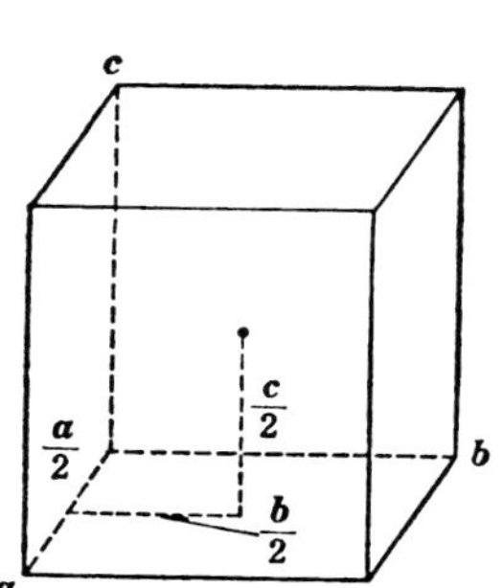

図 1・14　単位格子内の位置

して決める．そしてその座標に比例する最小の整数の組を u, v, w とすると，〔$u\,v\,w$〕をもってその方向の指数とする．たとえば立方格子ではその主要な方向は **図 1·13** のように表せる．また，この場合も〔100〕,〔010〕,〔001〕,〔$\bar{1}00$〕,〔$0\bar{1}0$〕,〔$00\bar{1}$〕のような同等な方向は一括して $\langle 100 \rangle$ のように表す．

さらに単位格子内の各点の位置は，原点を単位格子の角にとり $\boldsymbol{a}$, $\boldsymbol{b}$, $\boldsymbol{c}$ を単位として測った座標で表す．たとえば **図 1·14** に示す体心の位置の座標は 1/2, 1/2, 1/2 であり，また面心の座標は 1/2, 1/2, 0；0, 1/2, 1/2；1/2, 0, 1/2 などとなる．

（3） **空間格子の分類**　空間格子は種々の対称性をもっており，これにもとづいて分類することができる．三次元においては 14 種類の空間格子の存在することがブラベー (Bravais) によって示され，これを**ブラベー格子** (Bravais lattice) と呼ぶ．またこの 14 の格子の形は単位格子の軸率と軸角の関係から 7 種の結晶系にまとめられる．**表 1·2** にこれらの関係を示す．また **図 1·15** に立方晶系の 3 種の空間格子を示す．

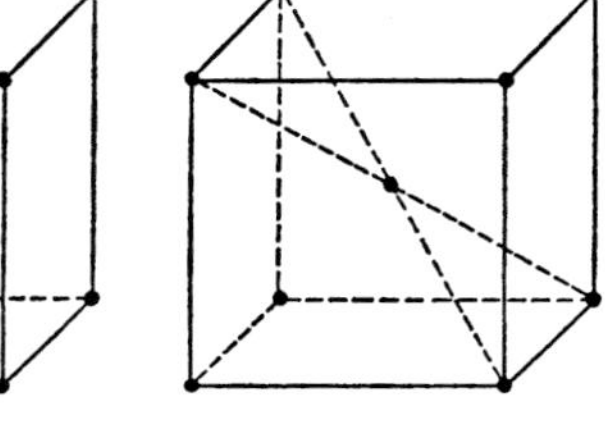
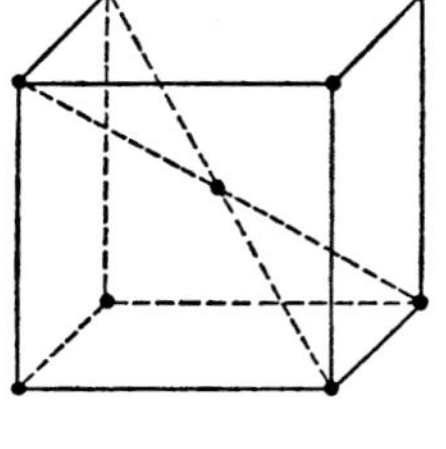
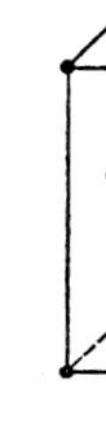

図 1·15　立方晶系の三つの空間格子

（4） **原子間距離とパッキング**　さて実際の結晶がどのような形のどのような大きさの空間格子をとるかは，結晶内での原子の結合のしかたによる．しかし一般に原子を剛体の球とみなし，これが密に詰め合った状態と考えて，かなりうまく説明できる．この詰め込みの状態をパッキングと呼ぶ．この場合ふつう次のような傾向がある．

（i） 原子はできるだけ隙間のないように密に詰め合う．（ii） イオンによって構成されているときは，陽イオンは陰イオンにより，陰イオンは陽イオンによりとり囲まれる．

表 1・2 空間格子の種類

結晶系	単位格子	格子の形
三斜晶系 (triclinic)	$a \neq b \neq c$ $\alpha \neq \beta \neq \gamma$	単純
単斜晶系 (monoclinic)	$a \neq b \neq c$ $\alpha = \gamma = 90° \neq \beta$	単純 底心
斜方晶系 (orthorhombic)	$a \neq b \neq c$ $\alpha = \beta = \gamma = 90°$	単純 底心 体心 面心
正方晶系 (tetragonal)	$a = b \neq c$ $\alpha = \beta = \gamma = 90°$	単純 体心
立方晶系 (等軸晶系) (cubic)	$a = b = c$ $\alpha = \beta = \gamma = 90°$	単純 体心 面心
三方晶系 (trigonal) (りょう面体晶系 rhombohedral)	$a = b = c$ $\alpha = \beta = \gamma < 120°$, $\neq 90°$	単純
六方晶系 (hexagonal)	$a = b \neq c$ $\alpha = \beta = 90°$, $\gamma = 120°$	単純

注：単位格子の八隅にのみ格子点をもつものを単純格子 (simple lattice), 一対の面の中心に格子点の加わったものを底心 (base-centered) 格子, 体中心に格子点の加わったものを体心 (body-centered) 格子, すべての面の中心に格子点の加わったものを面心 (face-centered) 格子と呼ぶ.

いま同じ大きさの球を最も密に詰める方法を考えよう. 図 1・16 に示すように, まず第 1 層は白い球が示す配置をとる. 第 2 層はこの上に斜線で示した球のように重ねることができる. 次に第 3 層を重ねるのに二つの方法がある. 一つはA点で示す第 1 層の球の真上におく方法でABAB・・・という順序になる. 他の一つは

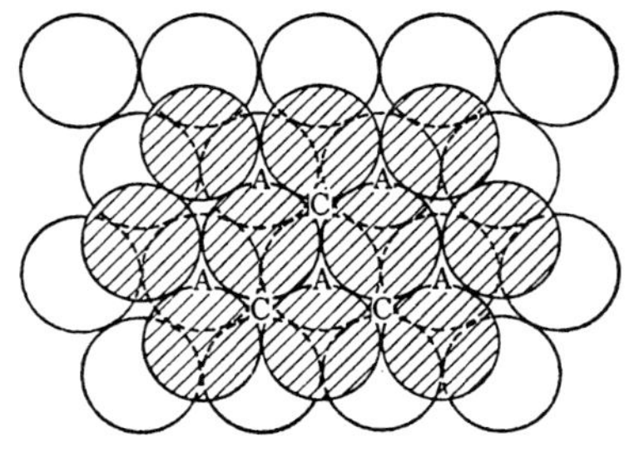

図 1・16 最密パッキング

第3層の球をCの位置におく方法で，ABC ABC・・・という順序となる．前者が **図 1・17** (a) に示す六方格子を与え，後者が図（b）に示す面心立方格子を白い丸を結ぶ〔111〕方向より見た配列となっていることは少し眺めて見れば理解されよう．このようにして二つの空間格子ができることになる．

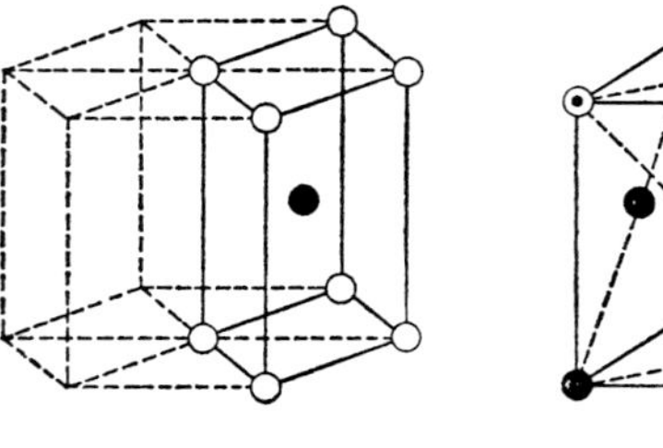
(a) 最密六方格子

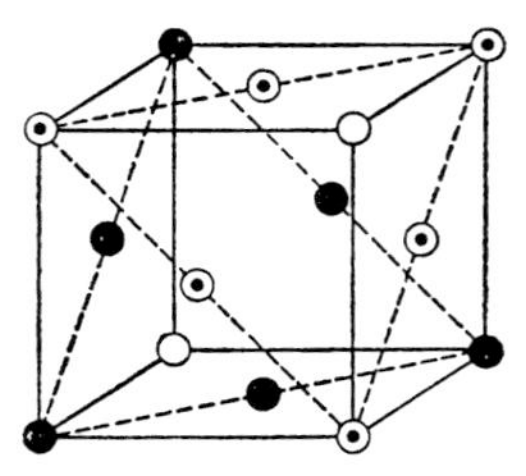
(b) 面心立方格子

図 1・17　二つの最密格子

次に一つの原子をとりまく隣りの原子の配置を考えてみると，たとえば前記の二つの最密格子ではいずれも12個であり，また体心立方格子では 8個である．このように一つの原子を囲んでいる最近接原子の数を**配位数** (coodination number) と呼び，結晶の重要な概念の一つである．また隣接する原子の間の距離を**原子間距離** (interatomic distance) と言う．

剛体の球状原子が最密パッキングをしているとすれば，原子間距離は球の半径の2倍となる．この球の半径を**原子半径** (atomic radius) と呼ぶ．この考えを拡張すれば結晶では隣接する異種原子間の距離は各の原子の半径の和とみなすことができる．なお原子がイオン化しているときは，**イオン半径** (ionic radius) と呼ぶ．もともと隣接する原子の波動関数は互いに重なり合うし，また原子の配置によっても変るので，原子半径を厳密に定義することはできないが，なかば経験的に原子半径，イオン半径が与えられていて，結晶を論ずるのによく用いられる．

（5） 結晶構造の例

（a） NaCl 形構造　　図 1・18（a）に配置を示す．わかりやすくするためにイオン半径は実際より小さく描いてある．化合物ではふつう陰イオンは陽イオンより大きく，陰イオンのつくる格子の隙間に陽イオンが入りこむような形となる．NaCl 形構造は図よりわかるように面心立方格子で，その各格子点に構造単位として一組の NaCl が配置されている．単位格子には NaCl 4 分子が含まれる．

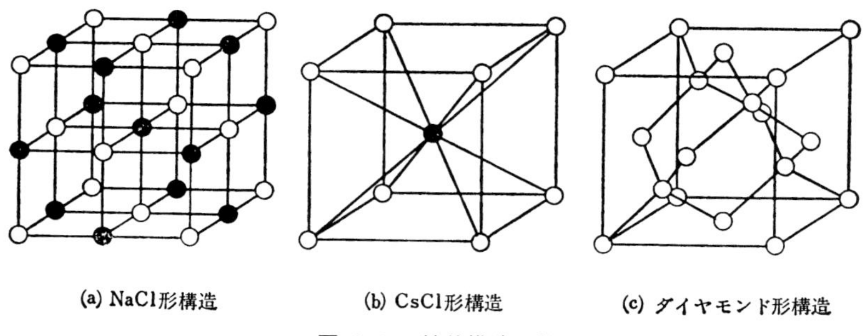

図 1·18　結晶構造の例

（b） **CsCl 形 構 造**　同じく図（b）に示すように単純立方格子で，格子点に1組の CsCl が配置され，単位格子は CsCl 1分子を含む．

（c） **ダイヤモンド形構造**　図（c）のようにかなり複雑な構造をしているが，実は面心立方格子で，構造単位は 000 と 1/4 1/4 1/4 にある2個の同じ原子である．したがって単位格子には8個の原子が含まれる．また図に一部を示すように，最近接原子は4個で，四面体構造の結合をする．なお，000 と 1/4 1/4 1/4 の原子が異なるとせん亜鉛鉱形構造となる．

（6） **結晶によるX線の回折**　結晶構造すなわち結晶内で原子がどのように配列しているかを調べるには，ふつう **X線回折**（X-ray diffraction）の現象を利用する．X線が原子にあたると，原子はこの入射X線と同じ周波数のX線を放射する．これら各原子からの波は重なりあって反射X線をつくるが，X線の波長が原子間隔と同程度であると干渉をおこし特定の方向の強度が大きくなる．これがX線回折であるが，ブラッグはこの回折の条件を，入射X線が各格子面により鏡面反射を受けると考えて導けることを示した．

すなわち **図 1·19** に示すように，いまある格子面にX線が θ の角度で入射するとする．反射X線が干渉をおこす

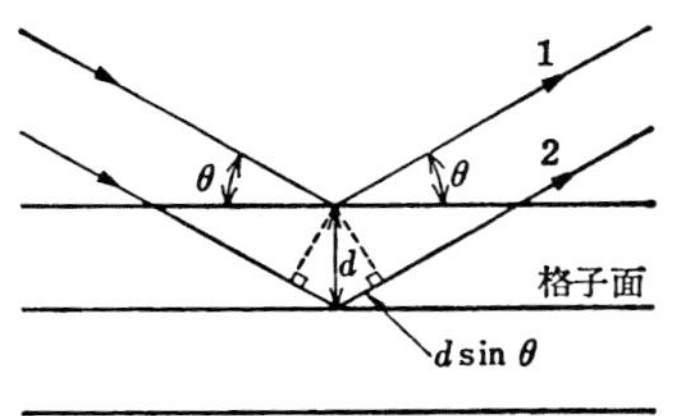

図 1·19　格子面よりの反射X線の干渉

条件は，1，2で示される二つのX線の行路差がX線の波長λの整数倍になるときで，格子面の間隔をdとすると

$$2d\sin\theta=n\lambda,\quad n=1,\ 2,\ 3,\cdots \tag{1・19}$$

となる．入射角θを変えて反射X線の観測される角度θを測れば，この式により格子面の間隔dがわかることになる．式（*1・19*）を**ブラッグの条件**（Brag condition）という．この式は$\sin\theta\leqq1$であるから$\lambda\leqq2d$でなければ満足されない．すなわち使用するX線の波長は，格子面の間隔の2倍以下でなければならないことになる．

同じような回折は他の粒子線を用いて行うこともできる．粒子線は粒子の速度をvとすると，式（*1・14*）より

$$\lambda=\frac{h}{p}=\frac{h}{mv} \tag{1・20}$$

なる波長λをもつことになる．まず電子線であるが，いま電圧Vで加速された電子を考えると，速度vはエネルギーの関係から

$$\frac{1}{2}mv^2=eV \tag{1・21}$$

によって与えられる．
式（*1・20*），（*1・21*）より

$$\lambda=\frac{h}{\sqrt{2meV}} \tag{1・22}$$

Vをボルトで表せば

$$\lambda=\sqrt{\frac{150}{V}}\quad〔\text{Å}〕 \tag{1・23}$$

となる．すなわち150 Vで加速した電子線の波長は1 Åとなり，これは結晶の原子間距離と同程度で，十分回折効果を生ずることになる．電子線による回折は**電子回折**（electron diffraction）と呼ばれる．電子線はX線と比べると透過力が極めて弱いので，薄い膜や固体の表面の構造を調べるのに都合がよい．

さらに中性子線による回折もよく用いられる．**中性子回折**（neutron diffraction）の特徴は，X線が主として原子中の電子により散乱されるのに対し，中性子線は主に原子核によって散乱されるので，核外電子の少ないHなどの位置も決定できることである．また中性子は磁気モーメントをもっているため，

原子の磁気モーメントと相互作用して回折を生ずるので，物質の磁気的な構造を調べるのに大きな役割を果たしている．

（7）**逆　格　子**　空間格子の任意の格子点を原点にとるとき，他の格子点は単位格子の三つの稜を $\boldsymbol{a}$, $\boldsymbol{b}$, $\boldsymbol{c}$ として

$$\boldsymbol{r}=n_1\boldsymbol{a}+n_2\boldsymbol{b}+n_3\boldsymbol{c} \tag{1·24}$$

ただし n_1, n_2, n_3 は整数

によって与えられる．いま，この $\boldsymbol{a}$, $\boldsymbol{b}$, $\boldsymbol{c}$ に対して，次のような三つのベクトルをつくってみる．

$$\boldsymbol{a}^*=2\pi\frac{\boldsymbol{b}\times\boldsymbol{c}}{\boldsymbol{a}[\boldsymbol{b}\times\boldsymbol{c}]},\quad \boldsymbol{b}^*=2\pi\frac{\boldsymbol{c}\times\boldsymbol{a}}{\boldsymbol{a}[\boldsymbol{b}\times\boldsymbol{c}]},\quad \boldsymbol{c}^*=2\pi\frac{\boldsymbol{a}\times\boldsymbol{b}}{\boldsymbol{a}[\boldsymbol{b}\times\boldsymbol{c}]} \tag{1·25}$$[1]

分母はいずれも同じく単位格子の体積に相当している．この三つのベクトルでつくられる空間格子をもとの格子の**逆格子**（reciprocal lattice）と呼ぶ．すなわち逆格子の格子点は

$$\boldsymbol{r}^*=m_1\boldsymbol{a}^*+m_2\boldsymbol{b}^*+m_3\boldsymbol{c}^* \tag{1·26}$$

ただし，m_1, m_2, m_3 は整数

で与えられる．もとの格子のベクトル $\boldsymbol{a}$, $\boldsymbol{b}$, $\boldsymbol{c}$ と逆格子のベクトル $\boldsymbol{a}^*$, $\boldsymbol{b}^*$, $\boldsymbol{c}^*$ の間に次の関係のあることは直ちにわかる．

$$\begin{aligned}&\boldsymbol{a}^*\cdot\boldsymbol{a}=\boldsymbol{b}^*\cdot\boldsymbol{b}=\boldsymbol{c}^*\cdot\boldsymbol{c}=2\pi\\&\boldsymbol{a}^*\cdot\boldsymbol{b}=\boldsymbol{a}^*\cdot\boldsymbol{c}=\boldsymbol{b}^*\cdot\boldsymbol{c}=\boldsymbol{b}^*\cdot\boldsymbol{a}=\boldsymbol{c}^*\cdot\boldsymbol{a}=\boldsymbol{c}^*\cdot\boldsymbol{b}=0\end{aligned} \tag{1·27}$$

逆格子のベクトルはもとの格子のベクトルが直交しているときにのみ直交する．図 1·20 に二次元の逆格子の例を示す．$\boldsymbol{a}^*$ は $\boldsymbol{b}$ に直交，$\boldsymbol{b}^*$ は $\boldsymbol{a}$ に直交し，大きさは $\boldsymbol{a}$, $\boldsymbol{b}$ の角度を θ とすると，それぞれ $2\pi/a\sin\theta$, $2\pi/b\sin\theta$ となっていることは少し考えてみればわかるであろう．逆格子の考えはX線の回折条件を表す方法として出てきたもので，ここで

図 1·20　二次元の逆格子の例

1）結晶学ではふつう 2π はつけない．

は詳しいことは省略するが，逆格子空間において入射X線の波動ベクトルと反射X線の波動ベクトルの差が丁度逆格子の格子点のベクトル $\boldsymbol{r}^*$ に一致する場合にのみ回折を生ずることを示すことができる．しかし，ここで逆格子のことを述べたのは，第2章において固体の帯構造を考えるときに，これが極めて重要な役割を果たすためである．

逆格子の単位格子は，もとの格子の単位格子が単純立方格子のときは同じく単純立方格子になることは直ちにわかろう．また体心立方格子の場合は面心立方格子，面心立方格子の場合は逆に体心立方格子になることは少し計算してみれば導くことができるる．

（8）**格 子 欠 陥**　これまで，もっぱら結晶の規則性について考えてきたが，実在の結晶の構造はそのような完全なものではなく，いろいろの乱れをもっており，これらを**格子欠陥**（lattice defect）と呼ぶ．格子欠陥には次のようなものがある．

i ）原子空孔　　ii）格子間原子　　iii）不純物原子

iv）転　　位　　v ）表面および結晶粒界

原子空孔（vacancy）は**図 1･21** において Aに示すように完全な結晶では当然あるべき原子が抜けているもの であり，**格子間原子**（interstitial）はBのように格子点の間に余分に割りこんだ原子をいう．また**不純物原子**(impurity) はCのように異種の原子が混入しているものをいう．なお原子空孔のみが単独で存在するものを**ショットキー**（Schottky）**形欠陥**，格子点にある原子が格子

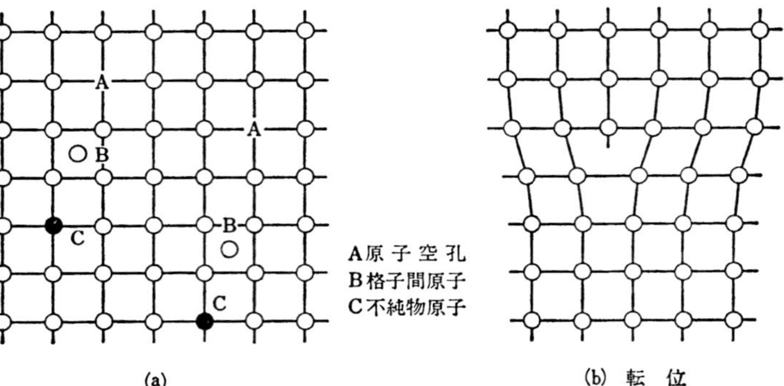

図 1･21　種々の格子欠陥

間の位置に入って，原子空孔と格子間原子の対ができたものを**フレンケル (Frenkel) 形欠陥**と呼ぶ．これらはふつう温度が上昇するとともに増える．**転位** (dislocation) はたとえば図（b）に示すように原子配列にくいちがいのある場所を言う．結晶の表面や結晶粒界もまた一種の格子欠陥である．

結晶の性質が，その化学結合や本来の結晶構造の規則性で左右されることはもちろんであるが，さらにある特定の性質はこれらの格子欠陥の種類や程度によりしばしば大きく変ることがある．たとえばイオン結晶でイオンによる電気伝導が行われるのは空孔の存在によるものであり，半導体の抵抗率は不純物の量により数桁の大きさで変化することもある．また金属のそ性変形は転位の存在によって説明される．このような格子欠陥によって大きく変化する性質はしばしば**構造に敏感な** (structure sensitive) 性質と呼ばれる．

1·6 格子振動

これまで原子は結晶内の定められた位置に静止しているものとして取り扱ってきたが，細かくみると絶対零度以外では熱エネルギーのため平衡点のまわりに微小振動をしている．振動のエネルギーは当然温度が高いほど大きくなる．いま原子に働く力が平衡点からのずれxに比例するものとすると，運動の方程式は古典論では

$$m\frac{d^2x}{dt^2}=-fx \tag{1·28}$$

となる．ここでmは原子の質量，fは力の定数である．この解は

$$x=A\sin\sqrt{\frac{f}{m}}\,t=A\sin 2\pi\nu t \tag{1·29}$$

となり，平衡点を中心とする振動数 $\nu=\frac{1}{2\pi}\sqrt{\frac{f}{m}}$ の調和振動となる．

次にこの運動を量子力学により扱おう．fxなる力によるポテンシャル$V(x)$は

$$V(x)=\int_0^x fx\,dx=\frac{1}{2}fx^2 \tag{1·30}$$

したがってシュレージンガーの波動方程式は

$$-\frac{\hbar^2}{2m}\frac{d^2\psi}{dx^2}+\frac{1}{2}fx^2\psi=E\psi \tag{1·31}$$

この式をといて波動関数 $\psi(x)$ が得られるためには，E は次のようなとびとびの値でなければならないことが示される．

$$E=\left(n+\frac{1}{2}\right)h\nu \tag{1·32}$$

ただし，$n=0,\ 1,\ 2,\ 3,\ \cdots$

ν は前述の式（1·29）の ν である．n は量子数である．すなわち格子の熱振動のエネルギーは勝手な値をとることはできず，式（1·32）に従うとびとびの値のみをとることになる．さらに量子力学によれば量子数 n の状態はエネルギー $h\nu$ を吸収し，または放出することにより n の一つだけ異なる状態へ遷移することができる（$\Delta n=\pm1$）．この格子振動のエネルギーの最小単位になる $h\nu$ を**フォノン**（phonon）と呼ぶ．これは光を光子（フォトン）と呼ぶ粒子の集まりと考えるのに対応して，格子振動という波を粒子として取り扱っていることになる．このように粒子化することにより，電子や光子と格子振動との相互作用を粒子間の相互作用として扱えるので考えやすくなる．

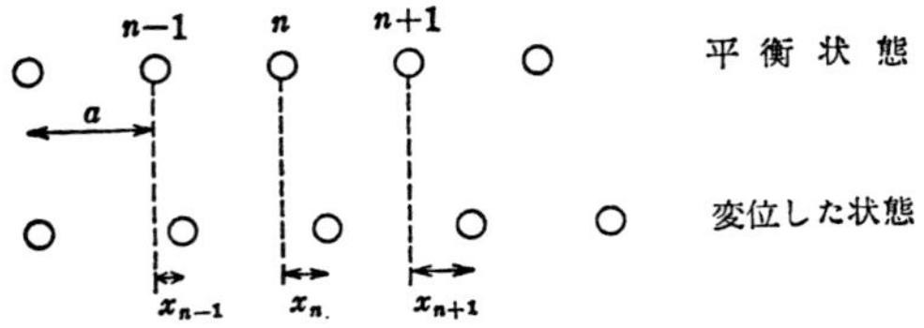

図 1·22　同種の原子の一次元格子

次に原子がある間隔で並んでいる結晶の中を格子振動が原子から原子へ波として伝わってゆく場合について考えよう．もし，波の波長が原子の間隔に比べて十分大きければ，結晶は連続媒質と考えて，ふつうの波動として解けばよい．しかし波長が短くなり原子間隔と同じ程度になると異なった取扱いが必要になる．

話をわかりやすくするため一次元の模型で考えることにして，まず図 1·22 に示すように，質量 m の原子が間隔 a でならんでいるものとする．n 番目の原子の平衡位置からの変位を x_n とし，力は両隣の原子からのみ働くものとすれば，この原子の運動方程式は

$$m\frac{d^2x_n}{dt^2}=-f(x_n-x_{n-1})-f(x_n-x_{n+1})=f(x_{n-1}+x_{n+1}-2x_n) \tag{1·33}$$

この式を

$$x_n(t)=x_0e^{-j\omega(t-na/C_s)}=x_0e^{-j(\omega t-qna)} \qquad (1\cdot 34)$$

の形の進行波の解が与えられるものとして解く．x_0 は振幅，C_s は波の伝搬速度である．また

$$q=\frac{\omega}{C_s}=\frac{2\pi}{\lambda} \qquad (1\cdot 35)$$

で与えらたる q は**波数**と呼ばれる．ただし λ は波長である．三次元では q は波の伝搬方向を向くベクトルで波数ベクトルと呼ばれる．なお na は原点から n 番目の原子の平衡位置までの距離であり，連続媒質であれば位置 x となるところを，振動は原子から原子に伝わるので na となっている．

式（*1·34*）を式（*1·33*）に代入すると

$$m\omega^2=-f(e^{-jqa}+e^{jqa}-2)=4f\sin^2\frac{qa}{2} \qquad (1\cdot 36)$$

すなわち

$$\omega=\pm\,\omega_m\sin\frac{qa}{2},\qquad \omega_m{}^2=\frac{4f}{m} \qquad (1\cdot 37)$$

式（*1·37*）により ω と q の関係を描いたものが **図 1·23** である．さて連続媒質を伝わる波の速さは一定であるから，ω と q の関係は式（*1·35*）より図の破線の示す直線となる．図より不連続な原子列を伝わる波は，q が小さいとき，言

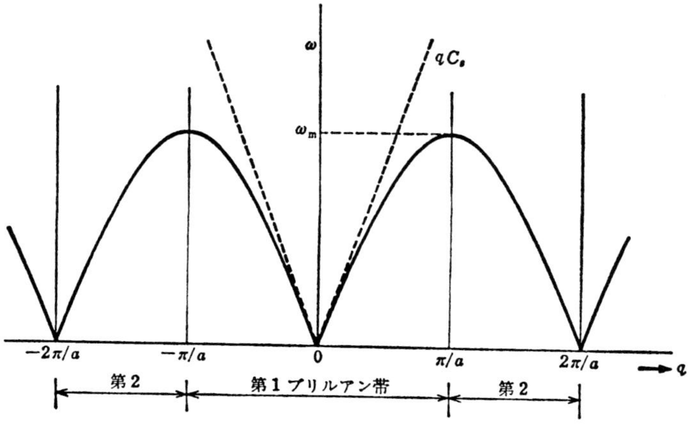

図 1·23 同一原子からなる格子振動の振動数と波数の関係

いかえれば波長λが十分長いときは $\omega=qC_s$ の直線と一致して速度は一定となるが，qが大きくなると，すなわち波長が短くなると，図で示すようにωはqに対して正弦波状に変化し速度が次第に遅くなることになる．またωには ω_m なる上限があり，それ以上の振動数の波は伝わることができない．$q\to 0$ に対しては連続媒質を伝わる波，すなわちふつうの固体中の音波の振動数と波数の関係に一致するので，この形の格子振動は**音響モード**と呼ばれる．ところでωはqの周期関数となるので，ωとqの間に一義的な関係を得るために通常qを

$$-\frac{\pi}{a}\leqq q\leqq+\frac{\pi}{a} \tag{1・38}$$

の範囲にとり，このqの領域を**第1ブリルアン帯**（Brillouin zone）と呼ぶ．また，これから半周期ずつ外側の領域を順に第2，第3，・・・ブリルアン帯と呼ぶ．式（*1・38*）の領域が実は **1・5**（**7**）で述べた逆格子の一次元における単位格子の大きさに相当している．すなわち結晶格子における大きさaの単位格子の逆格子の単位格子がブリルアン帯であり，ωをqの関数として扱うと言うことは実は逆格子空間で考えていることになるわけである．

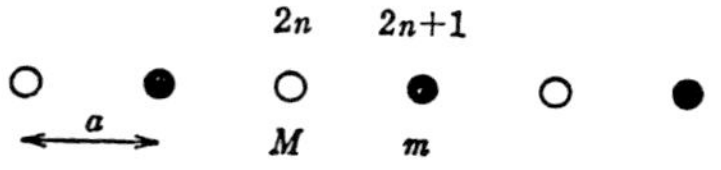

次に**図 1・24** に示すように質量がMおよびmの2種の原子が交互に並んだ格子について考える．力はやはり隣の原子からのみ働くものとすると，運動方程式は

図 1・24　2種の原子よりなる一次元格子

$$\left.\begin{aligned} M\frac{d^2x_{2n}}{dt^2}&=f(x_{2n-1}+x_{2n+1}-2x_{2n})\\ m\frac{d^2x_{2n+1}}{dt^2}&=f(x_{2n}+x_{2n+2}-2x_{2n+1})\end{aligned}\right\} \tag{1・39}$$

この格子を伝わる波が

$$\left.\begin{aligned} x_{2n}&=Ae^{-j(\omega t-2nqa)}\\ x_{2n+1}&=Be^{-j\{\omega t-(2n+1)qa\}}\end{aligned}\right\} \tag{1・40}$$

で表されるとして，これらを式（*1・39*）に代入すると

$$\left.\begin{aligned} (M\omega^2-2f)A+2Bf\cos qa&=0\\ (m\omega^2-2f)B+2Af\cos qa&=0\end{aligned}\right\} \tag{1・41}$$

この連立方程式でA，Bがともに0でない解をもつためには，その係数の行列式が0でなければならないので

$$\begin{vmatrix} M\omega^2-2f & 2f\cos qa \\ 2f\cos qa & m\omega^2-2f \end{vmatrix}=0 \qquad (1\cdot 42)$$

これを解いて

$$\omega^2=f\left(\frac{1}{m}+\frac{1}{M}\right)\pm f\left[\left(\frac{1}{m}+\frac{1}{M}\right)^2-\frac{4\sin^2 qa}{Mm}\right]^{\frac{1}{2}} \qquad (1\cdot 43)$$

が得られる．

すなわち ω^2 に対して ω^2_+ と ω^2_- の二つの値が得られ，これを開いた ω はもちろん正でなくてはならないので ω_+ と ω_- を採用して，結局 q の一つの値に対して ω の二つの値が存在することになる．いま $M>m$ とすると，$q=0$ のとき

$$\omega_+=\left[2f\left(\frac{1}{m}+\frac{1}{M}\right)\right]^{\frac{1}{2}},\quad \omega_-=0 \qquad (1\cdot 44)$$

$q=\pm\pi/2a$ のとき

$$\omega_+=\left(\frac{2f}{m}\right)^{\frac{1}{2}},\qquad \omega_-=\left(\frac{2f}{M}\right)^{\frac{1}{2}} \qquad (1\cdot 45)$$

となる．これらを参考にして ω と q の関係を描くと図 1·25 のようになる．

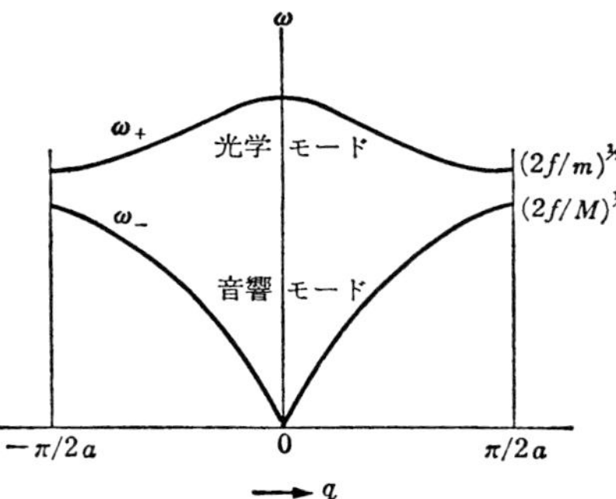

図 1·25　2種の原子からなる格子振動の振動数と波数の関係

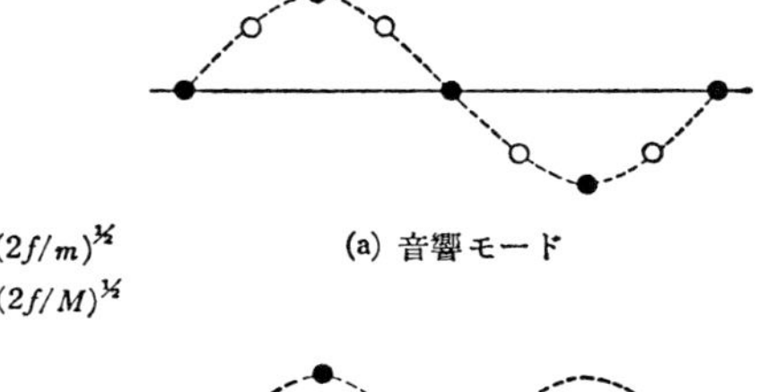

(a) 音響モード

(b) 光学モード

図 1·26　音響モードと光学モード

ω_+ のほうを**光学モード**と呼び，ω_- のほうはすなわち**音響モード**である．

これらのモードがどのような振動に対応しているのかを調べてみる．いま $q=0$ とすると，式（*1･44*）を式（*1･41*）に代入するとき，それぞれの振幅 A, B が

$$\left.\begin{aligned}&\text{音響モードでは}\quad A=B\\&\text{光学モードでは}\quad -MA=mB\end{aligned}\right\}\quad(1\cdot 46)$$

の関係になっていることがわかる．このことは，音響モードでは隣りあった2種の原子が同じ方向に運動し，光学モードでは反対の方向に運動することを意味し，たとえば **図 1･26** に示すような振動をそれぞれ行っていることになる．２種の原子が正負のイオンであるとすると，図（b）のような振動は光のような電磁波により励起することができ，また光を吸収あるいは放射するので光学モードと呼ばれる．

問　　題

1･1　円軌道に対するボーアの量子条件は，軌道の円周が電子の波長の整数倍に等しいということと同じであることを示せ．

1･2　水素原子の基底状態における電子の径方向波動関数は $\psi(r)=Ae^{-r/r_B}$ の形で与えられる．規格化の条件を用いて A を求めよ．また電荷密度が最大になる半径の値を計算せよ．

1･3　化学結合において，原子間のエネルギーが原子間距離 r に対して

$$W(r)=-\frac{\alpha}{r^n}+\frac{\beta}{r^m}$$

で示される引力と斥力の和として与えられるとき，この結合が安定な化合物をつくる条件およびその時の原子間距離 r_0 を求めよ．

1･4　Si および Ge はダイヤモンド構造をもち，格子定数はそれぞれ 5.43 A および 5.62 A である．これらの物質の単位体積あたりの原子数を計算せよ．

1･5　剛体球状の原子が互いに触れ合って面心立方格子および体心立方格子をつくるとき，原子が占める体積の割合を示せ．

1･6　中性子回折は原子炉より得られる中性子線により行われる．原子炉が 50°C で運転されているとき得られる中性子線の波長を求めよ．

1･7　逆格子ベクトル $\boldsymbol{r}^*=h\boldsymbol{a}^*+k\boldsymbol{b}^*+l\boldsymbol{c}^*$ は空間格子の $(h\ k\ l)$ 面に垂直であることを示せ．

1･8　格子面 $(h\ k\ l)$ の間隔 $d(h\ k\ l)$ は $2\pi/|\boldsymbol{r}^*(h\ k\ l)|$ に等しいことを示せ．

1･9　体心立方格子の逆格子は面心立方格子になることを示せ．

2章 固体の帯理論

2・1 フェルミ・ディラックの統計

われわれはすでに水素原子を例として，孤立原子内で電子がどのようなエネルギー状態（量子状態）をとることができ，またいろいろな原子において電子がそれらのエネルギー状態にどのように配置されるかを学んだ．本章では次にこれら原子の集まった結晶の中で，電子がどのようなエネルギー状態をとることができるのか，また，それらの状態にどのように配置されるのかについて考えてゆくことにする．これは結局エネルギーの帯構造を導き，導体や半導体の性質を論じてゆく上で極めて重要なことがらとなる．

さて，結晶内電子のエネルギー状態の問題に入る前に，まず電子の統計的な取扱い方について述べておこう．一般に結晶内の電子群のように極めて多数の粒子の集合を扱う場合は，個々の粒子の位置や速度を正確に知ることは不可能であるし，また，かりに知り得たとしても，粒子の集団全体が示す性質を知ることはできない．むしろ全体の粒子を統計的に扱うことが必要で，これは統計力学の仕事となる．ここでは統計力学について詳しく述べることはしないが，結晶内電子が従うべき統計法則であるフェルミ・ディラックの分布関数と呼ばれるものを導くことにする．

統計力学によれば，粒子の従うべき統計は粒子の性質により，次の三つに分かれる．

1) マクスウェル・ボルツマンの統計
2) フェルミ・ディラックの統計
3) ボース・アインシュタインの統計

マクスウェル・ボルツマンの統計（Maxwell-Boltzmann statistics）は**古典統計**と呼ばれ，粒子は相互に区別することができ，かつ与えられたエネルギー準位に何個でも入ることができるとする場合である．2）と 3）は**量子統計**と呼ばれ，粒子は相互に区別することはできないとする．そして与えられたエネルギー準位に1個しか入れないとするものが**フェルミ・ディラック統計**（Fermi-

Dirac statistics）で，何個でも入れるとするものが**ボース・アインシュタインの統計**（Bose-Einstein statistics）である．いま，これらの間のちがいをわかりやすくするために，準位数が3で粒子が2個の場合について粒子の入り方を示すと**図2・1**のようになる．すなわち，マクスウェル・ボルツマンの統計では9とおりの配り方があるのに対しボース・アインシュタインの統計では6とおり，フェルミ・ディラックの統計では3とおりとなる．

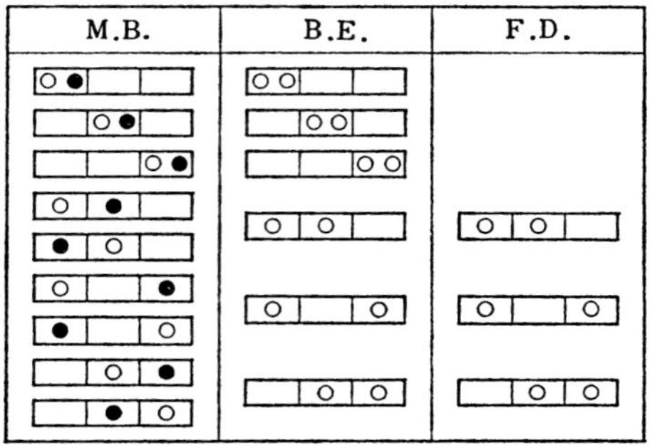

図 2・1　3種の統計の区別

さて，フェルミ・ディラックの分布則を導こう．いま，たとえば

$$n=1,\ 2,\ 3,\ \cdots$$

なる準位があり，これにN個の粒子を

$$N_1,\ N_2,\ N_3,\ \cdots$$

のように分配するとしよう．そのときある（N_1，N_2，N_3，・・・）と言う分布状態をとるのに，粒子の配り方としてはいろいろな方法が考えられる．そうすると分布状態として最も現れやすいのは，確率的にいって分配の仕方の最も多い分布ということになる．フェルミ・ディラックの統計では，粒子はお互いに区別されず，かつ一つの準位には1個の粒子しか入れないという条件のもとに上記の分布を求めることになる．

さて結晶内電子のような極めて多数の粒子群を対象とするときは，そのとり得るエネルギー準位も極めて多くなると考えられるので，たとえば**図2・2**のようにある範囲に密集して並んでいるものとする．いま，これを図に示すように

$$\varDelta E_1,\ \varDelta E_2,\ \cdots,\ \varDelta E_i,\ \cdots$$

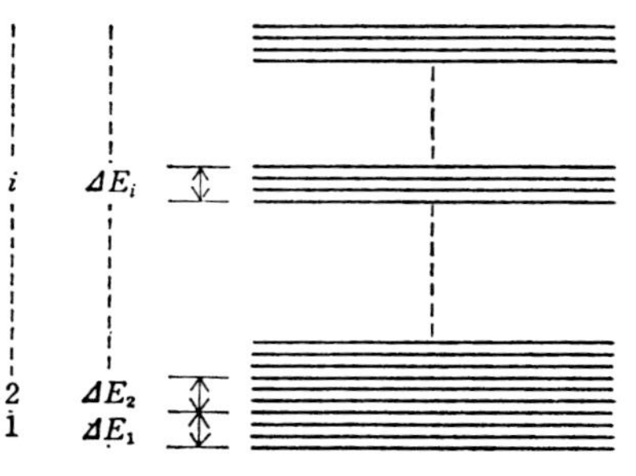

図 2・2　エネルギー準位の分割

のような微小な幅で分け，各の準位群を

$$1,\ 2,\ \cdots,\ i,\ \cdots$$

で表すことにする．また各群のエネルギーは幅を小さくとっているので，ほぼ同一とみなすことができ

$$E_1,\ E_2,\cdots,\ E_i,\ \cdots$$

とする．

いま i 番目の準位群について考え，これに含まれる準位数を g_i，粒子数を N_i とすると，N_i 個の粒子を g_i の準位に同じ準位には2個以上入れないという条件のもとに配る方法の数は

$$\frac{g_i!}{N_i!\,(g_i-N_i)!} \qquad (2\cdot1)$$

となる．したがって，1, 2, 3, ・・・ なる準位に N_1, N_2, N_3, ・・・ の粒子を分配するときの全体の配り方の数は

$$W=\prod_i \frac{g_i!}{N_i!\,(g_i-N_i)!} \qquad (2\cdot2)$$

系が熱平衡状態にあるとすると，上でも述べたように，このWを最も大きくするような分布が実現されることになる．N_i, g_i, $g_i-N_i \gg 1$ とみなせるので，スターリングの公式[1]により

$$\ln W=\sum_i\{g_i\ln g_i-N_i\ln N_i-(g_i-N_i)\ln(g_i-N_i)\} \qquad (2\cdot3)$$

一方，粒子全体のもつエネルギーおよび粒子の総数は一定で

$$\sum_i E_i N_i=U \qquad (2\cdot4)$$

$$\sum_i N_i=N \qquad (2\cdot5)$$

の関係がある．式 (2・4), (2・5) の条件のもとに式 (2・3) を極大にする．すなわち

$$\partial\ln W=-\sum_i\{\ln Ni-\ln(g_i-N_i)\}\,\partial N_i=0 \qquad (2\cdot6)$$

$$\sum_i E_i\partial N_i=0 \qquad (2\cdot7)$$

---

1) 非常に大きい整数 M に対し $\ln M!=M(\ln M-1)$

$$\sum_i \partial N_i=0 \tag{2・8}$$

がともに満たされねばならない．ラグランジュの未定乗数法を用いて，未定の乗数を α, β とし

$$(2.6)\times(-1)+(2.7)\times\beta+(2.8)\times\alpha$$

をつくると

$$\sum_i\left\{\ln\frac{N_i}{g_i-N_i}+\alpha+\beta E_i\right\}\partial N_i=0 \tag{2・9}$$

ここで ∂N_1, ∂N_2, ･･･を互いに独立であるかのように考えて，∂N_i の係数を0とおくと

$$\frac{N_i}{g_i}=\frac{1}{\epsilon^{\alpha+\beta E_i}+1} \tag{2・10}$$

この式がすなわち E_i なる一つの準位にある平均粒子数を示すことになる．α と β とは熱力学的な考察によって

$$\beta=\frac{1}{kT},\quad \alpha=-\frac{\mu}{kT} \tag{2・11}$$

となることが示される．
k はボルツマン定数，T は絶対温度，μ は化学ポテンシャルと呼ばれるものである．ふつう μ のかわりに E_F なる記号を用いて，式（2・10）は

$$f(E)=\frac{1}{e^{\frac{E-E_F}{kT}}+1} \tag{2・12}$$

のように表し，この $f(E)$ を**フェルミ・ディラックの分布関数**と呼ぶ．また E_F は**フェルミ準位**（Fermi level）あるいは**フェルミエネルギー**（Fermi energy）と呼ぶ．

$f(E)$ なる関数は上に述べたように E なる一つの準位にある粒子の平均数であるが，フェルミ・ディラックの統計では一つの準位には1個以下の粒子しか入れないのであるから，これは実はその準位が粒子によって占められる確率を示している．$f(E)$ についてもう少し検討してみよう．いま $T=0$ とし，この場合の $E_F=E_{F0}$ とすると

$$\left.\begin{aligned} E<E_{F0} &\qquad f(E)=1\\ E>E_{F0} &\qquad f(E)=0 \end{aligned}\right\} \tag{2・13}$$

すなわち**図 2·3** の実線で示される分布となり，E_{F0} 以下は全部粒子で占められ，E_{F0} 以上は全部空になる．$T>0$ の場合には図の鎖線で示すようにフェルミ準位の付近でややずれるようになり，この場合 E_F もまた E_{F0} と若干異なることが後に示される．いずれにしても，$E=E_F$ とすると，$f(E)=1/2$ となり，フェルミ準位は分布関数が 1/2 になるエネルギー準位であると考えることもできる．

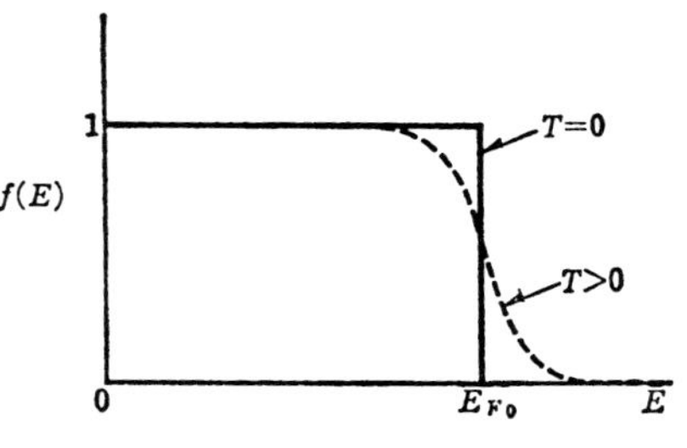

図 2·3　フェルミ・ディラックの分布関数

また式 (2·12) において E が E_F に比べて大きく $E-E_F \gg kT$ の場合には分母の 1 は省略できるので

$$f(E) \simeq e^{-(E-E_F)/kT} = Ae^{-E/kT} \tag{2·14}$$

ただし，$A=e^{E_F/kT}$

となる．この式は実は古典的な**マクスウェル・ボルツマンの分布関数**である．図 2・3 ですそを引いている部分がこれにあたるわけで，この部分を**ボルツマンのすそ**とも呼ぶ．すなわちエネルギーのかなり高い部分を扱うときは，フェルミ・ディラックの分布関数はマクスウェル・ボルツマンの分布関数でおきかえることができ，実際の計算でよく利用される．

前述の粒子の性質による制約を考えて同様な計算を行うと，マクスウェル・ボルツマンの分布関数は前記の式 (2·14) となり，また**ボース・アインシュタインの分布関数**は

$$f(E) = \frac{1}{e^{\frac{E-\mu}{kT}}-1} \tag{2·15}$$

となることが示される．たとえば電子はフェルミ・ディラックの統計に従い，光子はボース・アインシュタインの統計に従う．

2·2　金属の自由電子模型

さて本題の結晶内電子の状態に入る．まず結晶内の電子がどのようなポテン

シャルの場にあるかを考えねばならない．実際の結晶を考えると，これはかなり面倒な問題であるが，いま金属のような物質を対象にすると，いわゆる自由電子はかなり自由な状態にあるとみることができる．そこで結晶内電子をあたかも箱の中で自由な運動をしている気体分子のように考えて，図 **2·4** に示すように結晶内では一定のポテンシャルの場にあり，結晶からとび出すにはあるエネルギーを必要とするので，結晶の外部はこれより E_s だけ高いポテンシャルをもっているものとする．このような模型をゾンマフェルトの模型と呼ぶ．

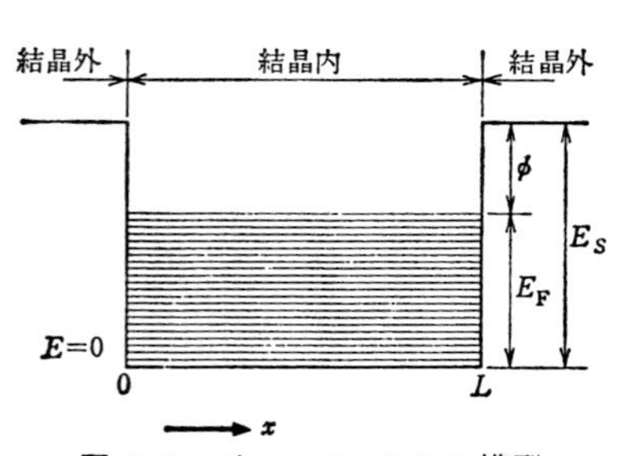

図 **2·4**　ゾンマフェルトの模型

まず一次元の模型について考えることにし，結晶の長さを L とする．電子が結晶外にとび出すことは一応ないものとすれば，図 2·4 においてポテンシャル V を

$$\left.\begin{array}{ll} 0<x<L & \text{で}\ V=0 \\ x\leqq 0\ \text{および}\ x\geqq L & \text{で}\ V=\infty \end{array}\right\} \quad (2\cdot 16)$$

とおいてよい．さて電子の従うべきシュレージンガーの波動方程式は式(*1·17*)より

$$-\frac{\hbar^2}{2m}\frac{d^2\psi}{dx^2}+V\psi=E\psi \qquad (2\cdot 17)$$

$V=0$ とおいて書き直すと

$$\frac{d^2\psi}{dx^2}+\frac{2m}{\hbar^2}E\psi=0 \qquad (2\cdot 18)$$

E は電子の全エネルギーであるが，この場合 $V=0$ であるから，これが運動エネルギーとなる．

式（*2·18*）の一般解は

$$\phi(x)=Ae^{jkx}+Be^{-jkx} \qquad (2\cdot 19)$$

ただし

$$k^2=\left(\frac{2m}{\hbar^2}\right)E \qquad (2\cdot 20)$$

電子は結晶外に出ることはないとしているので境界条件は

$$\left.\begin{aligned} &x=0 \quad \text{で} \quad \psi=0 \\ &x=L \quad \text{で} \quad \psi=0 \end{aligned}\right\} \qquad (2\cdot21)$$

第1の条件から

$$A+B=0 \qquad (2\cdot22)$$

ゆえに

$$\psi(x)=A(e^{jkx}-e^{-jkx})=2jA\sin kx=C\sin kx \qquad (2\cdot23)$$

第2の条件から

$$\sin kL=0 \qquad (2\cdot24)$$

したがって kL が π の整数倍であることを要し

$$k=\frac{n\pi}{L}, \quad n=0, \ \pm1, \ \pm2, \cdots \qquad (2\cdot25)$$

すなわち解は

$$\psi_n(x)=C\sin\left(\frac{n\pi x}{L}\right) \qquad (2\cdot26)$$

C は式（1・15）の規格化の条件

$$\int_0^L|\psi(x)|^2dx=1 \qquad (2\cdot27)$$

より

$$C=\left(\frac{2}{L}\right)^{\frac{1}{2}} \qquad (2\cdot28)$$

となり

$$\psi_n(x)=\left(\frac{2}{L}\right)^{\frac{1}{2}}\sin\left(\frac{n\pi x}{L}\right) \qquad (2\cdot29)$$

となる．ここで $n=0$ は式（2・27）を満たさないし，また±は同じ状態を与えるので，n としては 1, 2, 3, ･･･のみが許されることになる．波動関数 $\psi_n(x)$ のそれぞれの状態にあるときの電子のエネルギーは式（2・25）を式（2・20）に代入して

$$E_n=\frac{\hbar^2\pi^2n^2}{2mL^2} \qquad (2\cdot30)$$

すなわち結晶内で電子のとり得るエネルギーは n^2 に比例した不連続な値のみ

であることがわかる．

ここでkについて一言ふれておこう．式 (2・23) で$C \sin kx$ は一つの波を表しているわけであるが，いま，この波の波長をλとすると

$$C \sin k(x+\lambda)=C \sin (kx+2\pi) \tag{2・31}$$

の関係がある．したがって

$$k=\frac{2\pi}{\lambda} \tag{2・32}$$

となり，kは 2π〔m〕の中にある波の数を表すことになり，**波数**と呼ばれる．三次元では波の伝搬方向を向くベクトルとなり波数ベクトルとなるが，これらの関係は先に格子振動で述べたqと同様である．

次に一次元の結果を三次元に拡張しよう．いま一辺が L の立方体を考えると，ここでは計算は省略するが，式 (2・29)，(2・30) に対応して三次元では

$$\psi_n(x, y, z)=\left(\frac{8}{L^3}\right)^{\frac{1}{2}}\sin\left(\frac{n_x\pi x}{L}\right)\sin\left(\frac{n_y\pi y}{L}\right)\sin\left(\frac{n_z\pi z}{L}\right) \tag{2・33}$$

$$E_n=\frac{\hbar^2\pi^2}{2mL^2}(n_x{}^2+n_y{}^2+n_z{}^2) \tag{2・34}$$

となることは類推されよう．n_x, n_y, n_z はそれぞれ 1, 2, 3, ・・・ なる正の整数である．したがって，たとえば (n_x, n_y, n_z) が (1, 1, 2)，(1, 2, 1)，(2, 1, 1) のような組は同じエネルギーを与えるので，このエネルギー準位は3重に縮退していることになる．

式 (2・34) をもとにして，結晶内電子のとり得るエネルギー準位がどのように分布しているかを調べる．いま便宜上エネルギーのかわりに運動量pで考えることにすると，$E=p^2/2m$ より

$$\frac{p^2}{2m}=\frac{\hbar^2\pi^2}{2mL^2}(n_x{}^2+n_y{}^2+n_z{}^2) \tag{2・35}$$

この式を書きかえて

$$\frac{p^2L^2}{\hbar^2\pi^2}=n_x{}^2+n_y{}^2+n_z{}^2\equiv r^2 \tag{2・36}$$

式 (2・36) によれば，運動量pがpと $p+dp$ の間にあるような準位の数，すなわち n_x, n_y, n_z の組の数は，rがrと$r+dr$ の間になるような n_x, n_y, n_z

の組の数を求めればよいことになる．このことは **図 2·5** に示すように n_x, n_y, n_z を直交軸とする空間において半径 r，厚さ dr の球殻の体積を求めることに相当し，さらに n_x, n_y, n_z が正の整数に限られることを考慮すれば，準位数は

$$\frac{1}{8}\times 4\pi r^2 dr \tag{2·37}$$

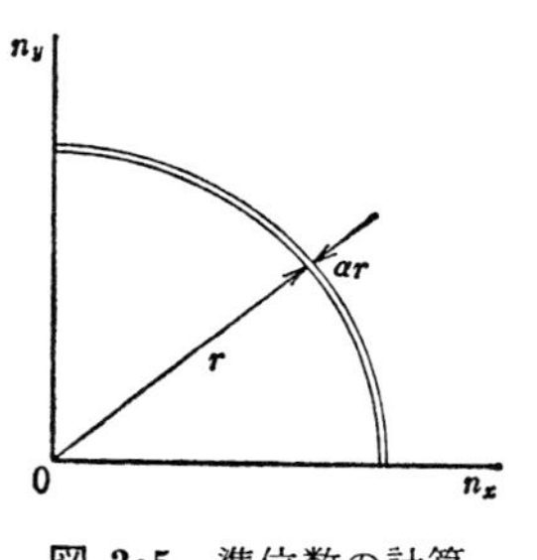

図 2·5　準位数の計算

により与えられる．式 (2·36) より

$$r^2=\frac{p^2L^2}{\hbar^2\pi^2},\quad dr=\frac{L}{\hbar\pi}dp \tag{2·38}$$

これらを式 (2·37) に入れると

$$\frac{4\pi p^2 dp\cdot L^3}{h^3} \tag{2·39}$$

となる．さらにスピンを考慮すると 2 個の電子が一つの準位に入れるので，求める準位数は結局

$$Z(p)\,dp=\frac{8\pi p^2 dp\cdot v}{h^3} \tag{2·40}$$

ただし L^3 を体積 v とした．ここで，ふたたび運動量 p をもとのエネルギー E に直すと，エネルギーが E と $E+dE$ の間にある準位の数は

$$Z(E)\,dE=CE^{\frac{1}{2}}dE$$

$$\text{ただし}\quad C=\frac{4\pi v(2m)^{\frac{3}{2}}}{h^3} \tag{2·41}$$

$Z(p)$ あるいは $Z(E)$ は**状態密度** (state density) と呼ばれる．$Z(E)$ は**図 2·6** (a) に示すように $E^{\frac{1}{2}}$ に比例し，エネルギーの大きいところほど準位数も多くなることがわかる．なお，式 (2·40) において $v=1$，すなわち結晶の単位体積について考えると，$4\pi p^2dp$ すなわち運動量空間の微小体積にはスピンを考慮して $4\pi p^2dp\cdot 2/h^3$ の状態数，したがって単位体積には $2/h^3$ 個の密度の状態数があることになり，この関係はしばしば用いられる．

次に，このエネルギー状態に電子がどのように分布するかを調べよう．いま結晶全体で N 個の自由電子があるとする．結晶内電子が各エネルギー準位を占

める確率は **2·1** で述べたようにフェルミ・ディラックの分布関数で与えられる

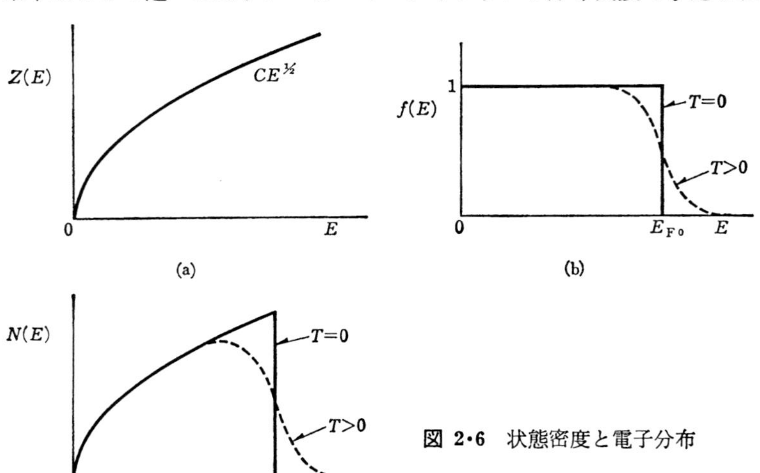

図 2·6　状態密度と電子分布

から，エネルギーがEと $E+dE$ の間にある電子の数は

$$N(E)\,dE=Z(E)\,f(E)\,dE \tag{2·42}$$

となる．まず $T=0$ の場合を考えると，図（b）を参照して，$N(E)$ は図（c）の実線で示される分布になることがわかる．この場合 E_{F0} は電子のしめる最高エネルギーとなるが，これは次のように計算される．電子の総数がNであるから

$$\int_0^\infty N(E)\,dE=\int_0^\infty Z(E)\,f(E)\,dE=N \tag{2·43}$$

式（2·41）と分布関数より

$$C\int_0^{E_{F0}} E^{\frac{1}{2}}\,dE=\frac{2}{3}CE_{F0}{}^{\frac{3}{2}}=N \tag{2·44}$$

これから

$$E_{F0}=\frac{h^2}{2m}\left(\frac{3n}{8\pi}\right)^{\frac{2}{3}} \tag{2·45}$$

ただし $n=N/v$ は単位体積中の自由電子の数である．すなわち n がわかれば E_{F0} を計算で求めることができる．**表 2·1** は価電子が自由電子であるとして，数種の金属について求めた E_{F0} の値である．また $T=0$ における電子の平均

エネルギーは次式のように計算される．

$$\langle E_0\rangle=\frac{1}{N}\int_0^{E_{F0}}EZ(E)\,dE=\frac{2}{5}CE_{F0}{}^{\frac{5}{2}}\times\frac{1}{N}=\frac{3}{5}E_{F0} \tag{2·46}$$

次に $T>0$ の場合を考えよう．この場合 $kT\ll E_F$ なる関係が満たされているとする．これは室温（約300K）における kT の値約 0.025eV を表 2·1 の E_{F0} と比べてみれば，ふつうの温度では十分満足されることがわかる．さて，この場合の電子分布は図 2·6（b）の $T>0$ の分布関数の形から，大体，図（c）の破線で示されるように，フェルミ準位付近で $T=0$ の場合の分布とややずれることは容易に理解されよう．また，この場合のフェルミ準位ならびに電子の平均エネルギーは，ここでは計算は省略するが，近似的に次式で与えられることが示される．

表 2·1　T=0K における数種の金属のフェルミ準位

金　属	原子価	E_{F0}(eV)
Na	1	3.1
K	1	2.1
Cu	1	7.0
Ag	1	5.5
Ba	2	3.8
Al	3	11.7

$$E_F\simeq E_{F0}\left[1-\frac{\pi^2}{12}\left(\frac{kT}{E_{F0}}\right)^2\right] \tag{2·47}$$

$$\langle E\rangle\simeq\langle E_0\rangle\left[1+\frac{5\pi^2}{12}\left(\frac{kT}{E_{F0}}\right)^2\right] \tag{2·48}$$

すなわち温度 T が上昇すると，E_F は減少し $\langle E\rangle$ は増加するが，$kT\ll E_{F0}$ であるから，その量はわずかであり，金属のフェルミ準位はふつうの温度範囲ではまず変らないものと見てよい．

金属の自由電子模型は結晶内のポテンシャルを一定とみなした簡単な模型であるが，金属の比熱とか電子放出現象など十分な説明を与え得る場合が多い．

2·3 帯　理　論

（1）エネルギー準位の帯構造　金属の性質は **2·2** に述べた自由電子模型でかなりよく説明することができるが，半導体あるいは絶縁体となるとそうはゆかなくなる．これらに対しては結晶内電子のエネルギー準位がいわゆる**帯構造**（band structure）をとるという考え方を導入しなければならない．この帯構造を用いた**帯理論**（band theory）はとくに半導体の理論には欠くべからざるもので，その意味でも，この節は本書中でも最も重要な部分の一つである．

エネルギー準位の帯構造を導くのに二つのやり方がある．一つは**孤立原子からの近似**と呼ばれるもので，水素原子模型で述べたような孤立原子のもつ離散的なエネルギー準位より出発して，原子が近づくに従い原子間に力が働いてそれぞれの準位が分かれてゆくのを調べる方法である．この方法は比較的内殻にあって原子との結びつきの強い電子に対してよい近似を与える．他の一つは**集団電子よりの近似**と呼ばれ，自由電子模型のように電子が結晶全体に共有されていると考え，ただし電子に対するポテンシャルとして実際の結晶内部のポテンシャルに近いものを考えて電子の運動を解いてゆく方法で，価電子のような原子核への結びつきの弱い電子に対してよい近似を与える．

ここでは後者の方法により，帯構造がどのようにしてできるか，また帯構造のもとでは電子は一体どのようにふるまうかなどについて考えてゆくことにする．

（2）　周期電界中の電子　　集団電子よりの近似により議論を進めるには，まず電子がどのようなポテンシャルのもとにあるかを考えねばならない．自由電子模型は $V=0$ とおいた極端な場合である．実際の結晶では多数の原子核と電子があり，これはかなり複雑な問題であるが，近似的に**図 2·7** に示すように結晶の格子点に規則正しく並んだ＋イオンによりつくられる静電界のもとにあると考えることは，それほど不合理ではない．

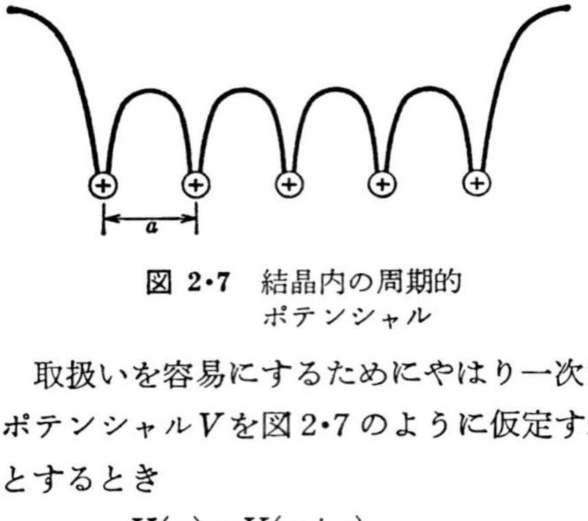

図 2·7　結晶内の周期的ポテンシャル

取扱いを容易にするためにやはり一次元の模型について考えることにする．ポテンシャル V を図 2·7 のように仮定すれば，これは格子イオン間の距離を a とするとき

$$V(x)=V(x+a) \tag{2·49}$$

のように，a を周期とする周期ポテンシャルとなる．さて，電子に対するシュレージンガーの方程式は式（2·17）を書きかえて

$$\frac{d^2\psi}{dx^2}+\frac{2m}{\hbar^2}[E-V(x)]\psi=0 \tag{2·50}$$

$V=0$ の場合はすでに示したように，この式は簡単に解けて $\phi(x)=e^{\pm jkx}$ の形の解をもつ．さて V が一般的な場合は簡単には解けないが，V が式 (2·49) のような周期性をもつ場合はその解は次式に示す形で与えられることがブロッホによって証明された．

$$\phi(x)=e^{\pm jkx}u_k(x), \quad u_k(x)=u_k(x+a) \tag{2·51}$$

これをブロッホの定理と呼び，この $\phi(x)$ を**ブロッホの関数**と呼ぶ．すなわちブロッホの関数は $V=0$ のときの解 $e^{\pm jkx}$ を格子と同じ周期をもつ関数 $u_k(x)$ で変調した一種の変調波である．ブロッホの定理の証明は数学的な問題であり，また，かなり紙数をとるので，ここでは省略することにする．

さて $\phi(x)$ の形が与えられても，$V(x)$ が任意の形をしているときには実際の波動関数や対応するエネルギーを簡単に求めることはできない．そこで，ここでは $V(x)$ として，初等数学で取り扱える**クローニッヒ・ペニー**の模型を用いることにする．この模型は**図 2·8** に示すような方形の周期的ポテンシャルで，図 2·7 に示すものとはかなり異なるが，帯構造の本質をよく示すことができるものである．図 2·8 の $V(x)$ は

$0<x<a$ で $V=0$

$-b<x<0$ で $V=V_0$

周　期　$a+b$

である．そうすると，このそれぞれの区間に対するシュレージンガーの方程式は

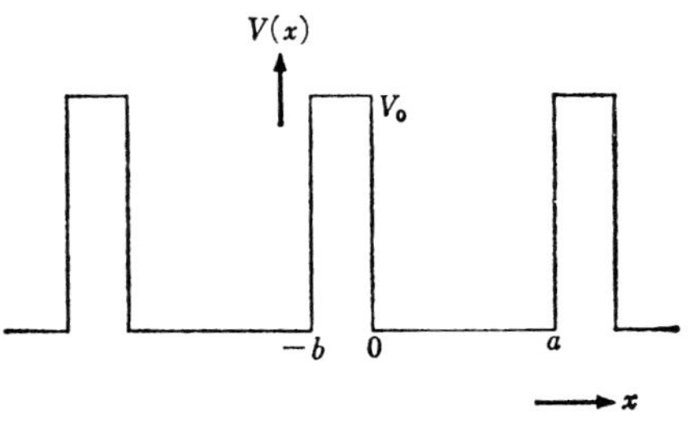

図 2·8　クローニッヒ・ペニーのポテンシャル

$$\frac{d^2\phi}{dx^2}+\frac{2m}{\hbar^2}E\phi=0 \qquad (0<x<a) \tag{2·52}$$

$$\frac{d^2\phi}{dx^2}+\frac{2m}{\hbar^2}(E-V_0)\phi=0 \qquad (-b<x<0) \tag{2·53}$$

電子のエネルギー E は V_0 より小さいと仮定すると（後で $V_0\to\infty$ なる操作をするのでさし支えない）

$$\alpha^2=\frac{2mE}{\hbar^2}, \quad \beta^2=\frac{2m(V_0-E)}{\hbar^2} \tag{2·54}$$

とおくとき，α，β はいずれも実数となる．

さて，ブロッホの定理により，式（2･52），（2･53）の解はいずれも $e^{jkx}u_k(x)$ なるブロッホの関数で表せるはずであるから，これを両式に代入すると

$$\frac{d^2u}{dx^2}+2jk\frac{du}{dx}+(\alpha^2-k^2)u=0 \qquad (0<x<a) \tag{2･55}$$

$$\frac{d^2u}{dx^2}+2jk\frac{du}{dx}-(\beta^2+k^2)u=0 \qquad (-b<x<0) \tag{2･56}$$

が得られる．これらの方程式の一般解はそれぞれ

$$u_1=Ae^{j(\alpha-k)x}+Be^{-j(\alpha+k)x} \qquad (0<x<a) \tag{2･57}$$

$$u_2=Ce^{(\beta-jk)x}+De^{-(\beta+jk)x} \qquad (-b<x<0) \tag{2･58}$$

u_1 と u_2 は一つの関数であるから，それぞれの境界でなめらかにつながり，かつ周期性を満足せねばならない．すなわち

$$\left.\begin{aligned}&u_1(0)=u_2(0), \qquad u(a)=u_2(-b)\\&\left(\frac{du_1}{dx}\right)_{x=0}=\left(\frac{du_2}{dx}\right)_{x=0}, \quad \left(\frac{du_1}{dx}\right)_{x=a}=\left(\frac{du_2}{dx}\right)_{x=-b}\end{aligned}\right\} \tag{2･59}$$

この四つの条件から，定数A，B，C，Dは次式によって決定される．

$$\left.\begin{aligned}&A+B=C+D\\&Ae^{j(\alpha-k)a}+Be^{-j(\alpha+k)a}=Ce^{-(\beta-jk)b}+De^{(\beta+jk)b}\\&j(\alpha-k)A-j(\alpha+k)B=(\beta-jk)C-(\beta+jk)D\\&j(\alpha-k)Ae^{j(\alpha-k)a}-j(\alpha+k)Be^{-j(\alpha+k)a}\\&=(\beta-jk)Ce^{-(\beta-jk)b}-(\beta+jk)De^{(\beta+jk)b}\end{aligned}\right\} \tag{2･60}$$

式（2･60）はA，B，C，Dに関する線形同次方程式であるから，A，B，C Dが 0 以外の解をもつためには，その係数の行列式が 0 でなければならない．実はこの条件が周期電界中の電子のとり得るエネルギーEにある制限を課すことになる．これは以下のように導かれる．式（2･60）の係数の行列式を計算すると

$$\frac{\beta^2-\alpha^2}{2\alpha\beta}\sinh\beta b\sin\alpha a+\cosh\beta b\cos\alpha a=\cos k(a+b) \tag{2･61}$$

この式に式（2･54）の α^2，β^2 を代入し，さらに積 V_0b の値を一定に保ちながら $V_0\to\infty$，$b\to0$ とする．V_0b はポテンシャル障壁の面積であるから，この操

作はその大きさは変えないで，高さを高くし，幅を狭くすることに相当する．その結果

$$\frac{mV_0 b}{\hbar^2 \alpha}\sin \alpha a+\cos \alpha a=\cos ka \qquad (2\cdot62)$$

が得られる．いま

$$P=\frac{mV_0 ba}{\hbar^2} \qquad (2\cdot63)$$

とおくと，Pは $V_0 b$，すなわちポテンシャル障壁の大きさに対応する量で，式 (2・62) は

$$P\frac{\sin \alpha a}{\alpha a}+\cos \alpha a=\cos ka \qquad (2\cdot64)$$

のように書くことができる．さて式 (2・64) の意味するところをグラフを利用して考えてみよう．左辺はPの大きさにより変るので，いま，仮りに$P=3\pi/2$とおくと，αa の関数として 図 **2・9** の実線で示す左右対称なグラフとなる．横

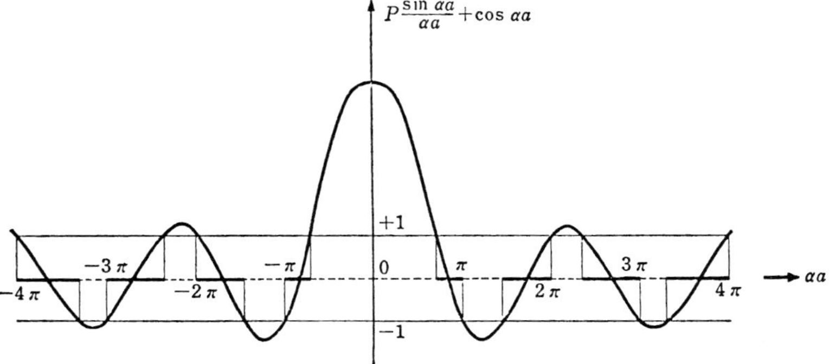

図 2・9 $P=3\pi/2$ として描いた式 (2・64) の左辺

軸にとった αa は α が式 (2・54) $\alpha^2=2mE/\hbar^2$ よりエネルギーEに対応する量であるから（aはポテンシャルの周期），横軸がエネルギーに対応していることがわかる．一方，式 (2・64) の右辺はkによって変るが，いずれにしても +1 と −1 の間の値しかとり得ないことを考えると，式 (2・64) が満足されるのは左辺が +1 と −1 の間の値をとる範囲，すなわち αa が図 2・9 の太線

で示した範囲の値をとる場合のみであることがわかる．

図2·9および式（*2·64*）をもとにして，結晶内電子のエネルギー状態についていろいろの知識が得られる．

i）まず電子のとり得るエネルギーはある幅をもったいくつかのエネルギー帯に分かれ，このいわゆる**許容帯**（allowed band）は電子のとり得ないエネルギー帯，すなわち**禁制帯**（forbidden band）によりへだてられている．

ii）エネルギーが大きくなるほど許容帯は広くなる．

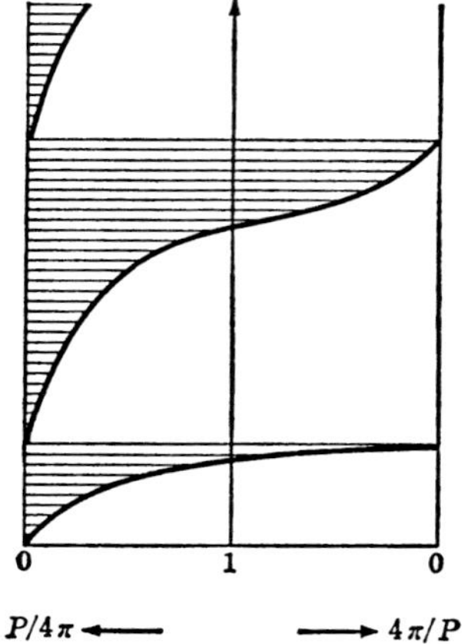

図 2·10　Pの大きさと許容帯の領域の関係　左端は$P=0$ 右端は$P=\infty$に対応する

iii）これらの様子はP，すなわち，ポテンシャル障壁の大きさにより変化し，**図2·10**のようになる．$P=0$ はポテンシャル障壁が全くない場合で自由電子模型に対応し，禁制帯は生じない．一方$P=\infty$は障壁が非常に大きく電子がそれぞれのイオンに強く束縛されて全く動けない場合で孤立原子に対応し，エネルギー準位は水素原子模型の場合と同様に離散的となる．

iv）Eが波数kによりどのように変るかを調べてみよう．まず E が不連続になるのは式（*2·64*）の右辺が ±1 になるとき，すなわち

$$ka=\pm n\pi \text{ あるいは } k=\pm\frac{n\pi}{a},\quad n=1,\ 2,\ 3,\cdots \qquad (2\cdot65)$$

の場合である．ここで，式（*1·19*）で述べたブラッグの条件を思い出してみよう．

$$2d\sin\theta=n\lambda \qquad (2\cdot66)$$

$k=2\pi/\lambda$，また現在の一次元格子に対しては $\sin\theta=1$ であり，かつ $d=a$ であることを考慮すると，式（*2·65*）は実はブラッグの条件に外ならないことがわかる．したがって，この波長に対応する電子波が結晶に入射すると，各格子面における反射波は強め合って全反射を生じ，これと入射波が干渉して定在波となり，結晶内部に進行する波とはならない．すなわち式（*2·65*）のkに対応

するエネルギーをもった電子は結晶中には存在し得ず，このkのところでエネルギーに禁制帯を生ずることになる．

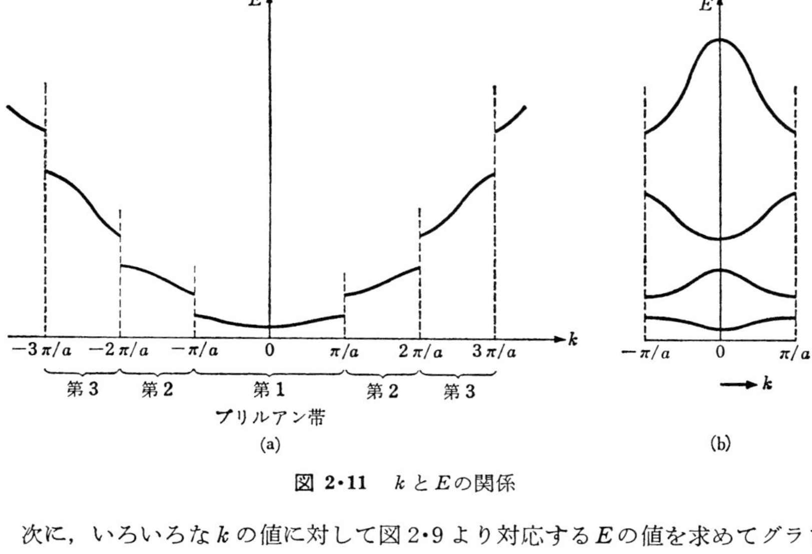

図 2・11　kとEの関係

次に，いろいろなkの値に対して図2・9より対応するEの値を求めてグラフに描くと **図 2・11**（a）のようになる．図に示すように，それぞれの領域を第**1ブリルアン帯**（Brillouin zone），第2ブリルアン帯，・・・と呼ぶ．このようにEをkの関数として表すことは，図1・23においてωをqの関数として表したことに対応し，そこで述べたように，**k空間**（k space），すなわち逆格子空間でものを考えているわけで，逆格子の単位格子が第1ブリルアン帯に相当しており，帯理論における逆格子の重要性が了解されよう．また，前述の自由電子模型の場合には，式（2・20）より$E=\hbar^2k^2/2m$で，Eとkの関係は**図 2・12**のようになり，禁制帯は現れない．

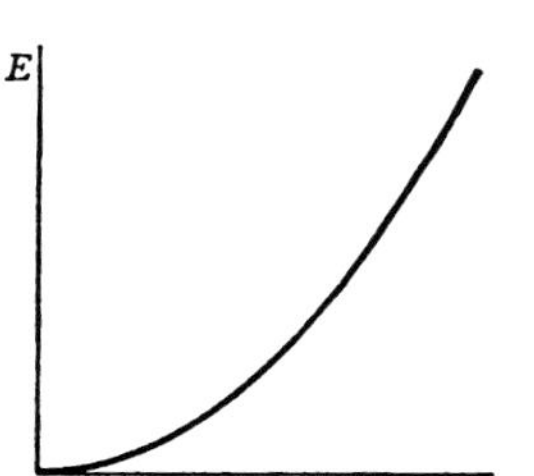

図 2・12　自由電子模型におけるkとEの関係

ところで式（2・64）の右辺は$k\to k+2\pi n/a$としても変らない．すなわちkは一義的に決まらないので，便宜上

$$-\pi/a \leqq k \leqq \pi/a \qquad (2\cdot67)$$

のようにkの領域を制限することがあり，この k を**還元された波数**（reduced wave number）と呼ぶ．kをこのように制限すれば，Eとkの関係は図 2・11（b）のようになる．

v）最後に一つのエネルギー帯に属するエネルギー準位の数を求める．結晶の長さをLとする．ここで周期的境界条件と呼ばれるものを用いる．すなわちLを周期として循環的に同じ結晶が無限に並んでいると考える．そうすると，ある点xからLだけ移動した点は結晶内で全く等価の点と考えられるので

$$\psi(x+L)=\psi(x) \tag{2・68}$$

とおくことができる．ここで $\psi(x)$ はブロッホの関数であるから，式（2・68）は

$$e^{jk(x+L)}u_k(x+L)=e^{jkx}u_k(x) \tag{2・69}$$

となり，$u_k(x+L)=u_k(x)$ より $e^{jkL}=1$，すなわち

$$k=\frac{2\pi n}{L},\quad n=\pm 1,\ \pm 2,\cdots \tag{2・70}$$

なることを要する．したがって dk なる範囲にある準位数は

$$dn=\frac{L}{2\pi}dk \tag{2・71}$$

で与えられる．式（2・71）は dn は dk に比例すること，すなわち $L=1$ とするとkの単位長あたり $1/2\pi$ の準位数が存在することを意味する．これを三次元に拡張すると結晶の単位体積につき k 空間の単位体積あたり $1/(2\pi)^3$ 個の準位が存在することになる．

さてkの範囲は式（2・67）で決まり，$-\pi/a$ より π/a まで $2\pi/a$ の長さになり，これに対する準位数は式（2・71）より

$$準位数=\frac{L}{2\pi}\times\frac{2\pi}{a}=\frac{L}{a}=N \tag{2・72}$$

となる．L/a は原子の数である．すなわち各エネルギー帯には原子の数と同数のエネルギー準位が存在することになる．さらに電子のスピンを考えると各エネルギー帯はそれぞれ$2N$個の電子を収容できることになる．言いかえると一つのエネルギー帯に$2N$個の電子があれば，そこは完全に満たされることになり，このことが後で述べるように導体，絶縁体および半導体を区別することになる．

（3）　ブリルアン帯　（2）で述べた一次元のブリルアン帯が二次元，三次元の場合にはどうなるかを考えてみよう．いずれの場合も，まず空間格子の逆格子を考える．いま一辺 a の二次元の正方格子の場合逆格子は **図 2·13** となり第1，第2および第3などのブリルアン帯はそれぞれ図に示す領域となる．すなわち最も近い格子点を結ぶベクトルの垂直2等分線でかこまれた領域が第1ブリルアン帯，2番目に近い格子点を結ぶベクトルの垂直2等分線と第1ブリルアン帯との間が第2ブリルアン帯・・・というふうに，順次各ブリルアン帯を定めることができる．いま $\boldsymbol{n}$, $\boldsymbol{k}$ をベクトルとすれば，これらの垂直2等分線上の点は

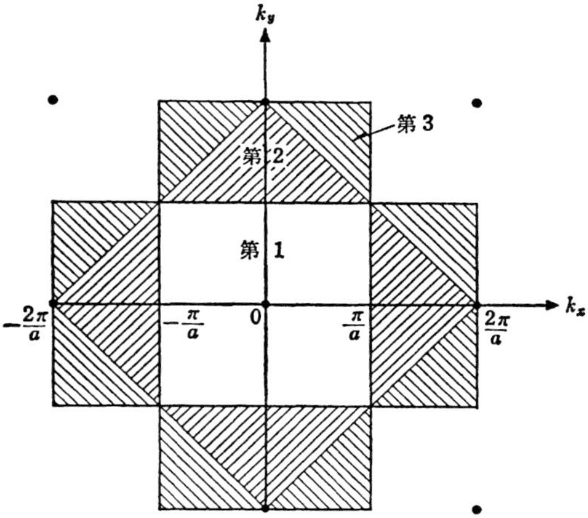

図 2·13　二次元正方格子のブリルアン帯

$$\boldsymbol{n}\cdot\boldsymbol{k}=\pi n^2/a \qquad (2\cdot73)$$

を満足し，この式は一次元の場合式（2·65）に帰することから，これらの線上でエネルギーが不連続となることが了解されよう．図からわかるように各ブリ

(a) 体　心

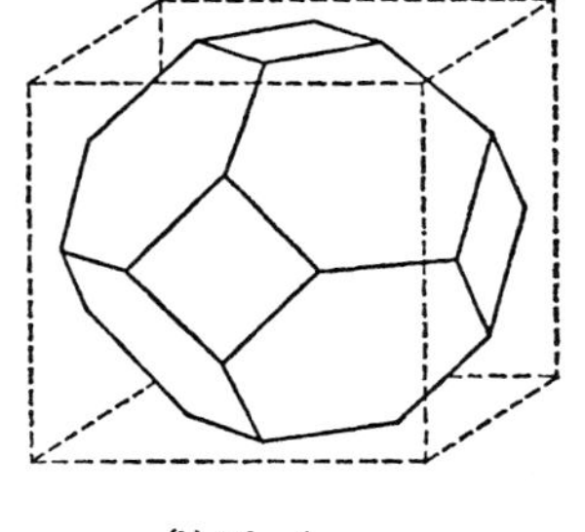

(b) 面　心

図 2·14　体心および面心立方格子の第1ブリルアン帯

ルアン帯の面積は当然ながら皆同じとなる．

前述の話を三次元に拡張するには，三次元の逆格子を考えて今度は格子点を結ぶベクトルを垂直に2等分する面によりかこまれる空間を求めてゆくことになる．この場合，第1ブリルアン帯はたとえば単純立方格子では立方体，体心および面心立方格子ではそれぞれ **図 2・14** のような多面体になる．このようにブリルアン帯の形はいつでも空間格子の形のみにより決まるものである．

（4）**状　態　密　度**　自由電子模型ではエネルギーの関数としての状態密度は式（*2・41*）で示したように，$Z(E)=CE^{1/2}$ により E とともに増すが，帯構造をとる場合にはこの関係はそれほど簡単ではない．いま，たとえば第1ブリルアン帯が立方体の形をしている単純立方格子の場合について考えてみよう．前述したように状態密度 $Z(E)$，すなわち電子の収容可能な数は k 空間の体積に比例するから，$Z(E)$ の様子を調べるには k 空間で等エネルギー面がどのような変化をしているかを調べればよい．図 2・11 に示したように k の小さいうちは E は大体 k^2 に比例するので，等エネルギー面は **図 2・15** のように大体球面状に広がり，したがって同一エネルギーの k 空間の体積，すなわち $Z(E)$ も自由電子模型とほぼ同じように増してゆく．しかし k が大きくなってブリルアン帯の境界に達すると，ここでエネルギーは不連続になるので，次は立方体の隅の部分のみが $Z(E)$ に寄与するだけとなり，$Z(E)$ は次第に減る．その実際の変化は複雑であるが，**図 2・16** に大体の様子を示す．

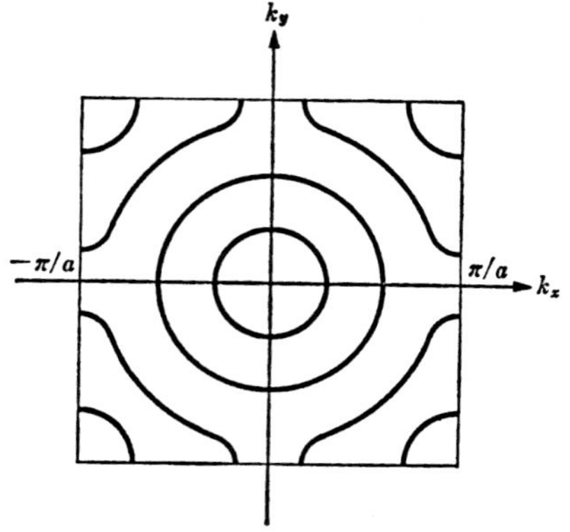

図 2・15　立方格子の第1ブリルアン帯の等エネルギー面を xy 面で見たもの

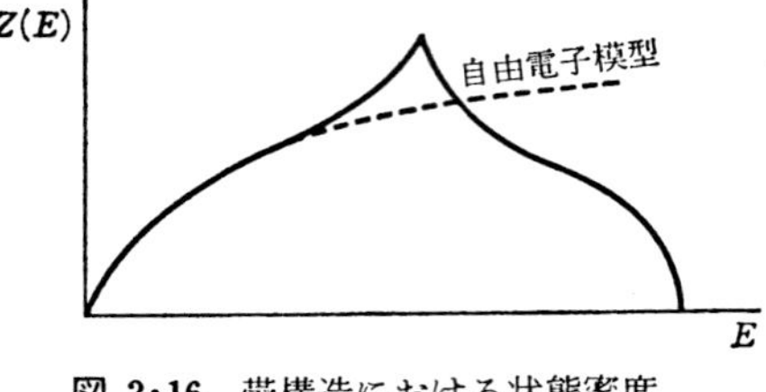

図 2・16　帯構造における状態密度

（5）**帯理論による電子の運動**

（2）で述べたように結晶内の電子はそのエネルギーが帯構造をとることから，そのふるまいは自由な電子とはかなりちがったものになる．これについて次に考えてみよう．さて周期的な電界中にある電子はブロッホの関数 $e^{jkx}u_k(x)$ で与えられる波としての性質をもつが，粒子としてみた場合にはどのような速度 v をもつのであろうか．これを厳密に計算することはかなり面倒なので，ここでは近似的な考え方で導いてみる．いま波数 k という状態について k とわずかに異なる波数をもつ波をいくつか重ねて見ると，振幅がある位置で大きく，そこから遠ざかるに従って小さくなってゆく一つの波を得る．これを**波束**（wave packet）と呼ぶ．波束の最大の位置は時間とともに移るが，この速度を**群速度**（group velocity）と呼び，これが粒子の移動速度 v になる．このことは k という状態は k の前後のわずかに異なる状態が合成されたものと考え，また粒子の存在確率が $\Psi^*\Psi$ で表されることを考慮するとある程度は了解されよう．

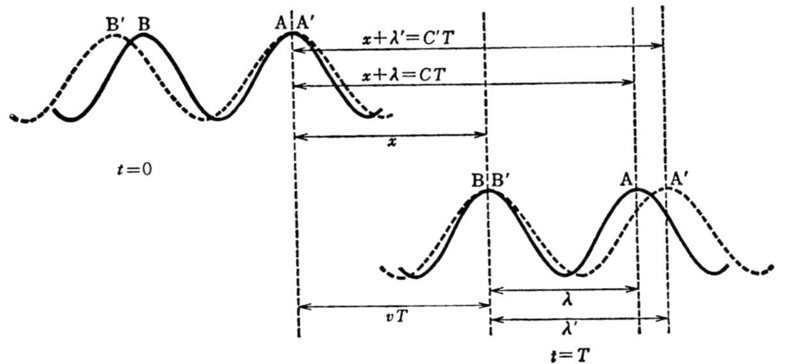

図 2·17　波束の速度

さて，群速度を求めよう．いま k がわずかに異なる二つの波，すなわち速度と波長がわずかに異なる C，λ と C'，λ' なる波を考える．$C'>C$，$\lambda'>\lambda$ とする．図 2·17 に示すように時刻 $t=0$ で二つの波の山 AA′ が一致し，ついで $t=T$ のとき BB′ が一致したとする．二つの波を合成した波，すなわち波束の最大の位置はこの間に x 移動しているとすると，群速度は

$$v=\frac{x}{T} \tag{2·74}$$

によって与えられることになる．図より $x=CT-\lambda=C'T-\lambda'$ であるから

$$T=\frac{\lambda'-\lambda}{C'-C}=\frac{d\lambda}{dC} \tag{2・75}$$

これらの関係を式 (2・74) に入れると

$$v=\frac{CT-\lambda}{T}=C-\lambda\frac{dC}{d\lambda} \tag{2・76}$$

一方，周波数を f とし，$C=\lambda f$ より

$$\frac{dC}{d\lambda}=f+\lambda\frac{df}{d\lambda} \tag{2・77}$$

これを式 (2・76) に入れて

$$v=-\lambda^2\frac{df}{d\lambda}=\frac{df}{d\left(\frac{1}{\lambda}\right)} \tag{2・78}$$

この式はまた $k=2\pi/\lambda$ を用いて

$$v=\frac{df}{dk}\frac{dk}{d\left(\frac{1}{\lambda}\right)}=\frac{2\pi df}{dk}=\frac{d\omega}{dk} \tag{2・79}$$

と表すこともできる．すなわち群速度は式 (2・78) または (2・79) によって与えられる．

さて周波数 f なる波のエネルギー $E=hf$ より $f=E/h$ を式 (2・79) に入れると

$$v=\frac{1}{\hbar}\frac{dE}{dk} \tag{2・80}$$

が得られる．すなわち E が k の関数として与えられれば電子の速度を求めることができる．たとえば自由電子模型では，式 (2・20) より $E=\hbar^2k^2/2m$ であるから

$$v=\frac{1}{\hbar}\frac{dE}{dk}=\frac{\hbar k}{m}=\frac{p}{m} \tag{2・81}$$

となり，古典的な $p=mv$ の関係と一致する．

帯理論では E は k^2 に比例しないので，電子の速度は自由電子の場合と大分ようすがちがってくる．これを図2・11 をもとにして考えてみよう．**図 2・18**(a) は第1ブリルアン帯のみについて E と k の関係をふたたび描いたものである．

式（2・8′）よりvはdE/dkに比例するから図2・18（a）を微分して得られるグラフ図（b）がvを示すことになる．すなわちvはエネルギー帯の底と頂上で0，$E-k$曲線の変曲点k_0で最大になり，k_0をこえるとEは増すのにvは減るという自由電子とは全く異なるふるまいを示す．

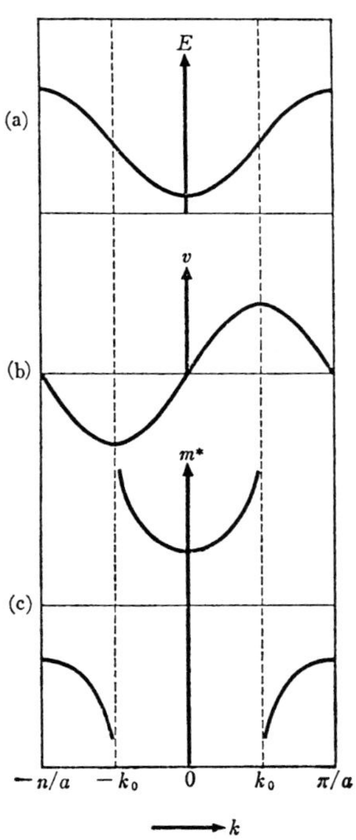

図 2・18　波数kとエネルギーE，速度v，有効質量m^*との関係

このようなエネルギー帯内にある電子のふるまいを扱うのに便利なものとして**有効質量**(effective mass) の概念がある．これを用いるとエネルギー帯内の電子を式の上では，あたかも自由電子のごとく扱うことができる．いまkなる状態に電子が1個だけ存在するとする．この電子の速度をvとすると，外部より電界Fを加えるとき電子が時間dtの間に得るエネルギーは式（2・80）を用いて

$$dE=-eFvdt=-eF\frac{1}{\hbar}\frac{dE}{dk}dt \tag{2・82}$$

である．さてdEは$dE=(dE/dk)dk$と書けるから，式（2・82）と比べて

$$\frac{dk}{dt}=-\frac{eF}{\hbar} \tag{2・83}$$

が得られる．電子の加速度をαとすると，式（2・80）より

$$\alpha=\frac{dv}{dt}=\frac{1}{\hbar}\left(\frac{d^2E}{dk^2}\right)\frac{dk}{dt} \tag{2・84}$$

式（2・83）を式（2・84）に入れて

$$\alpha=-\frac{eF}{\hbar^2}\frac{d^2E}{dk^2} \tag{2・85}$$

を得る．一方，質量mの自由電子に電界Fを加えたときの加速度は

$$\alpha=-\frac{eF}{m} \tag{2・86}$$

である．式（2・85），（2・86）を比べると，エネルギー帯中の電子はあたかも

$$m^*=\frac{\hbar^2}{\left(\frac{d^2E}{dk^2}\right)} \tag{2・87}$$

なる質量をもつ自由電子のようにふるまうものとみなすことができる．この m^* を電子の有効質量と呼ぶ．式（2・87）より m^* は d^2E/dk^2 に逆比例するので図（c）に示すようになる．すなわちエネルギー帯の下部では m^* は正であるが上部においては負になる．いま，たとえば $k=0$ から出発して負電界を加えると，式（2・83）により k が増すにつれて始めは v が増すが，$k=k_0$ に達すると v は逆に減少をはじめる．これは質量が負になったのと同じことである．このことは物理的には電子と結晶格子との間の相互作用により，エネルギー帯の上部では電子は電界よりもらう運動量以上に大きな運動量を格子に与えることになり，結果として電子の運動量が減少することによる．

次に，半導体で重要な役割を演ずる**正孔**（positive hole）について述べておこう．いま，エネルギー帯の上部でたとえば j なる準位が空いている場合，外部電界によりこのエネルギー帯の電子が全体としてどのようにふるまうかを考えてみよう．電子の電荷を $-e$ とし，i なる準位の電子の速度を v_i とする．電子が全部つまっているときは，同じ速度で反対に動く電子が必ず存在するので，電流 I は0となるが，これを

$$I=-e\sum_i v_i=-e[v_j+\sum_{i\neq j} v_i]=0 \tag{2・88}$$

のように二つの項に分けて書く．さて j なる準位の電子が抜けたとすると，残りの電子群による電流 I' は

$$I'=-e\sum_{i\neq j} v_i=ev_j \tag{2・89}$$

のように表せる．いま，この電子群に電界 F を加えたとすると，式（2・86）を用いて

$$\frac{dI'}{dt}=e\frac{dv_j}{dt}=-e\frac{eF}{m_j^*} \tag{2・90}$$

j はエネルギー帯の上部にとったから m_j^* は負であり，式（2・90）は

$$\frac{dI'}{dt}=e\frac{eF}{|m_j^*|} \qquad (2・91)^{1)}$$

1）　ここでは抵抗を考えていないので，電流が時間とともに変化している．

と書くことができる．

これはちょうど電界Fのもとにeなる正電荷と$|m_j{}^*|$なる質量をもった粒子が動いているのと同じである．すなわちエネルギー帯の上部の電子がぬけると，残りの電子群は全体として正電荷をもつ粒子と同じようにふるまうことになる．これがすなわち正孔である．

（6） 導体，絶縁体，半導体の区別　結晶中の電子エネルギーが禁制帯で分けられた許容帯より成り立っていることから，導体，絶縁体および半導体の区別を導くことができる．すなわち，いま一つの許容帯が完全に電子で満たされていれば，波数kの電子に対し必ずこれと大きさが等しく向きが反対の速度をもつ波数$-k$の電子が存在するから，電流の総和はいつも0となる．電界をかけてもこの事情は変らないので，このようなエネルギー帯は電気伝導に寄与することはできない．

これに対し許容帯の一部が空いていれば，電界により加速された電子は空準位に移って伝導にあずかることができる．

したがって**図2・19**（a）に示すように，完全に満ちた許容帯と完全に空の許容帯が禁制帯をへだててあるような帯構造のものは絶縁体になり，図（b）のように許容帯の一部のみを電子が満たしているものが導体となることは容易に理解されよう．

また帯構造としては絶縁体と同じであるが，禁制帯の幅がせまい図（c）のようなものは，温度が高くなると少数の電子が上の帯に励起されて伝導にあずかることになり，これがすなわち半導体である．

完全に満ちた帯を**充満帯**（filled band），そのうち最上部のものを**価電子帯**

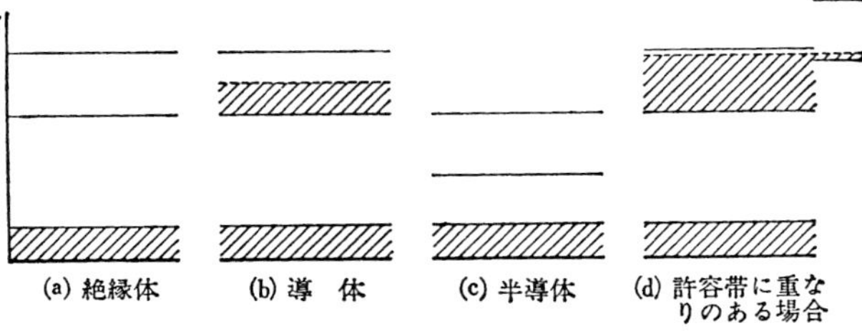

図 2・19　帯構造による導体，絶縁体，半導体の区別

(valence band)，伝導にあずかる帯を**伝導帯** (conduction band)，また電子のない許容帯を**空帯** (empty band) と呼ぶ．

さて，**2•3**（**2**）で述べたように，一つの許容帯に収容し得る電子の数は原子の数Nの２倍であるから，偶数個の核外電子をもつものは絶縁体となり，奇数個の電子をもつものは導体となることが予想される．確かに，１価の金属である Na や K は良導体である．しかし２価でも Mg のようなものは導体である．

これは，これまで考えてきた一次元の模型ではエネルギー帯の構造が必ず禁制帯をもつのに対し，実際の三次元結晶の場合にはkの異なる方向に対して図（d）のように許容帯が重なり合い，事実上禁制帯のなくなる場合がでてくる．これがすなわち２価の金属が導体になる場合である．

（7） ゲルマニウムとシリコンの帯構造　いままで簡単な模型で説明を進めてきたが，最後に実際の結晶の帯構造について触れておこう．

帯構造はふつう計算と実験の両方を総合して決められる．実験的手段としては，たとえばサイクロトロン共鳴がある．結晶に磁界を加えると電子は図2•20

図 2•20　電子のら旋軌道

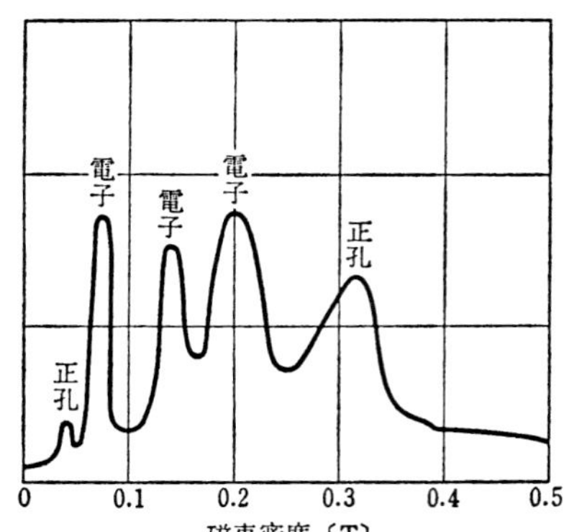

図 2•21　ゲルマニウムのサイクロトロン共鳴吸収

のように，この軸のまわりにら旋軌道を描くが，その角周波数ω_cは

$$\frac{m^*v^2}{r}=evB \quad \text{あるいは} \quad \omega_c=\frac{e}{m^*}B \tag{2•92}$$

で決まる．

いま静磁界と直角に高周波電界を加えると，その角周波数が ω_c に等しいとき共鳴を生じてエネルギーを吸収する．実験では ω_c を固定して磁界を変えるが，たとえば **図 2・21** のようなグラフが得られる．さらに磁界の方向を変えると **図 2・22** のような結果が得られる．

一方，有効質量とエネルギーの間には，式 (*2・87*) の関係があるので，m^* の様子がわかれば，空間におけるエネルギー E の様子がわかることになる．

サイクロトロン運動をする電子は等エネルギー面上を動くので，図2・22のような変化は電子の有効質量が方向により異なること，すなわち伝導帯における等エネルギー面が球面でないことを示している．

ゲルマニウムの場合は〔111〕方向を長軸とする**図2・23**のような回転だ円体であるとすると，**図 2・24** に示すように磁界の方向により等エネルギー面を切る断面で表される電子軌道の大きさ，すなわち有効質量の大きさの異なること，また2あるいは3種の有効質量の観測されることを説明できる．

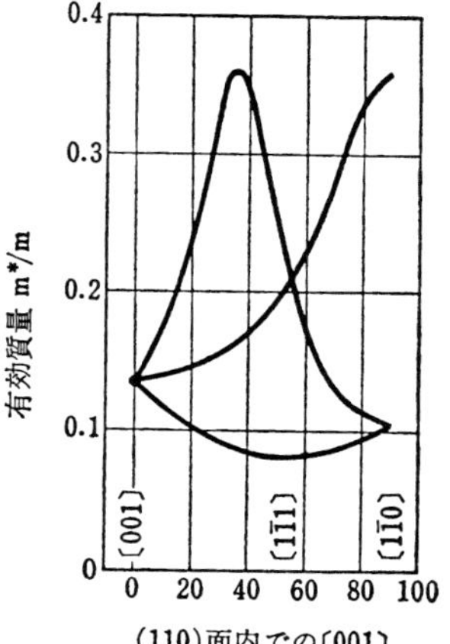

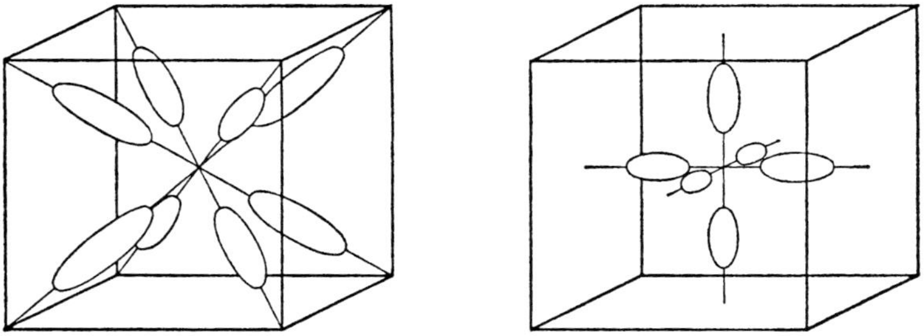

図 2・22　ゲルマニウムの電子の有効質量

ゲルマニウム　　シリコン

図 2・23　ゲルマニウム，シリコンの伝導帯の等エネルギー面

同じようにシリコンの場合は，図2・23に示すような〔100〕方向を長軸とする回転だ円体になる．

一方，正孔に対するサイクロトロン共鳴から同様に価電子帯の構造を調べる

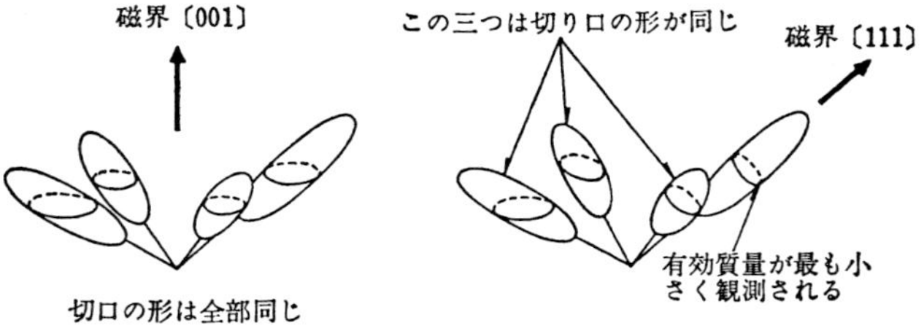

図 2・24　サイクロトロン共鳴線の説明

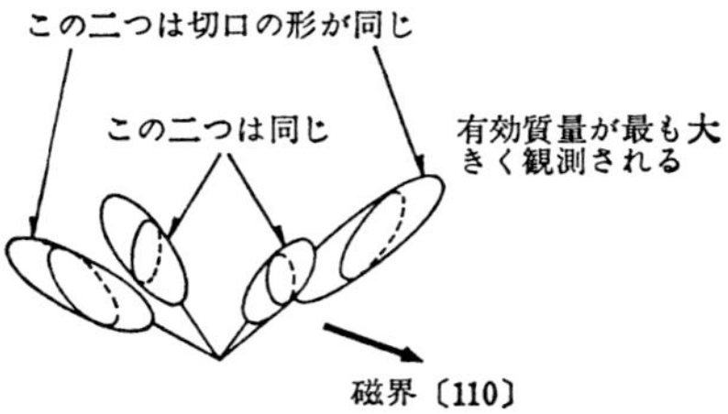

ことができるが，正孔には図2・21に見られるように重い正孔と軽い正孔のあることがわかる．

計算と実験を総合して得られたゲルマニウムとシリコンの禁制帯付近の帯構造を **図 2・25** に示す．伝導帯の底と価電子帯の頂上とのへだたりが禁制帯幅となるが，これは300Kにおいてゲルマニウムでは0.66 eV，シリコンでは1.08 eVである．

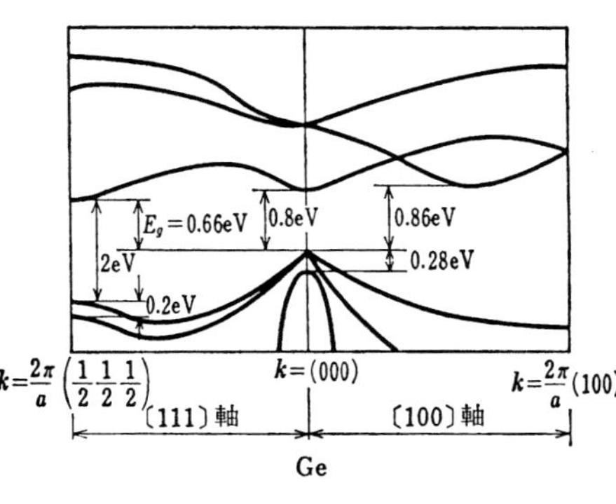

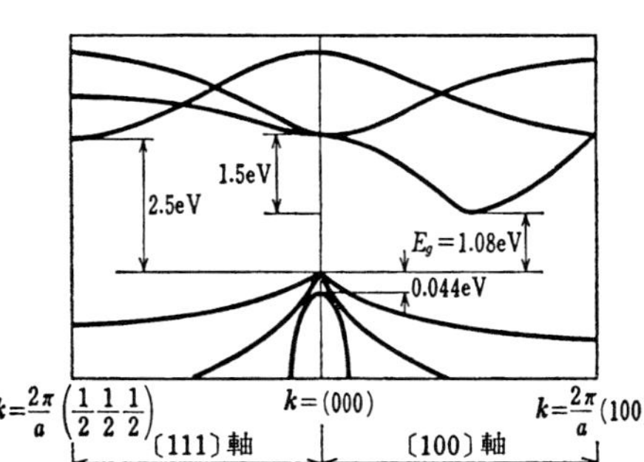
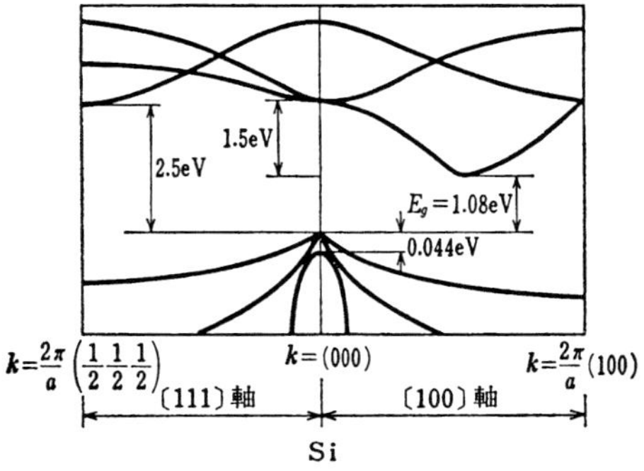

図 2・25　ゲルマニウムおよび
シリコンの帯構造

問　　題

2・1　フェルミの分布関数において $x=(E-E_F)/kT$ とおくとき，$-df/dx$ が $x=0$ を最大とする対称関数であることを示せ．また $\partial f/\partial E$ は E_F のどちらの側でも kT と同程度の大きさのエネルギー範囲においてのみ大きい値をもつことを示せ．

2・2　室温において式（*2・14*）の近似が1％以内の誤差で成り立つのは，フェルミ準位よりどれくらい高いエネルギー状態からであろうか．

2・3　銅は面心立方格子をもち，その格子定数は 3.608 Å である．銅の E_{F0} が大体表 2・1 の値となることを確かめよ．

2・4　格子定数が $b=2a$ の長方形二次元格子のブリルアン帯を描いてみよ．

2・5　シリコンの伝導帯の等エネルギー面が図 2・23 で表されるとすると〔100〕,〔110〕および〔111〕の各方向に磁界を加えるときの有効質量はそれぞれ何種あるか．

3章 電気伝導

3·1 電気伝導現象

(1) キ ャ リ ア 物質はその中を通じて電気が流れやすいか否かによって導体，半導体，絶縁体などのように分類される．これは要するに物質の種類によって動き得る電荷が多いか，少ないかによるもので，これらの電荷は電界の作用を受けて物質中を移動する．このように電荷を運ぶものを**キャリア** (carrier) と称し，一般に**表 3·1** のように分類される．

表 3·1 キャリアの分類

	キャリア	電荷	質量
電子的なもの	①電子	$-e$	m_e（電子の静止質量mのオーダー）
	②正孔	$+e$	m_h（同上）
イオン的なもの	③正イオン	$+e$（1価イオン） $+2e$（2価イオン） …………	M_+（mの数1 000位以上）
	④負イオン	$-e$（1価イオン） $-2e$（2価イオン） …………	M_-（同上）

物質中における電荷の運ばれ方は，物質の種類によって異なるものである．一般に絶縁物中におけるキャリアはイオン的なものと，電子的なものと混っている．たとえばガス中では正，負イオンならびに電子によって電荷は運ばれる．固体絶縁物では表 3·1 に示された 4 種類のキャリアが混在するが，イオンが支配的なものもあるし，主として電子電流によるものもある．

導体や半導体では電子と正孔が支配的である．しかし導体の中には海水のような液体も含まれるが，これらはいわゆる電解質であって，その中の電導はイオンによって行われる．また半導体の場合などでイオン電流が若干混在することも見逃すことはできない．一般にイオンは表に示すように電荷の大きさは電子と同程度であるが，質量は原子や分子に相当して 3 桁以上も大きいので電界による移動速度は小さく，高周波電界には追従しない．また直流電界の下では電気分解を生じて，物質や電極と反応する．このような理由で，電子工学的に導体，または半導体として用いられる物質で，イオン電導を利用するものはない．以下本書において電気伝導現象を論じる場合は電子，または正孔による導電だけ取り扱うものである．

（**2**） **電子の粒子性と波動性**　以下において，われわれは物質中における電子が電界の作用で移動し電荷を運ぶ挙動について検討しようとする．この場合電子は時に粒子として扱い，時に波動として扱われなければならない．このような発想は科学者が偶然に導き出したものではなく，実測される多くの現象を解明するための努力の結晶として生まれたものといえよう．この考え方の過程を簡単に説明するために，始めに光の粒子性と波動性を述べる．われわれはふつう光やX線は波動と考えている．先に述べたように格子間隔 d の結晶に波長 λ のX線を入射させたとき，その波は，互いに干渉して次式で与えられる角度 θ の方向へ強まって反射されることが **1** 章で述べられている．

$$2d\ \sin\theta=n\lambda \qquad (n=1,\ 2,\ \cdots) \tag{1·19}$$

ところで，光やX線を波動として扱ったのでは解釈できないいくつかの現象が発見された．たとえば光電効果については **3·11** で述べる．またX線に関する **Compton 効果**もその一つである．Compton は 1924 年にX線をグラファイトにあてて散乱させたとき，φ 方向への散乱波は $\Delta\lambda$ だけ元の波長より長くなっていて，その値は次式で与えられることを発見した（**図 3·1**）．

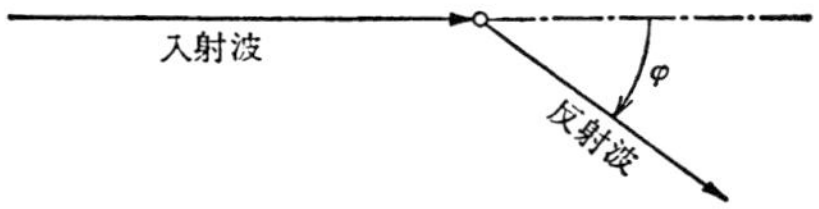

入射波
反射波
φ

図 3·1　コンプトン効果の説明図

$$\Delta\lambda=0.0242\times10^{-10}(1-\cos\varphi) \quad [\mathrm{m}]$$

この事実はX線を波として扱ったのでは解釈されないで，下記の仮定，すなわち周波波数 f の波動は次式に示すエネルギー E，運動量 p をもつ粒子であるという仮定の下に説明がなされた．

$$E=hf \qquad h：プランク定数$$

$$p=\frac{hf}{c} \qquad c：光速度$$

このようにして波動と粒子との二重性が取入れられたが，このことは従来われわれが粒子として扱っていた電子を波動として取り扱うことに対して，たいした異和感を与えないであろう．

電子の波動性に関する重要な実験は，1927年に Davisson と Germer とによってなされた．それは図3・2のように Ni の単結晶表面へ電子銃からの低エネルギーの電子ビームを照射させ，その反射を測定したところ，反射ビームは上述のX線による実験で認めたと全く同様の干渉模様を生じたのである．そして反射ビームを波動と想定して，それが同一位相となって加え合わさるときの条件は次式のようであった．

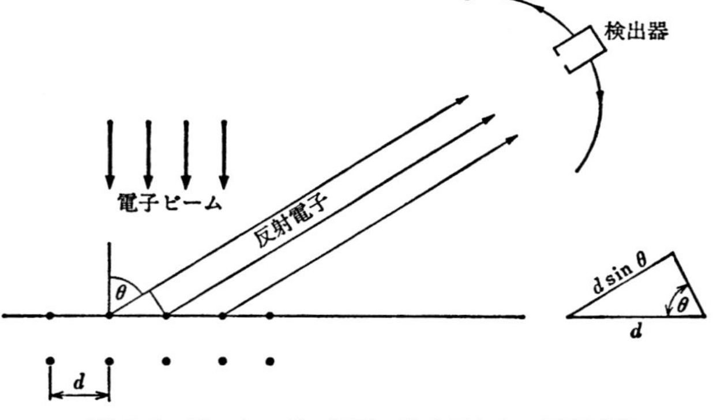

図 3・2　低エネルギー電子の結晶面からの反射実験

$$n\lambda=d\sin\theta$$

ここで，λ は電子銃の加速電圧で決められる波長で，式 (1・22) で与えられた．この実験が現在の電子顕微鏡に発展したことは周知のとおりである．このようにして，われわれは現在光に対してと同様電子に対して粒子と波動の二重性をもつものとすることに何らの疑いをもたない．物質中を電子が伝わるときの挙動に対して，ある場合には電子は粒子として相互に，あるいは物質を構成する原子と衝突しつつ運動するとして力学的な計算を行い，ある場合には波として干渉しつつ伝播するとして計算するものである．そしていずれの手法で計算を進めるかは，取り扱う現象によるもので，粒子として取り扱うのは古典的であると考えるのは誤りである．

（3）　金属の電気伝導（粒子的模型）　金属中には自由に動き得る多数の

電子群が存在している（$10^{28}/\mathrm{m}^3$ 程度）．これらは電界を加えてない状態では結晶中を無秩序に運動している．この運動はいわゆる熱運動であるから，その速度は絶対温度に比例し結晶格子を形成するイオンとの衝突をくり返して，上下，前後，左右に運動するだけで，全体として外部に対して何の作用も表さない(図 3·3)．いま x 方向に電界 E_x を加えたとする．まず巨視的にみれば電界に沿って電流が流れるようになり，電流 I_x はオームの法則によって次式で与えられる．

$$I_x=\sigma E_x$$

σ はその物質の**導電率** (conductivity) である．この場合，個々の電子についてみるとき，それらは結晶イオンとの衝突をくり返しながら電界の作用でおし流されることとなる．電界 E_x によって受ける電子の x 方向への加速度は

$$\alpha_x=-\frac{eE_x}{m}$$

自由電子の数を $1\,\mathrm{m}^3$ あたり n 個とし，それらの x 方向への平均速度を $\langle v_x\rangle$ とすると，

$$\left(\frac{d\langle v_x\rangle}{dt}\right)_{\text{電界}}=-\frac{eE_x}{m} \tag{3·1}$$

添字“電界”は電界による変化の意味を表す．電流は電荷の移動する割合であるから，次式のようになる．

$$I_x=-ne\langle v_x\rangle$$

ところで，それぞれの電子は式 (3·1) で示されるような加速を受けるから，もし電子の動きを妨げるものがなければ $\langle v_x\rangle$ は無限に増大し，電流も無限大となるはずである．しかし実際には，そのようなことはおこり得ないで電流と電界の間にはオームの法則で表される定常状態が実現されねばならない．つまり電子に作用するなんらかの摩擦的な力が存在して，これが電界による作用と平衡した状態に

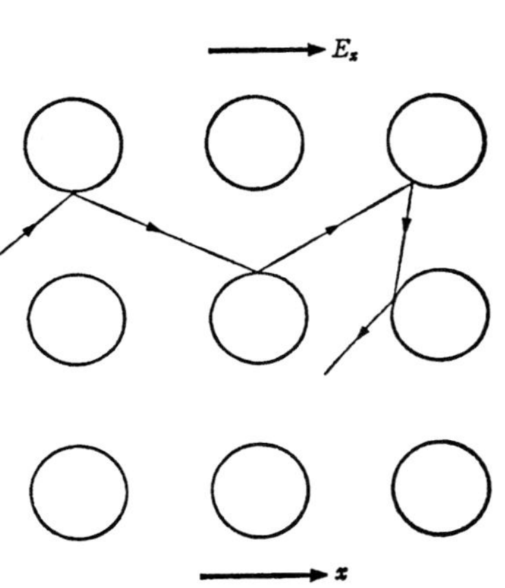

図 3·3 イオン殻による電子の散乱

落付くものと解釈される．この摩擦力の原因として考えられるものは電子が相互に衝突すること，ならびに電子と格子イオンとの衝突によるものとの二つが考えられる．しかし，この中前者による効果は考えられない．なぜならば電子と電子との衝突では運動量が保存されるため $\langle v_x \rangle$ の変化は生じないからである．次に後者の作用を考えることとする．

いま金属中の電子は $t=0$ で平均速度 $\langle v_x \rangle_0$ であり，$t>0$ に対しては外部電界はなく，電子は格子のみと相互に作用し合って，最終的には平均速度が零になると想定する．そして，ある時間 t における $\langle v_x \rangle$ の値は指数函数的に減少し，次式で与えられるものとする（図3・4）．

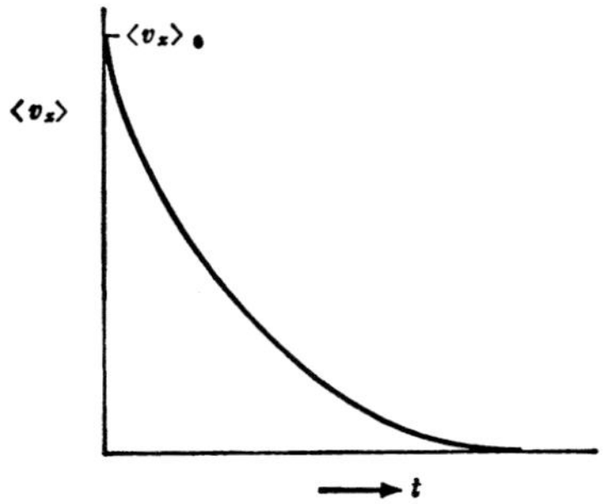

$$\langle v_x \rangle = \langle v_x \rangle_0 e^{-\frac{t}{\tau}} \tag{3・2}$$

ここで τ は電子の**緩和時間**（relaxation time）と呼ばれる．

図 3・4　粒子の平均速度と時間の関係

式（3・2）を t で微分すると次式のようになる．

$$\left(\frac{d\langle v_x \rangle}{dt}\right)_{衝突} = -\frac{\langle v_x \rangle_0}{\tau} e^{-\frac{t}{\tau}} = -\frac{\langle v_x \rangle}{\tau} \tag{3・3}$$

定常状態では $\langle v_x \rangle$ の変化は 0 であるから

$$\frac{d\langle v_x \rangle}{dt} = \left(\frac{d\langle v_x \rangle}{dt}\right)_{電界} + \left(\frac{d\langle v_x \rangle}{dt}\right)_{衝突} = 0 \tag{3・4}$$

式（3・1）（3・3）を式（3・4）に代入して

$$\langle v_x \rangle = -\frac{e\tau}{m} E_x \tag{3・5}$$

$\langle v_x \rangle$ を電子の**ドリフト速度**（drift velocity）と呼ぶ．

式（3・5）で示されるようにドリフト速度は電界に比例し，比例定数

$$\mu_e = \frac{e\tau}{m} \tag{3・6}$$

を電子の**ドリフト移動度**（drift mobility）と呼ぶ．式（3・5）を I_x の式に代入して

$$I_x=\frac{ne^2\tau}{m}E_x$$

となる．この式から前に与えた導電率は次のようになる．

$$\sigma=\frac{ne^2\tau}{m} \tag{3・7}$$

物質の種類や温度によって n や τ が変化するが，これは σ で代表される．σ の逆数 ρ は**抵抗率** (resistivity) と呼ばれる．

$$\rho=\frac{1}{\sigma}$$

（4） 緩　和　時　間　前節において電界によって速度を得た電子が格子イオンとの衝突によって減速していく模様を定量的に $e^{-t/\tau}$ で表すとして，緩和時間 τ なる量を導入した．このような取扱いは減衰特性としてしばしば用いられるものである．以下ではこの衝突の過程をもう少しくわしく考えてみよう．図 3・5 に示すように x 軸方向へ速度 v_x で動いている電子が格子イオンと衝突して散乱するとし，それが x 軸との散乱の角度が θ と $d\theta$ との間にある方向に散乱する確率が $P(\theta)\cdot 2\pi\sin\theta d\theta$ で与えられるとする．ここで $P(\theta)$ は θ の関数であり，$2\pi\sin\theta d\theta$ は θ 方向の微小角 $d\theta$ に対する立体角で図(b) のように半径1の球空間を考えることによって容易に了解されよう．電子はいずれかの方向へ必ず散乱するから，当然

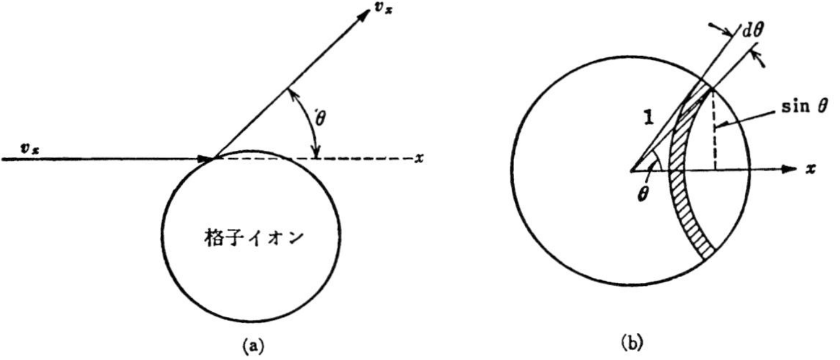

図 3・5　格子イオンによる電子の散乱

$$2\pi\int_0^{\pi}P(\theta)\sin\theta d\theta=1 \tag{3・8}$$

である．

次に衝突の過程で電子が失う速度は極めて僅かで，事実上電子の速度は変らず，ただその方向だけが変るものとする．そうすると，衝突によって角度 θ の方向に散乱した電子は x 方向には $v_x\cos\theta$ なる速度成分をもつから，差し引き

$$v_x(1-\cos\theta) \tag{3・9}$$

だけ x 方向の速度成分は減少したこととなる．そのため種々な速度 v_x をもつ多くの電子がそれぞれ1回ずつ衝突して散乱を受けるとき，x 方向に沿って失う速度成分の平均値は

$$\langle v_x\rangle(1-\langle\cos\theta\rangle) \tag{3・10}$$

と表すことができる．ここで $\langle\cos\theta\rangle$ は $\cos\theta$ の平均値で，与えられた角度における散乱の確率は $P(\theta)2\pi\sin\theta\,d\theta$ で表されるので

$$\langle\cos\theta\rangle=2\pi\int_0^{\pi}P(\theta)\cos\theta\sin\theta\,d\theta \tag{3・11}$$

である．もし散乱が等方的で $P(\theta)$ が一定ならば $\langle\cos\theta\rangle=0$ となる．

次に別の観点から衝突過程を考えてみよう．いま，ある短い時間 dt の間に電子が衝突する確率を dt/τ_c とする．また電子が衝突せずに時間 t の間だけ動く確率を $F(t)$ で表し，$F(t+dt)$ が時間 $t+dt$ の間の同じ確率を表すとすると

$$F(t+dt)=F(t)+\frac{dF}{dt}dt \tag{3・12}$$

一方，確率の積の法則から

$$F(t+dt)=F(t)F(dt)=F(t)\left(1-\frac{dt}{\tau_c}\right) \tag{3・13}$$

式 (3・12) (3・13) より

$$\frac{dF}{dt}=-\frac{F(t)}{\tau_c} \tag{3・14}$$

$$\frac{dF}{F(t)}=-\frac{1}{\tau_c}dt$$

両辺を時間 $0\sim t$ の間積分して

$$F(t)=e^{-\frac{t}{\tau_c}} \tag{3・15}$$

ただし積分定数は $t=0$ で $F(t)=1$ なる条件より決定した．さて，電子が時間 t の間衝突せずに進み，これに続く微小時間 dt の間に衝突をおこす確率は $F(t)\cdot dt/\tau_c$ で与えられるから，式（*3・14*）により，これは $(-dF/dt)dt$ と書くことができる．したがって衝突間の平均時間は

$$\langle t\rangle=-\int_0^\infty t\frac{dF}{dt}dt \qquad (3\cdot 16)$$

で表され，式（*3・15*）を式（*3・16*）に代入して計算すれば

$$\langle t\rangle=\tau_c$$

τ_c は電子が衝突を行う間の平均時間を表すこととなる．

さて電子群は１回の衝突で式（*3・10*）で示されるように $\langle v_x\rangle\ (1-\langle\cos\theta\rangle)$ の平均速度を失う．一方，１秒間の衝突回数は平均 $1/\tau_c$ であるから，衝突によって毎秒失う平均速度はその積で，

$$\left(\frac{d\langle v_x\rangle}{dt}\right)_{衝突}=-\frac{\langle v_x\rangle}{\tau_c}(1-\langle\cos\theta\rangle) \qquad (3\cdot 17)$$

これを式（*3・3*）と比較すると

$$\tau=\frac{\tau_c}{1-\langle\cos\theta\rangle} \qquad (3\cdot 18)$$

散乱が等方的ならば $\langle\cos\theta\rangle=0$ であるから $\tau=\tau_c$ となる．
次に電子の**平均自由行程**（mean free path）として，次式の量 λ を定義する．

$$\lambda=v\tau_c \qquad (3\cdot 19)$$

v は電子の速度（電界によるドリフト速度ではない．熱運動ならびに電界の効果を含む全速度）である．つまり v の速度で τ_c 時間走る距離であるから，λ は衝突間の平均走行距離となる．λ は格子イオンの濃度によって決まる．

3・2　ボルツマンの輸送方程式

3・1 の取扱いでは電子の平均速度を考えた簡単なモデルでその運動を解析した．しかし一般に電流あるいは熱流の定常状態では，電子の位置および速度（すなわち運動量あるいはエネルギー）成分の分布のし方は，流れがない場合の熱平衡での分布と異なったものとなる．次にこのような外部場に応じた分布関数を求めることを論議の中心として輸送現象を扱うこととする．いま電子の

位置を $(x,\ y,\ z)$，速度を $(v_x,\ v_y,\ v_z)$ で表し，時刻 t においてその位置が x と $x+dx$，y と $y+dy$，z と $z+dz$，速度が v_x と v_x+dv_x，v_y と v_y+dv_y，v_z と v_z+dv_z の微小範囲に入る電子の数を

$$f(v_x, v_y, v_z \cdot x, y, z, t)\, dv_x \cdot dv_y \cdot dv_z \cdot dx \cdot dy \cdot dz \tag{3・20}$$

とする．f は電子の分布関数である．定常状態では明らかに

$$\frac{df}{dt}=0 \tag{3・21}$$

いま，この電子群に X，Y，Z なる成分で表される外力が作用したとすると，微小時間 dt の後にこれらの電子群は次式で表されるような空間座標と速度成分をもつ．

$$\left.\begin{aligned} &x+v_x dt, \quad y+v_y dt, \quad z+v_z dt \\ &v_x+\frac{X}{m}dt, \quad v_y+\frac{Y}{m}dt, \quad v_z+\frac{Z}{m}dt \end{aligned}\right\} \tag{3・22}$$

一方，分布関数の定義から，時刻 $t+dt$ に式 (3・22) で示される点の付近の微小範囲にある電子の数は

$$f\left(v_x+\frac{X}{m}dt,\ v_y+\frac{Y}{m}dt,\ v_z+\frac{Z}{m}dt : x+v_x dt,\ y+v_y dt,\ z+v_z dt,\ t+dt\right) dv_x \cdot dv_y \cdot dv_z \cdot dx \cdot dy \cdot dz \tag{3・23}$$

で表される．式 (3・23) で表される電子群の数は式 (3・20) で表される電子群が移ったのであるから両者は等しいはずである．式 (3・23) を展開して式 (3・20) に等しいとおくと，次の結果が得られる．

$$\left(\frac{\partial f}{\partial t}\right)_{\text{外力}} = -\frac{\partial f}{\partial v_x}\frac{X}{m}-\frac{\partial f}{\partial v_y}\frac{Y}{m}-\frac{\partial f}{\partial v_z}\frac{Z}{m}-\frac{\partial f}{\partial x}v_x-\frac{\partial f}{\partial y}v_y-\frac{\partial f}{\partial z}v_z \tag{3・24}$$

式 (3・24) は外力による分布関数の変化を表す．

一方，**3・1** で述べたように，電子は格子イオンと衝突することによって，その分布関数が変化するはずである．そして定常状態では分布関数の全体の変化はないから

$$\left(\frac{\partial f}{\partial t}\right)_{\text{外力}}+\left(\frac{\partial f}{\partial t}\right)_{\text{衝突}}=0 \tag{3・25}$$

となる．いま，外力として電界 E および磁束密度 B を考えるなら，電子に働く**ローレンツ力** (Lorentz force) は

$$\boldsymbol{F} = -e(\boldsymbol{E} + \boldsymbol{v} \times \boldsymbol{B}) \tag{3・26}$$

で与えられるから，式（3・25），（3・26）から

$$\left(\frac{\partial f}{\partial t}\right)_{衝突} = -\frac{e}{m}(\boldsymbol{E} + \boldsymbol{v} \times \boldsymbol{B})\,\mathrm{grad}_v f + \boldsymbol{v}\,\mathrm{grad}_r f \tag{3・27}$$

と書くことができる．これが電子に対する**ボルツマン**（Boltzmann）の**輸送方程式**である．この方程式を解くには左辺に相当して衝突の機構，すなわち電子と格子との相互作用の機構に立ち入らねばならず，極めて複雑である．しかし電子散乱の原子的理論から，一定の条件のもとでは $\left(\frac{\partial f}{\partial t}\right)_{衝突}$ が

$$\left(\frac{\partial f}{\partial t}\right)_{衝突} = -\frac{f(v, r) - f_0}{\tau(v, r)} \tag{3・28}$$

の形に書けるような緩和時間 τ を定義することができる．ここで f_0 は外部場がなく，熱平衡にあるときの分布関数であり，τ は **3・1** で記述したと類似したもので，外部場が突然除かれたときには，$(f-f_0)$ は

$$(f-f_0)_t = (f-f_0)_{t=0}e^{-\frac{t}{\tau}}$$

に従って零に近づく．

3・3 Sommerfeld の電気伝導理論

3・2 で電子群に外から力が作用したとき，それが格子イオンとの衝突をくり返しながら運動する場合の電子の位置や速度がどのような分布をするかについて考え，ボルツマンの輸送方程式を導いた．金属中における電気伝導に関してこの方程式を最初に適応したのは 1905 年 Lorentz によってであるが，それでは電子に対して古典的な統計を用いたため，現象の説明に対して不完全であった．その後 1928 年 Sommerfeld はフェルミ・デイラックの統計を用いることによって計算をし直した．以下ではその計算のあらましについて述べる．

いま金属において x 方向にのみ電界 E_x と，温度こう配 $\partial T/\partial x$ が存在するとする．ただし，これらの値はともに小さく，その 2 乗あるいは両方の積は小さいものとする．ボルツマン方程式は式（3・27），（3・28）から

$$-\frac{eE_x}{m}\frac{\partial f}{\partial v_x} + v_x\frac{\partial f}{\partial x} = -\frac{f-f_0}{\tau} \tag{3・30}$$

式（3・30）で，E_x および $\partial T/\partial x$ が小さいことから $\partial f/\partial v_x$ や $\partial f/\partial x$ は $\partial f_0/\partial v$ や $\partial f_0/\partial x$ で近似でき次式が得られる．

$$f = f_0 - \tau\left(-\frac{eE_x}{m}\frac{\partial f_0}{\partial v_x} + v_x\frac{\partial f_0}{\partial x}\right) \tag{3・31}$$

ところで，定常状態で速度空間の領域 dv_x, dv_y, dv_z に存在する電子数は，単位体積あたり式（2・40）より運動量空間の単位体積あたりの状態数が $2/h^3$ であることを考慮すると

$$\frac{2}{h^3}f dp_x\, dp_y\, dp_z = \frac{2}{h^3}f d(mv_x)\, d(mv_y)\, d(mv_z)$$
$$= \frac{2m^3}{h^3}f dv_x dv_y dv_z \tag{3・32}$$

であるから，電流密度 I_x は 電子の密度×速度×1個あたりの電荷 として次式のようになる．

$$I_x = -2e\left(\frac{m}{h}\right)^3\iiint v_x f dv_x dv_y dv_z \tag{3・33}$$

式（3・33）の f に式（3・31）を代入して

$$I_x = -2e\left(\frac{m}{h}\right)^3\iiint v_x f_0 dv_x dv_y dv_z$$
$$-2\left(\frac{m}{h}\right)^3\iiint \tau\left(\frac{e^2E_x}{m}v_x\frac{\partial f_0}{\partial v_x} - ev_x^2\frac{\partial f_0}{\partial x}\right)dv_x dv_y dv_z \tag{3・34}$$

ここで f_0 は球対称であるから，電流には寄与しないので，上式の 第1項は0となり

$$I_x = -2\left(\frac{m}{h}\right)^3\iiint \tau\left(\frac{e^2E_x}{m}v_x\frac{\partial f_0}{\partial v_x} - ev_x^2\frac{\partial f_0}{\partial x}\right)dv_x dv_y dv_z \tag{3・35}$$

なお，自由電子1個のエネルギーを E で表すと

$$E = \frac{1}{2}m(v_x^2 + v_y^2 + v_z^2) \tag{3・36}$$

である．

さて，Sommerfeld は，f_0 としてフェルミ・ディラックの分布関数 $f_0(E) = 1\Big/ e^{\frac{E-E_F}{kT}}+1$ を採用し，また緩和時間 τ がエネルギー E のみに依存するとした．そうすると

$$\frac{\partial f_0}{\partial v_x} = \frac{\partial f_0}{\partial E}\frac{\partial E}{\partial v_x} = \frac{\partial f_0}{\partial E}mv_x \tag{3・37}$$

であり

$$\frac{\partial f_0}{\partial x}=\frac{\partial f_0}{\partial T}\frac{\partial T}{\partial x}=\frac{\partial f_0}{\partial E}kT\frac{\partial}{\partial T}\left(\frac{E-E_F}{kT}\right)\frac{\partial T}{\partial x}$$
$$=-\frac{\partial f_0}{\partial E}\left\{\frac{E}{T}+T\frac{\partial}{\partial T}\left(\frac{E_F}{T}\right)\right\}\frac{\partial T}{\partial x} \tag{3·38}$$

これらの関係を式 (3·35) に代入して

$$I_x=\left\{e^2E_x+eT\frac{\partial}{\partial T}\left(\frac{E_F}{T}\right)\frac{\partial T}{\partial x}\right\}K_1+\frac{e}{T}\frac{\partial T}{\partial x}K_2 \tag{3·39}$$

ここで K_n は次式で与えられる関数である.

$$K_n=-2\left(\frac{m}{h}\right)^3\iiint\tau v_x^2E^{n-1}\frac{\partial f_0}{\partial E}dv_xdv_ydv_z \tag{3·40}$$

式 (3·40) において $E=\frac{1}{2}mv^2$ を考慮して, v_x を次式のように書き換え

$$v_x^2=\frac{1}{3}(v_x^2+v_y^2+v_z^2)=\frac{1}{3}v^2=\frac{2E}{3m} \tag{3·41}$$

さらに積分を行う速度空間領域をエネルギー空間領域におきかえて

$$dv_xdv_ydv_z\rightarrow4\pi v^2dv\rightarrow4\pi\left(\frac{2}{m^3}\right)^{\frac{1}{2}}E^{\frac{1}{2}}dE \tag{3·42}$$

となるから, 式 (3·40) は E に関する積分となる.

$$K_n=-\frac{16\pi(2m)^{\frac{1}{2}}}{3h^3}\int\tau E^{n+\frac{1}{2}}\frac{\partial f_0}{\partial E}dE \tag{3·43}$$

さて, f_0 はフェルミ・デイラックの分布関数であるから, 図2·6より明らかなように $\partial f_0/\partial E$ はフェルミ・エネルギーE_F の付近のみで0でない値をとる. したがって $E^{n+1/2}\tau(E)$ は ${E_F}^{n+1/2}\tau(E_F)$ でおきかえられる.

さて金属中で温度勾配がなければ $\partial T/\partial x=0$ である. この場合には式 (3·39) は第1項だけとればよく導電率 σ は次式で与えられる.

$$\sigma=\frac{I_x}{E_x}=e^2K_1=\frac{16\pi}{3h^3}(2m)^{\frac{1}{2}}e^2\tau(E_F){E_F}^{\frac{3}{2}}=\frac{ne^2\tau(E_F)}{m} \tag{3·44}$$

ただし E_F に式 (2·45) を用いた.

3·4 熱 伝 導 率

3·3 ではボルツマンの輸送方程式を使って電子の移動について述べ, 電気伝導率を導いた. ところで金属においては, 電子の移動は熱伝導をもともなうものである. 後で述べるように絶縁体においては, 移動しうる電子がないため,

熱伝導は結晶格子の振動が伝播することによってなされるし，半導体では両者の作用が加算される．

本書では電子物理に重点をおくので熱伝導率や比熱については詳細記述しないが，熱伝導率は電子材料としても重要な特性であるから，以下で簡単にふれておく．式 (3・34) で x 方向への電流密度を計算した．次に x 方向への熱流密度 W_x は（電子の密度× x 方向への速度×電子1個あたりのもつエネルギー）として，次式のようになる．

$$W_x=2\left(\frac{m}{h}\right)^3\iiint v_x E f dv_x dv_y dv_z$$

$$=2\left(\frac{m}{h}\right)^3\iiint \tau E\left(\frac{eE_x}{m}v_x\frac{\partial f_0}{\partial v_x}-v_x{}^2\frac{\partial f_0}{\partial x}\right)dv_x dv_y dv_z \tag{3・45}$$

式 (3・45) において，Eは式 (3・36) で与えられている．以下 **3・2** で扱ったような f_0 の計算を導入して

$$W_x=\left\{-eE_x-T\frac{\partial}{\partial T}\left(\frac{E_F}{T}\right)\frac{\partial T}{\partial x}\right\}K_2-\frac{1}{T}\frac{\partial T}{\partial x}K_3 \tag{3・46}$$

K_n は式 (3・43) のとおりである．

さて，次式で定義される熱伝導率 κ を計算しよう．

$$W_x=-\kappa\frac{\partial T}{\partial x} \tag{3・47}$$

κ の測定では電流は流さないから $I_x=0$ である．そして金属の両端に温度差があるので電子濃度は場所によって変化し，したがって金属内部には電界が存在することとなる．$I_x=0$ の条件のもとで式 (3・39) と式 (3・46) から電界の強さ E_x を消去して κ を求めると

$$\kappa=\frac{K_1K_3-K_2{}^2}{K_1T} \tag{3・48}$$

となる．ここで K_1, K_2, K_3 について近似計算を行うと κ は次式のようになる．

$$\kappa=\frac{\pi^2}{3}k^2T\frac{n\tau(E_F)}{m} \tag{3・49}$$

式 (3・44) および式 (3・48) から $\kappa/\sigma T$ を求めると，次式のように物質によらない普遍定数 L となる．

$$L=\frac{\kappa}{\sigma T}=\frac{\pi^2}{3}\left(\frac{k}{e}\right)^2 \quad (3\cdot 50)$$

すなわち金属について熱伝導率と電気伝導率との比は，温度Tに比例し，比例定数は金属の種類によらないというヴィーデマン・フランツ（Wiedemann-Franz）の法則が立証された．

3・5　電気伝導論（電子の波動的取扱い）

3・4 まででは金属中の電子が電界の作用を受けた場合，格子イオンとの衝突をくり返しながらその方向に進むという前提の下に，進行のしやすさ，つまり電気伝導率などについての計算を行った．ところで，これらの理論の正確さは実際にわれわれが金属について観測する下記のような現象を説明しうるか否かによって判定されよう．つまり

1)　オームの法則に従うこと．
2)　室温での金属の抵抗率は $10^{-5}\,\Omega\cdot\mathrm{cm}$ の桁であること．
3)　金属の抵抗は室温付近では，温度に比例し，低温では T^5 に比例し，また，ある種の金属では液体ヘリウム温度近くでほとんど抵抗率が0となること．
4)　不純物を含むと抵抗率は一般にはかなり増加すること．
5)　電気伝導率と熱伝導率の比はTに比例し，比例定数は金属の種類によらないこと．

などである．

上に述べた金属の伝導理論では電子が格子イオンと衝突をくり返しつつ電界方向に移動するものとして，緩和時間 $\tau(E_F)$ が定義された．これにもとづいて導電率 σ として式（3・44）が導かれた．したがって，これによって σ の温度依存性，不純物の効果その他は $\tau(E_F)$ を通して説明されなければならない．ところで，固体中の原子が実測されるような間隔で配列しているものとして計算するといろいろな難問につきあたることがわかった（図3・6）．たとえば，このモデ

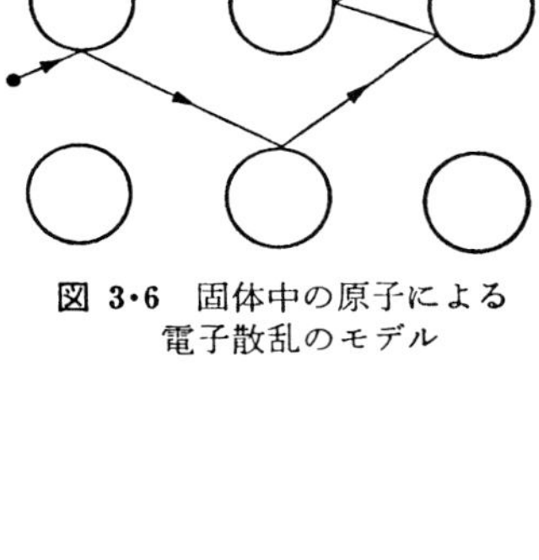

図 3・6　固体中の原子による電子散乱のモデル

ルによれば電子の平均自由行程は 1Å の桁であるはずなのに，実測の σ を説明する平均自由行程はその数 100 倍となる．

このような矛盾を解決するために本章の始めに述べたように，電子の波動性が考慮されるようになった．つまり電子が固体中を運動する場合，それは原子その他の存在にもとづいて発生するポテンシャルの起伏の中を進行するものであるが，もし，そのようなポテンシャルが完全に周期的であるなら何らの抵抗を生じない．しかし周期性が乱れると抵抗が生じる．このことは図 3・7 のような起伏をもつ面内を球が転がる場合，面と球の間の摩擦を考えなければ図（a）では無限に進行することを対比して考えるとわかりやすい．

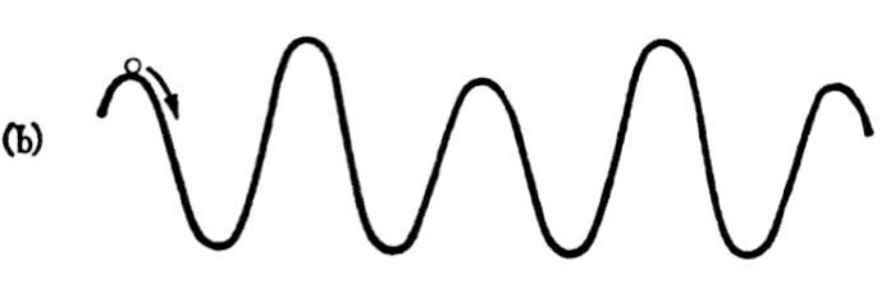

図 3・7　起伏中を球が転がる場合の抵抗

さて，このような抵抗を生じさせるポテンシャルの周期の乱れとしては

1)　格子の熱振動
2)　格子欠陥（空格子点，格子間原子，不純物原子，転位など）
3)　結晶境界

などが考えられる．

いまこれらの原因にもとづく乱れが，それぞれ τ_j で表される緩和時間をもつものとすると，それぞれが単位時間に $1/\tau_j$ なる散乱の確率をもつこととなる．すべての原因による散乱の確率は，各々の確率を加えればよいから

$$\frac{1}{\tau_F}=\Sigma_j\frac{1}{\tau_j} \tag{3・51}$$

によって合成緩和時間 τ_F を求めることができる．さて上記の各種の原因による τ_j のうち，格子の熱振動によるものを τ_T，その他の格子の不完性にもとづくものを τ_i とすると

$$\frac{1}{\tau_F}=\frac{1}{\tau_i}+\frac{1}{\tau_T} \tag{3・52}$$

と表せる．したがって金属の抵抗率は式（3・7）より次式のように表される．

$$\rho=\frac{1}{\sigma}=\frac{m}{ne^2}\left(\frac{1}{\tau_i}+\frac{1}{\tau_T}\right) \tag{3・53}$$

ここで格子の不完全性は温度によらないものとすれば，τ_i は温度に依存しないはずであり，金属中における電子濃度 n もまた温度によらないので，上式で温度に依存するのは τ_T のみである．さて温度が上昇すると格子の熱振動が増して τ_T が減少することになり，式（3・53）に従って ρ は温度とともに増すこと，すなわち金属の抵抗率が正の温度係数をもつことが証明される．式(3・53)はまた

$$\rho=\rho_i+\rho_T$$

のように，温度に依存しない項 ρ_i（厳密には不純物散乱も温度に依存するが，後者に比べて小さい）と，依存する項 ρ_T の二つに分けて書くことができる．金属の抵抗率がこのように温度に関して二つの項に分離できることは，**マティセン**（Mathiessen）**の規則**として知られている．金属のいわゆる **Debye 温度**[1)]以上の温度では格子振動のエネルギーは T とともに直線的に増加するので，抵抗率はこの領域では T とともに直線的に増加し，次式の形で表される．

$$\rho=\rho_i+\alpha T \tag{3・54}$$

ρ_i は $T=0$ K においても残る抵抗率で**残留抵抗**と呼ばれる．

合金は一つの金属に他の金属が不純物として入ったものと考えることができるから，その抵抗率は構成金属のそれより当然大きくなる．その大きくなる度合は合金のつくり方にもより，一般に急冷してつくられたものは原子の配列が無秩序で，ポテンシャル波の不規則性が激しいので抵抗率が大きい．これを焼きなますことにより適当な組成のところでは規則性をとりもどすので，周期性が生じて抵抗率は減少する．しかし，二つの原子が化合していわゆる金属間化合物をつくると，それは構成原子とは全く別個の物質をつくり，バンド構造も違って半導体的性質を表し抵抗率は著しく増大する．

3・6 電 子 放 出

金属内の電子は，ふつうの状態では結晶の内部に閉じこめられている．この

1) Debye 温度　結晶中の原子の振動を固体の弾性振動であるとみなし，その最大振動数を ν_m として，$h\nu_m/k\theta_D=1$ を満足するような $\theta_D(=h\nu_m/k)$ を Debye 温度という．ふつう数百 ℃ である．

ことは前に示した自由電子模形で示されるように，電子のエネルギーはある分布則に従う大きさをもっているが，その値が外部のエネルギーより低いからである．しかし何らかの原因で電子にエネルギーが与えられて，その大きさが外部のエネルギーより大きくなると金属の表面から放出される．これを**電子放出** (electron emission) と呼ぶ．そのエネルギーの与えられ方によっていろいろ分類される．

（1） 熱 電 子 放 出　金属を高温に加熱するとき，内部の電子は熱エネルギーを吸収して，そのエネルギーは増大する．いま金属表面を直交座標系の y-z 面にとるとき，面に垂直，すなわち x 方向への電子の運動量を p_x とすると，この値が次式の条件を満たす以上の値をもつとき

$$\frac{p_{x_0}^2}{2m}=E_S \qquad (3\cdot55)$$

電子は金属表面から脱出することができる．

さて運動量が p_x と p_x+dp_x の間にある電子数を金属の単位体積につき $n(p_x)dp_x$ とするとき，そのうち壁の単位面積あたり毎秒壁に到達する電子数は $v_xn(p_x)dp_x$ となる．このうち p_{x_0} 以上のエネルギーをもつ電子が放出されるから，放出電流の密度は，毎秒あたりの放出電子の総数に電荷を乗じて

$$I=\frac{e}{m}\int_{p_{x_0}}^{\infty}p_xn(p_x)\,dp_x \qquad (3\cdot56)$$

となる．ここで $p_x=mv_x$ の関係を用いた．

さて **2・2** で述べたように運動量空間の $dp_xdp_ydp_z$ なる範囲にある状態の数は，結晶の単位体積につき

$$\frac{2dp_xdp_ydp_z}{h^3} \qquad (3\cdot57)$$

である．（式 (2・40) において $4\pi p^2dp$ は書き直せば $dp_xdp_ydp_z$ である）これにフェルミ・デイラックの分布則を用いて，運動量が p_x と p_x+dp_x，p_y と p_y+dp_y，p_z と p_z+dp_z の間にある電子の数は

$$n(p_x,p_y,p_z)\,dp_xdp_ydp_z=\frac{2}{h^3}\frac{dp_xdp_ydp_z}{e^{\frac{E-E_F}{kT}}+1} \qquad (3\cdot58)$$

積分は $p_x\geqq p_{x_0}$，すなわち $E\geqq E_S$ について行い，また金属の融点以下ではふつう $E_S-E_F=\phi\gg kT$ だから式 (3・58) の分母の1は無視することができる．

さらに $E=(p_x^2+p_y^2+p_z^2)/2m$ を用いて

$$n(p_x, p_y, p_z)\,dp_x dp_y dp_z=\frac{2}{h^3}e^{(E_F-E)/kT}dp_x dp_y dp_z$$
$$=\frac{2}{h^3}e^{E_F/kT}e^{-(p_x^2+p_y^2+p_z^2)/2mkT}dp_x dp_y dp_z \qquad (3\cdot59)$$

まず，$dp_y dp_z$ について積分して

$$n(p_x)\,dp_x=\frac{2}{h^3}e^{E_F/kT}e^{-p_x^2/2mkT}dp_x\int_{-\infty}^{+\infty}e^{-p_y^2/2mkT}dp_y\int_{-\infty}^{+\infty}e^{-p_z^2/2mkT}dp_z \qquad (3\cdot60)$$

式（3·60）の積分はそれぞれ $\sqrt{2\pi mkT}$ となり，得られた $n(p_x)dp_x$ を式（3·56）に入れて

$$I=\frac{4\pi ekT}{h^3}e^{E_F/kT}\int_{p_{x0}}^{\infty}p_x e^{-p_x^2/2mkT}dp_x=\frac{4\pi mek^2T^2}{h^3}e^{-\phi/kT} \qquad (3\cdot61)$$

あるいは

$$I=AT^2e^{-\phi/kT} \qquad (3\cdot62)$$

ここで $\phi=E_S-E_F$（図 3·8 参照）

と書くことができる．これはリチャードソン（Richardson）の式で

$$A=\frac{4\pi mek^2}{h^3}=1.2\times10^6\ \text{〔A/m}^2\text{deg}^2\text{〕} \qquad (3\cdot63)$$

である．式（3·62）において，最も重要な項は $e^{-\phi/kT}$ である．これは温度ならびに仕事関数の値に強く依存する．**表 3·2** にいくつかの金属について仕事関数の値を示しておく．たとえば，タングステンとして $\phi\simeq4.5$ eV, $T=2500$ K とすれば，仕事関数または温度が10％変れば，放出電流は 8 倍変化

表 3·2 各種金属の仕事関数

金 属	仕事関数	金 属	仕事関数
Na	2.3 eV	Ba	2.5 eV
K	2.2 eV	Pt	5.3 eV
Ca	3.2 eV	Ta	4.2 eV
Cs	1.8 eV	W	4.5 eV

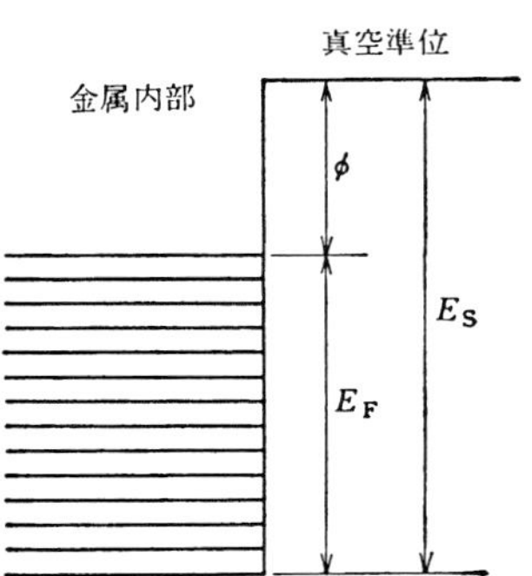

図 3·8 金属表面のポテンシャル障害

する．式 (3·62) は実験的に各種の金属について ϕ を求める方法を指示している．すなわち $1/T$ と $\log(I/T^2)$ の関係を求めれば，直線の傾斜が ϕ を与える．しかし現実には ϕ は温度や表面状態，結晶軸の方向などによっても変るので，正確な値を得るには綿密な実験を必要とする．

(2) ショットキー効果　(1)で述べた熱電子放出で，電極表面に電界を加えたとき生ずるショットキー効果を考慮して模型を改良したものについて述べよう．これは金属から熱放出される電子電流を計算する場合に限らず，後述のように半導体-金属あるいは半導体接合など電位障壁を越えて電子が移行する場合に全部一様に適応されるものである．

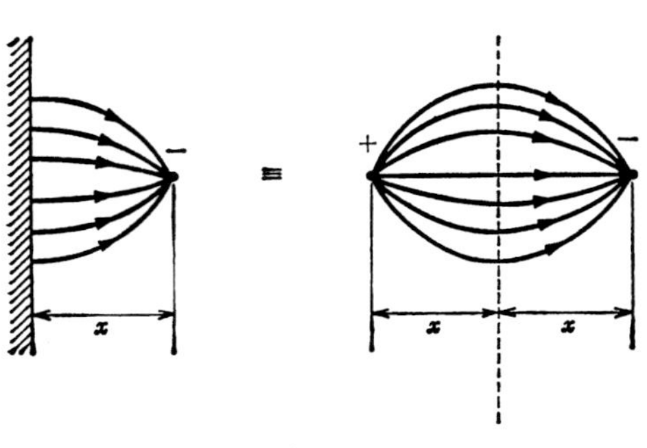

図 3.9　鏡像力の説明図

金属表面から電子が放出されたとき，その電子に対して金属から引力が作用する．この力は図 3·9 から明らかなように，金属を取り除いた上，その表面のあった面から同じ距離反対側に＋の点電荷をもってきたときの力と同じで，次式で与えられる．

$$F=\frac{e^2}{4\pi\varepsilon_0}\frac{1}{(2x)^2} \qquad (3\cdot 64)$$

ポテンシャルエネルギーはこの力を x の点から無限遠まで積分したもので

$$V(x)=\int_x^\infty F(x)dx=-\frac{e^2}{16\pi\varepsilon_0 x} \qquad (3\cdot 65)$$

このようにして，金属-真空境界面におけるエネルギー図はこの鏡像力を考慮すると図 3·8 を描き改める必要がある．もし金属の表面へ一定電界 E が作用したとすれば，そのポテンシャルエネルギーは $-eEx$ (図 3·10) へ，鏡像力の効果が加わった実線 $\varphi(x)$ のような形となる．

$$\varphi(x)=-e^2/(16\pi\varepsilon_0 x)-eEx \qquad (3\cdot 66)$$

φ は真空準位を 0 としたもので，その極大値は

$$\frac{d}{dx}\left(-\frac{e^2}{16\pi\varepsilon_0 x}-eEx\right)=0$$

から

$$\varphi_{\max}=-e\left(\frac{eE}{4\pi\varepsilon_0}\right)^{1/2} \tag{3・67}$$

のように求められる．つまり金属から放出されるのに必要なエネルギーは φ_m の大さだけ減らされる．したがって実効的な仕事関数は ϕ ではなくて，次式のようになる．

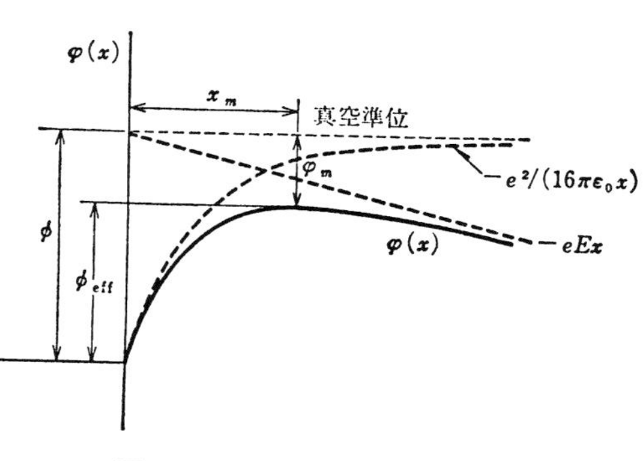

図 3・10　電界が存在するときの陰極面付近のポテンシャル

$$\phi_{\mathrm{eff}}=\phi-e\left(\frac{eE}{4\pi\varepsilon_0}\right)^{1/2} \tag{3・68}$$

これを式 (3・62) に代入すると

$$I=AT^2\exp[-\{\phi-e\sqrt{eE/4\pi\varepsilon_0}\}/kT] \tag{3・69}$$

このような効果による仕事関数の減少はショットキー効果と呼ばれる．

（3）**電　界　放　出**　（2）で述べたように，金属の表面に電界が存在すると，表面の障壁が低下するために放出電流が増大する．この電界がもっと強まって 10^9V/m くらいになると別の放出機構がおこるようになる．これは前述のものと異なり電子は障壁を越えるのではなくて，トンネル効果で通り抜けるものである．つまり**図 3・11** のように電界が非常に強くなって，したがって障壁が薄くなると電子はこれを通り抜けるようになる．このことは**電界放出**(field emission)と呼ばれ，実際上温度に無関係となる．トンネル効果は量子力学的に導かれたも

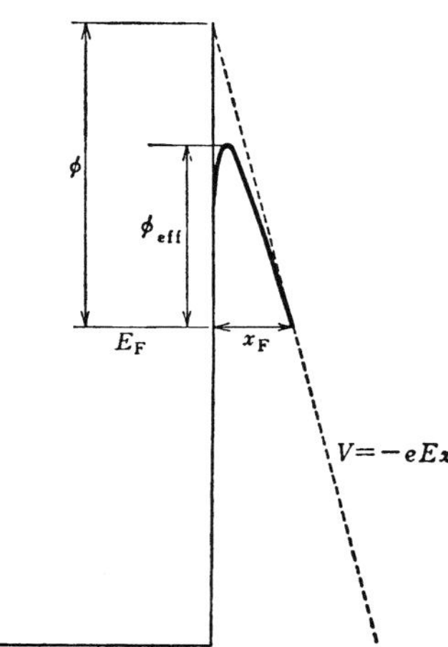

図 3・11　高電界における電子のトンネル効果による通り抜け

のであるが，金属側のフェルミー準位付近にある電子が高さ ϕ_{eff} の障壁を通り抜ける確率を計算することによって，電流の大さは次式で与えられる．

$$J\propto E^2\exp\left(-\frac{(2m)^{1/2}}{\hbar e}\frac{\phi_{eff}{}^{1/2}\phi}{E}\right) \tag{3·70}$$

この式でみられるように，式 (3·69) の T に相当するものが E におきかえられている．

3·7 超伝導現象

電気伝導の理論のところで述べたように，金属の抵抗は温度を下げてゆくと格子の熱振動が減るため次第に減少するが，0 K でも格子欠陥にもとづく残留抵抗があるため 0 とはならない．しかし現実にはある種の物質では 0 K に近い極低温においてその抵抗が完全に 0 となる．この現象は**超伝導**(super conduction) と呼ばれ 1911 年 K. Onnes により水銀について発見された．Onnes の測定では試料の抵抗は 4 K 付近において **図 3·12** のように変化し，非常に狭い温度範囲で急に零に降下することを見いだした．

このように通常の伝導から超伝導へ移行する温度を**転移温度** (transition temperature) または**臨界温度** (critical temperature) と呼び T_c で表される．現在までに超伝導現象は 30 種くらいの金属元素および 1000 種をこえる合金，金属間化合物について見いだされており，その T_c は 0.0002K～21K の温度範囲にわたっている．**図 3·13** で周期律表の上で超伝導元素とその T_c を示す．図からわかるように希土類元素を別として，約 50 種の金属元素の半数が超伝導性を示すことが注目される．一方，超伝導を示さない元素は Fe, Co, Ni のような強磁性体，Cu, Ag, Au やアルカリ金属のように室温で良い導体であることが興味深い．また超伝導化合物や合金は必ずしも，超伝導成分からなっていない．また超伝導状態における抵抗がはたして完全に零であるか，それともごく小さいかについて

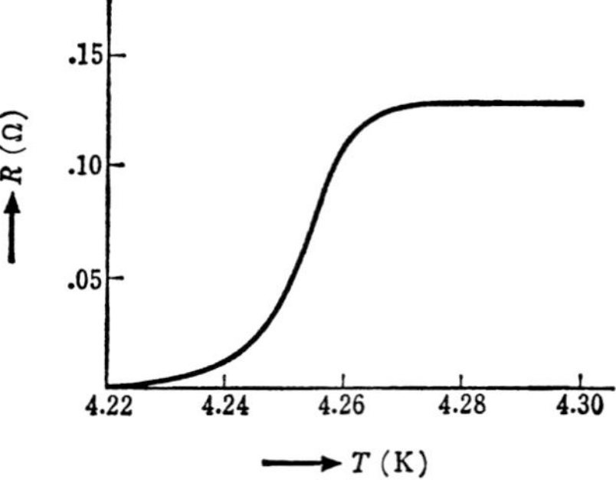

図 3·12　水銀の抵抗率の温度変化

H																	He
Li												Be (f ?) 0.03	B	C	N	O	F	Ns
Na												Mg	Al 1.19	Si (p7)	P	S	Cl	Ar
K	Ca	Sc	Ti 0.42	V 5.4	Cr	Mn	Fe	Co	Ni	Cu	Zn 0.87	Ga 1.09	Ge (p5)	As	Se (p7)	Br	Kr
Rb	Sr	Y	Zr 0.5	Nb 9.5	Mo 0.92	Tc 7.8	Ru 0.49	Rh	Pd	Ag	Cd 0.6	In 3.40	Sn 3.72	Sb (p2.7)	Te (p3.3)	I	Xs
Cs	Ba	Lu	Hf 0.16	Ta 4.48	W 0.01	Re 1.70	Os 0.65	Ir	Pl	Au	Hg β3.95 α4.15	Tl 2.39	Pb 7.19	Bi (f6)	Po	Al	Rn
Fr	Ra	Ac	Th 1.37	Pa 1.4	U	Np											

La β6 α4.9	Ce	Pr	Nd	Pm	Sm	Eu	Gd	Tb	Dy	Ho	Er	Im	Yb	Lu
					Pu	Am	Cm	Bk	Cf	Es	Fm	Md	No	Lw

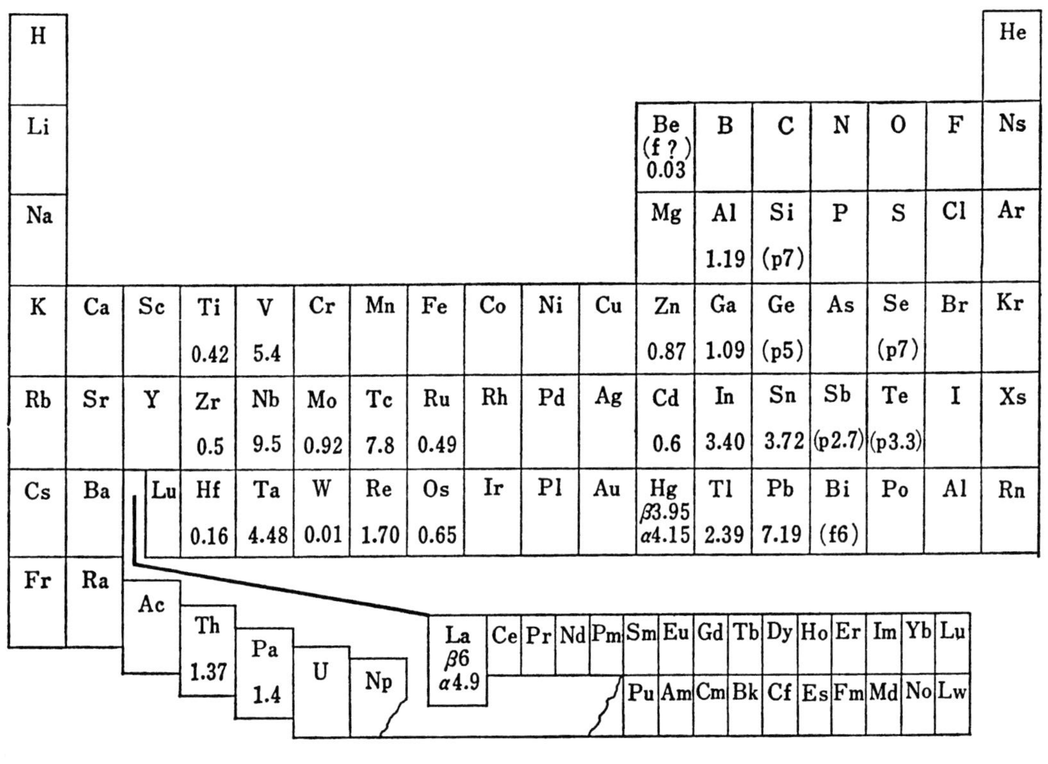

図 3·13 周期率表と超伝導元素，数字は臨界温度（K）を表す．またpは高圧下，fは薄膜で行われた実験

吟味するため行われた実験によれば，誘導によって生じた電流が1年間にわたって低温におかれた鉛の輪の中を流れつづけたことから $\rho=0$ であると断定された．

さて超伝導現象については以上述べたことで十分理解されたであろうが，このような現象がどんな機構によっておこるかは，それが発見されてから今日まで満足に説明されていなかった．しかし昨今にいたって理論面においても飛躍的に進展がなされ，それにともなって電気・電子工学の分野で画期的な使途が開発されるようになった．以下ではそれらの新しい応用をも含めて記述する．超伝導の応用としては超伝導送電ケーブル，通信ケーブル，また超伝導電磁石をはじめとする各種の電気機器への応用について計画がすすめられている．この他磁界との共存の下においておこる現象をスイッチ素子として利用することが有望である．

超伝導現象が学問的にも工学的にも面白いのは，電気抵抗が零であることばかりでなく，磁界によって影響を受けることである．すなわち超伝導状態にある物質に強い磁界を加えると，超伝導状態が破れて常伝導状態に移る．この超伝導の破れる磁界の強さを**臨界磁界**(critical magnetic field) という．臨界磁界は物質によって異なるとともに，また温度の関数である．いくつかの超伝導元素について臨界磁界 H_c と温度との関係を示すと**図 3・14** のようになりこれらの曲線は次式で表される．

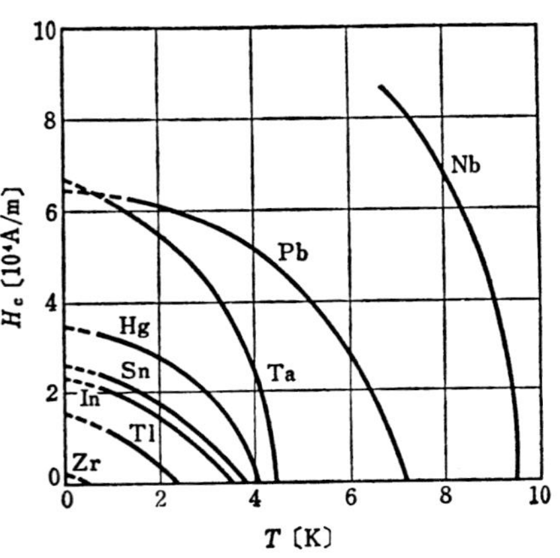

図 3・14　超伝導元素の臨界磁界

$$H_c=H_0\left\{1-\left(\frac{T}{T_c}\right)^2\right\}$$

H_0 は $T=0\,\mathrm{K}$ に対する臨界磁界で物質固有の定数である．この現象はクライオトロンとして重要な使途を

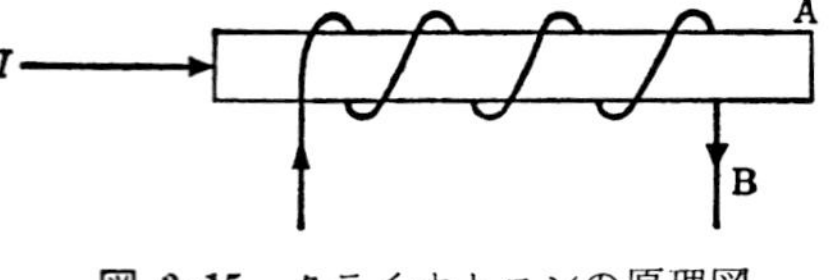

図 3・15　クライオトロンの原理図

もっている．いま **図 3・15** において，超伝導体Aでつくられる導線が超伝導体Bでつくられたコイルの中におかれているとしよう．この系の温度を両物質の転移温度以下に保つと，両者とも超伝導特性を示す．コイルBに電流を流してAに加わる磁界を臨界値以上にすれば当然Aの電流値は大幅に減少する．一方，この導線Aをふつうの状態に戻すに必要なコイルBの制御電流は導線Aを流れる直流電流に依存する．なぜなら，この電流もまた磁界を生ずるからである．

いま Ta(T_c=4.38K) で中心導体Aを構成させ，Pb(T_c=7.19K) でコイルをつくったものを液体ヘリウム槽（4.2K）の中に保ったとすれば，Taのほうは少しの磁界で抵抗値が有限と零とに変化し，この組合せによって1種の磁界制御形のスイッチング素子がつくられる．**クライオトロン**は消費電力が極めて少なく，低雑音，構造簡易などの特徴を具えた論理素子である．

次に超伝導状態にある金属を薄い絶縁層で隔てて，これに電圧を加えるとエサキ・ダイオードと類似した電圧電流特性を表すようになり負性抵抗をもたせることができる．このようなものはトンネルトロン素子と呼ばれ，とくに絶縁層を薄く（20Å以下）すると電圧零でかなりの電流が流れるようになる．このようなものは**ジョセフソン素子**（Josephson elements）と呼ばれる．この場合の電流も磁界の作用を受けるので独自の使途が開発されよう．

超伝導に関していま一つ重要な実験が1933年に Meissner と Ochsenfeld により行われた．これでは超伝導体中では磁束度密もまた消失する．つまり完全反磁性であるということである．すなわち **図 3・16** に示すように，$T>T_c$ の温度では磁束は超伝導体の中に入りこめるが，$T<T_c$ の超伝導状態では磁束は中に入りこめず，皆はね返されてしまう．この結果は $\rho=0$ ということから導かれるものではない．$\rho=0$ であるなら電界 $\boldsymbol{E}$ は0とならなければならない．Maxwell の式によると

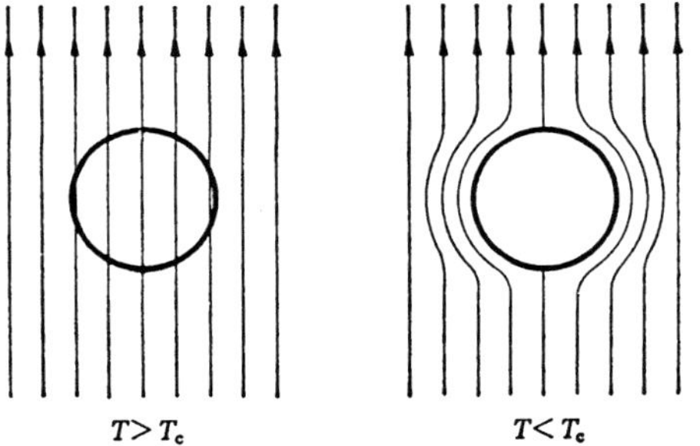

図 3・16 超伝導体と磁束

$\mathrm{curl}\boldsymbol{E}=-d\boldsymbol{B}/dt$ であるので，$\boldsymbol{E}=0$ から $d\boldsymbol{B}/dt=0$ ということは求まるが，$\boldsymbol{B}=0$ とは必ずしも言えない．$\boldsymbol{B}=0$ であるためには

$$\boldsymbol{B}=\mu_0\boldsymbol{H}(1+\chi_m)$$

より $\chi_m=-1$，すなわち 完全反磁性であることが要求される[1]．このような効果はマイスナー（Meissner）効果と呼ばれている．

以上極低温において観測される金属中における電気伝導の特異性について紹介した．さて，これらの諸現象がどんな機構でおこるかについては熱力学，電気力学に基礎をおいて多数の説明がなされてきたが，1957 年にいたって Bardeen-Cooper-Schrieffer 理論（**BCS 理論**）が出て，その基本的現象については物理的に解明された．これは簡単に説明することはできないが，要するに金属中の伝導電子間に格子振動を媒介として引力が作用することを前提としたものである．

正常状態より超伝導状態への転移の状況は 図 3･12 の 説明からもわかるように，液体を冷却して固体へ移るときに似た一種の凝縮状態への相転移である．液体から固体への変化においては，それを構成する原子間に配列の規則性が生ずるように，超伝導では電子系は秩序ある状態となる．

0 K の超伝導状態にある物質のすべての伝導電子は 電子-格子の相互作用を媒介として逆向きの運動量とスピンをもつ 二つの電子（$k\uparrow, -k\downarrow$）が 引力を及ぼし合い，対（**Cooper 対**）をつくっている．この状態では全電子対を一つの電子とみなしうるような一つの波動関数で表すことができる．そして電子群は僅かの刺激によって電流を運ぶような分布状態となる．

3･8　半導体の電気伝導

さきに述べたように，固体中にあって電気を運ぶものにはイオン的なものと電子的なものとあり，ここでは電子的なものだけを考えることとするなら，すべての物質について電気伝導の機構は全く同様に取り扱うことができる．その中で半導体として分類される物質はその抵抗率が典型的な金属と絶縁体との中間の抵抗率をもっている．しかし抵抗率の値だけから，それを定義づけることはできない．一般に半導体の特徴を表す最もよい基準は，抵抗率の温度変化である．**図 3･17** は金属および 半導体について抵抗率の温度変化を示すものであ

1)　6 章参照.

る．半導体の抵抗率は図からわかるように温度上昇につれて，少なくとも温度領域の一部で負の温度係数をもっている．これは温度の上昇にともなって金属ではキャリアの数が変らないで，電子移動度が僅かに変化することにもとづいて抵抗率が変化するのに対して，半導体では温度上昇にともなってキャリアが増加することが本質的な相異である．

一方，絶縁体もやはり負の抵抗温度係数を示すが，半導体との相異はキャリアの数が少なく，抵抗率が大きいことである．このようにして半導体を正しく定義づけるとすれば，これは前章で述べたようなバンド構造をもつものとしなければならない．そして金属との相異は禁制帯が存在し，絶縁体との相異は禁制帯幅の小さいことで区別される．

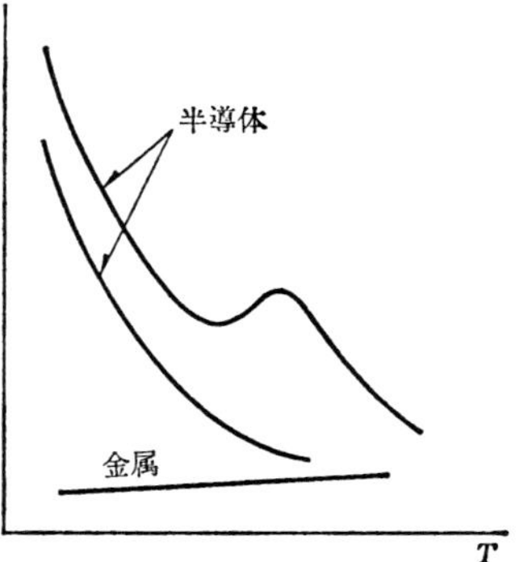

図 3・17 金属および半導体の抵抗率の温度による変化

（1） **半導体の一般的性質** 半導体の定義は学問的には 2・3 のようになされた．しかし，もっと通念的にこれを定義すれば，その抵抗率の大きさが金属と絶縁体との中間にあるとともに，抵抗率の温度変化に負の部分があるとか，光や磁界に対する特異な現象，整流効果などを呈するものとしなければならない．**表 3・3** はこれらの特異性を一括したもので，表にはこれが電子工学的にどのように利用されているかを併記してある．以下ではこのような特異性が上述のバンド構造とどう結び付けて説明されるかを述べることとする．

（2） **半導体におけるキャリア** 先に述べたように金属中において電荷を

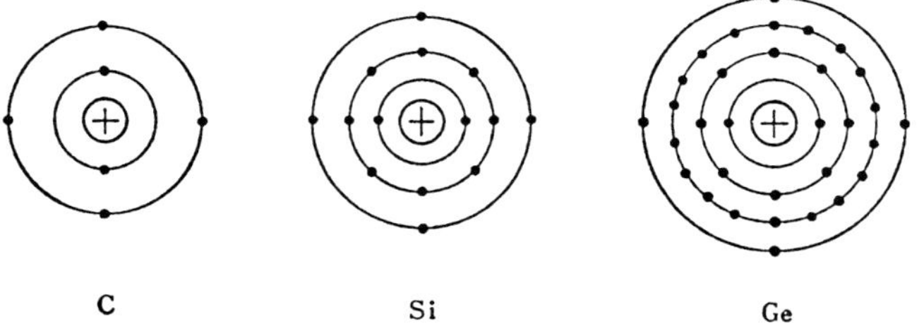

図 3・18 炭素族原子とその原子構造

表 3・3　半導体の特異性と電子工学上の応用

	特　異　性	応 用 部 品
接触現象	1) 金属との接触や異種半導体の間で整流作用がある	整流器
	2) 上記接触面で負性抵抗特性をもつ	トンネルダイオード
	3) 上記接触面のキャパシタンスが印加電圧によって変化する	バリアブルキャパシタンス
	4) 電圧電流関係が比例的でない	バリスタ
トランジスタ作用	上記接触面における導電性が外部からの電流や光照射などに影響される	トランジスタ，ホトトランジスタ
光電現象	1) 光の照射で電子を外部へ放射する	光電管
	2) 光の照射でキャリアが増し導電度が増加する	光導電セル
	3) 光の照射で起電力を生ずる	光電池
	4) 入射光と違った波長の光を出す	螢光・燐光
	5) 電界によって発光する	電界発光
磁界による効果	1) 電流を流している状態で磁界が作用すると起電力を生ずる	ホール発電器
	2) 磁界によって電気抵抗が変る	磁気抵抗体
熱電効果	1) 温度上昇にともない電気抵抗が減る	サーミスタ
	2) ペルチエ効果が著しい	電子冷凍
	3) 熱起電力が大きい	熱発電
	4) 熱電子を放射しやすい	熱電子管
外力による効果	外力による変形，ひずみなどによって導電率が変化する	半導体ひずみ計

運ぶもの，すなわちキャリアはすべて自由電子群であった．これに対して半導体中におけるキャリアは電子と正孔とである．これらのイメージをはっきりさせるために半導体材料の代表的な物質である Si あるいは Ge の結晶について考えてみよう．Si および Ge は周期率表において第4族の元素で，その原子模型を **図 3・18** に示す．これらの元素が集合して固体となる場合には **図 3・19** に示されるような，いわゆる**ダイヤモンド構造** (diamond stracture) に結晶化する．この構造では，個々の原子は正四面体の頂点にある他の原子に囲まれており，ある原子と隣りの原子との結合は，それぞれの原子が各結合に1個の電子を出し合って電子対を形成するので**電子対結合** (electron-pair bond) あるいは**共有結合** (covalent bond) と呼ばれる．その結合にあずかるのは原子

の最外殻の電子，すなわち価電子である．

第4族元素では価電子の数は4であるから，ダイヤモンド構造はちょうど全部の価電子で4周と結合することとなる．いま，この構造を考えやすいように平面的に表してみると**図 3・20**のように書くことができる．

さて Si や Ge の結晶において絶対零度では，すべての価電子は電子対結合に捕えられていて，自由に動ける電子はないから，これらは**絶縁体**である．いま温

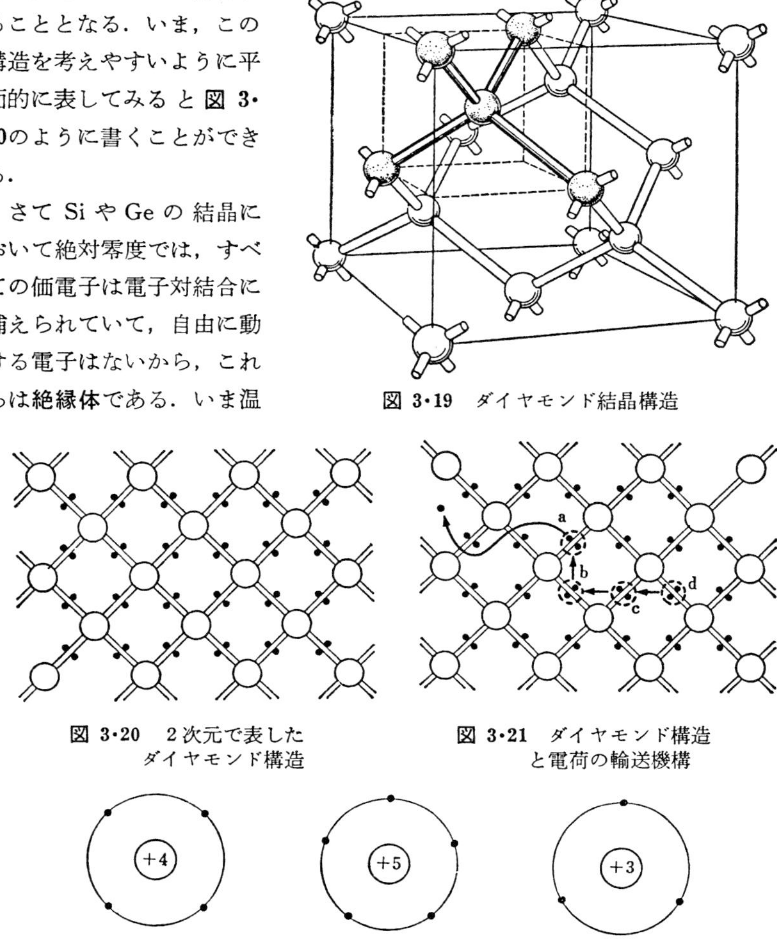

図 3・19 ダイヤモンド結晶構造

図 3・20 2次元で表したダイヤモンド構造

図 3・21 ダイヤモンド構造と電荷の輸送機構

図 3・22 4族および3族・5族原子（価電子以外の電子と原子核とをまとめたイオン核と価電子とを描いたもの）

度が上昇したと考えると，格子中の原子による振動が激しくなる．この状態ではいくつかの価電子は結合から離れるにたりるだけのエネルギーを振動格子から吸収し，いったん自由になると価電子は結晶中の至るところに動くことができる．

電子対結合にある電子を結合から引きはなすのに必要なエネルギーは物質によって異なり，Cで約5.3eV，Si で 1.1eV，Ge で 0.66eV である．この値は先にエネルギー準位図で示した禁制帯幅 Eg に相当する．室温（300K）に相当する格子の熱振動のエネルギーは $kT\simeq 0.025$ eV であるから，結合力の強いCではほとんど束縛されていて絶縁体となる．しかし Si や Ge では結合エネルギーが比較的小さいため，この温度で電子の一部が離れて自由となり，伝導にあずかるようになる．

いま図 3･21 に示すように，a 点の電子が結合から離れたとすると，この電子の抜けた孔はもともと電気的に中性であるところから負電荷をもった電子が抜けたのであるから，正に帯電したこととなる．これが**正孔**（posilive hole）である．この正孔に隣の電子が移ることは系全体として何らのエネルギー変化はおこらないので，容易に行われる．いま b

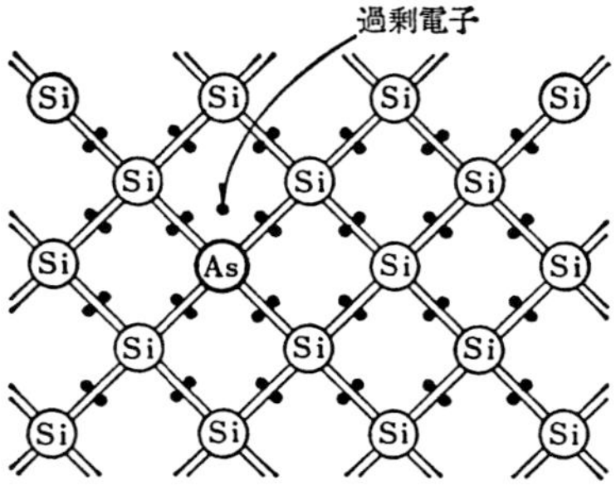

(a) 5価の不純物原子を加えた場合

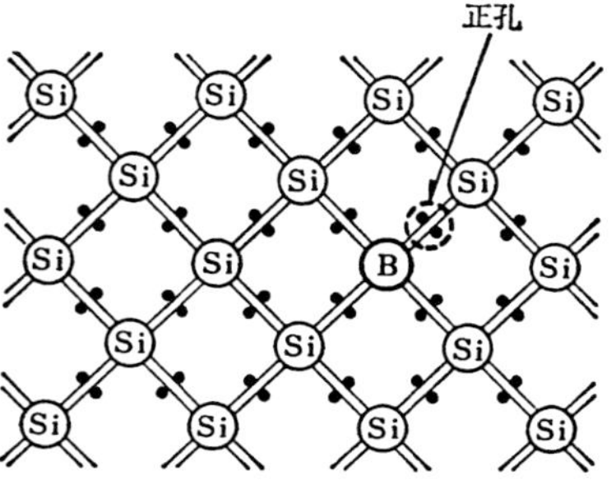

(b) 3価の不純物原子を加えた場合

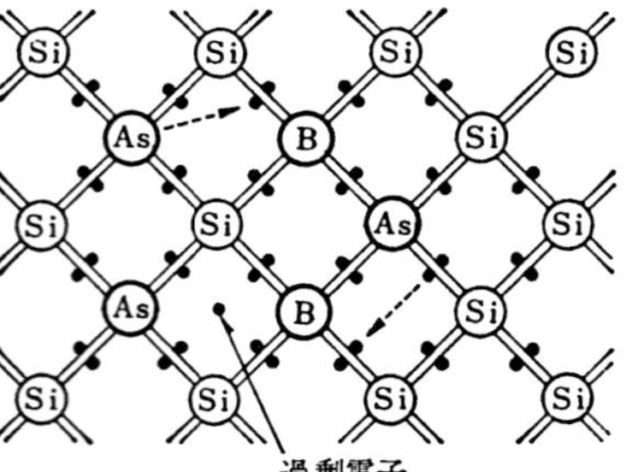

(c) 5価と3価の不純物原子を加えた場合

図 3･23　Si 中の不純物原子
（Ⓢⓘ は Si のイオン核を表す）

から電子が移れば，正孔がｂに移ったこととなる．このようにして，電子がｂ→ａ，ｃ→ｂ，ｄ→ｃのように移動したとすれば，正孔はａ→ｂ→ｃ→ｄに動いたこととなる．

こうして結晶中には熱励起されたいくつかの電子と，その抜け孔（その数は電子の数と等しい）に相当する正孔とが存在し，それらの場所は時々刻々に結晶の中を動きまわっている．しかし外部から電界が印加されない限り，一方向への移動はあり得ないから，電流としては観測されない．もし電界が加わるなら電子や正孔のジグザグ運動は全体として電子は電界と逆方向へ，正孔は電界の方向へ動いて電流が流れる．この形の半導体は**真性半導体**（intrinsic semiconductor）と呼ばれる．

ところで実際には半導体中へ故意にあるいは偶然に**不純物**（impurity）のある量が混入されている場合が多い．このような場合には不純物の存在にもとづいて電子または正孔などのキャリアが増大して抵抗率は著しく減少する．このような半導体は**不純物半導体**（extrinsic semiconductor）と呼ばれる．

いま Si を例にとって，その中へ **図 3・22** で示されるような原子構造をもった他の原子が混入される場合を考えてみよう．Si の原子価は 4 価であるが，5 価の元素，たとえばひ素（As）を加えたとする．As は**図3・23**（ａ）に示すように格子点の Si とおきかわるが，そのとき 5 個の価電子のうち 4 個は周囲の Si 原子との結合に使われるが，1 個はあまることとなる．一方，As のイオン核は +5e の電荷をもつから，まわりの電子だけでは電気的な中性条件が成立せず，As^+ イオンとなって余分の電子はクーロン力によって結びついている．この力は電子対結合力と比べてはるかに弱く，ふつう数十分の一 eV である．このため常温でも容易に束縛を離れて結晶内を自由に動きまわるようになる．このように，Si に 5 価の不純物を加えると，電子，すなわち負（negative）のキャリアがつくられるので，この形の半導体を **n 形**（n-type）**半導体**と呼び，電子を供給するという意味から，この場合の不純物を**ドナ**（donor）と呼ぶ．

次に 3 価の元素，たとえば，ほう素（B）を加えたとする．B には価電子が 3 個しかないため格子点の Si とおきかわったとして，まわりに Si と電子対結合をするのに 1 個の電子が不足するため，結合に電子のない場所，つまり正孔が 1 個できることとなる．B のイオン核の電荷は +3e であるから，結合が電子で満たされたとすると，これは B^- となり，付近にある1個の正孔とで中性条件を満たしている．B^- イオンと正孔との間の クーロン力もふつう数十分の一 eV くらいの弱いもので，常温では 正孔は束縛からはなれて結晶中を動きまわるものである．このように正 (positive) のキャリアをもつ半導体を **p 形** (p-type) **半導体**と呼び，この場合の不純物を電子を受け入れると言う意味から**アクセプタ** (acceptor) と言う．

次にドナとアクセプタの両方の不純物が入っていたらどうなるであろうか．図（c）で3個の As と2個のBが入っている場合を考える．このとき As の存在によって3個の余分の電子がつくられ，Bの存在によって2個の正孔がつくられるから，余分の電子の中2個は正孔に落ちこむ．そして1個の過剰電子がキャリアとして動作することとなり，この場合は n 形半導体となる．

一般に，不純物半導体では熱励起によってつくられた同数の電子と正孔以外に不純物によって与えられる電子なり正孔が存在することとなる．このようにしてキャリアの数が異なるので多いほうを**多数キャリア** (majority carrier) 少ないほうを**少数キャリア** (minority carrier) と呼ぶ．上に述べたことから明らかに各形の半導体について言えば**表 3・4** のようになる．

さて上に述べたことから，半導体のエネルギー準位図はどのように表せばよ

表 3・4

	ドナ　　アクセプタ	多数キャリア	少数キャリア
真性半導体 (i 形半導体)	N_d = N_a (= 0 を含む)		
n 形半導体	N_d > N_a	電子	正孔
p 形半導体	N_d < N_a	正孔	電子

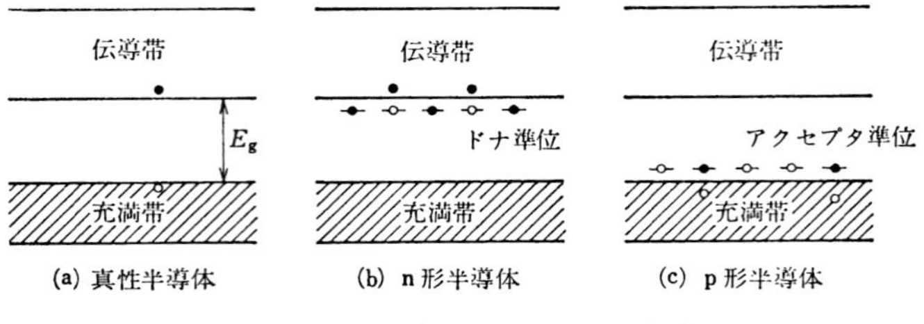

(a) 真性半導体　(b) n 形半導体　(c) p 形半導体

図 3・24　半導体のエネルギー準位図

いかを考えよう（**図 3·24**）．まず真性半導体で不純物を全く含まない場合は **2·3** で述べたように，電子で満たされた充満帯（この場合このバンドを満たしているのは価電子であるから価電子帯とも呼ばれる）と，空の伝導帯が比較的狭い禁制帯によりへだてられている．このエネルギー間隙 E_g がたとえば Si では，1.1 eV，Ge では 0.66 eV ということになる．n 形半導体では，わずかのエネルギーで自由電子ができるから，図（b）のように伝導帯の近くに電子をもったドナ準位をつけ加えればよい．p 形半導体では，逆に充満帯の直ぐ上へ電子を受け入れることのできる空のアクセプタ準位がつけ加えられる．

3·9　半導体中のキャリア分布

3·8 で述べたように，半導体中のキャリアは不純物の種類や濃度によってその分量が変化し，また温度の上昇にともなって増大する．半導体におけるキャリアのエネルギー状態は 図 3·24 で示したが，実際にそれぞれのエネルギー準位に何個のキャリアが存在するかは半導体の電気特性を知る上に必ず必要である．**2·2** で述べたように温度 T の下で，固体の単位体積をとって，その中でエネルギーが E と $E+dE$ の間にある電子の数は次式で与えられる．

$$n(E)\,dE=Z(E)\,f(E)\,dE \tag{3·71}$$

ここで $Z(E)$ は状態密度である．$f(E)$ は

$$f(E)=\frac{1}{e^{E-E_F/kT}+1} \tag{3·72}$$

で，フェルミ・ディラックの分布関数である．このことを半導体に適応するにあたって，真性および不純物半導体について，それぞれ考えてみることとする．

（1）　真性半導体中のキャリア分布

真性半導体について **図 3·25** に示すように伝導帯の底のエネルギーを E_c，価電子帯の最上部のそれを E_v とする．伝導帯に励起されている電子の数 n は式（3·71）より

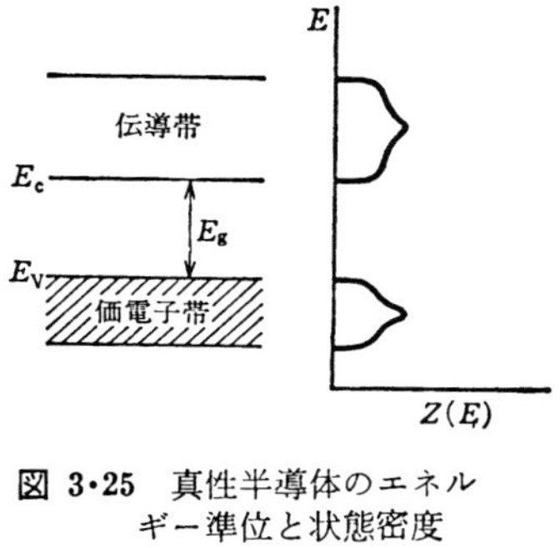

図 3·25　真性半導体のエネルギー準位と状態密度

$$n=\int_{E_c}^{\text{伝導帯の頂上のエネルギー}} Z(E)\,f(E)\,dE \tag{3·72}$$

により求められる．$Z(E)$ はかなり複雑な形のものである．しかし一般に E_c より少し上方のエネルギーでは $f(E)=0$ となり，電子が実際に存在するのは E_c の近傍だけであると考えて $Z(E)$ に対して自由電子について求めた式（2・41）を適用することができる．すなわち

$$Z(E)=\frac{4\pi}{h^3}(2m_e^*)^{3/2}(E-E_C)^{1/2} \tag{3·73}$$

m_e^*は伝導帯中の電子の有効質量である．また，エネルギーの高いところでは $f(E)=0$ であることから式（3・72）で積分の上限は ∞ とおいても変らない．したがって式（3・72）から

$$n=\int_{E_c}^{\infty}\frac{4\pi}{h^3}(2m_e^*)^{3/2}\frac{(E-E_c)^{1/2}}{e^{\frac{E-E_F}{kT}}+1}dE \tag{3·74}$$

ふつうの温度では $E_g \gg kT$ であり，かつ E_F はあとでわかるように，実際には禁制帯のほぼ中間にあるので，式（3・74）の分母の1は省略することができ

$$n=\frac{4\pi}{h^3}(2m_e^*)^{3/2}\int_{E_c}^{\infty}(E-E_c)^{1/2}e^{-(E-E_F)/kT}dE \tag{3·75}$$

この式の計算はやや煩雑であり，ここでは省略するが結局次式のようになる．

$$n=2(2\pi m_e^* kT/h^2)^{3/2}e^{(E_F-E_C)/kT} \tag{3·76}$$

この式でわかるように，伝導帯中の電子の数を計算するには，伝導帯中に分布する電子がすべて $E=E_c$ の点に

$$N_c=2\left(\frac{2\pi m_e^* kT}{h^2}\right)^{3/2} \tag{3·77}$$

で表される等価状態密度準位数で集中し，それに分布関数 $f(E)\simeq\exp\left(-\frac{E_C-E_F}{kT}\right)$ を乗じることによって求められる．

次に価電子帯の正孔の数を計算する．正孔は電子の抜けた孔であるから，正孔の存在する確率は電子の存在しない確率で $1-f(E)$ である．したがって価電子帯の正孔の数 p は，

$$p=\int_{\text{価電子帯の底のエネルギー}}^{E_V}Z(E)[1-f(E)]dE \tag{3·78}$$

$1-f(E)$ の値はやはり E_V の近くを除いては急激に0となるから，$Z(E)$ としては E_V の近くの様子だけわかればよい．価電子帯の上端近くの正孔が自

由粒子と同様にふるまうとすれば，式（3・73）と同様に

$$Z(E)=\frac{4\pi}{h^3}(2m_h^*)^{3/2}(E_V-E)^{1/2} \tag{3・79}$$

となる．m_h^*は正孔の有効質量である．積分の下限も上記と同じ理由で $-\infty$ とおき，前と同じように計算して

$$p=2(2\pi m_h^* kT/h^2)^{3/2}e^{(E_V-E_F)/kT} \tag{3・80}$$

となる．前と同様に価電子帯の正孔の数を計算するには，価電子帯に分布する正孔がすべて $E=E_V$ の点に

$$N_V=2(2\pi m_h^* kT/h^2)^{3/2} \tag{3・81}$$

で表される等価状態密度準位数で集中し，それに $E=E_V$ なる点の正孔の分布関数である次式の $f_h(E_V)$ を乗じることによって求められる．

$$f_h(E_V)=1-\frac{1}{\exp\left\{\frac{E_V-E_F}{kT}\right\}+1}=\frac{1}{1+\exp\left\{-\frac{E_V-E_F}{kT}\right\}}\fallingdotseq\exp\frac{E_V-E_F}{kT} \tag{3・82}$$

ところで真性半導体では当然 $n=p$ であるから，式（3・76）＝式(3・80）として

$$E_F=\frac{E_C+E_V}{2}+\frac{3}{4}kT\log\left(\frac{m_h^*}{m_e^*}\right) \tag{3・83}$$

としてフェルミ準位 E_F が得られる．ふつう式（3・83）の第2項は第1項よりはるかに小さいので，一般にフェルミ準位は禁制帯のほぼ中央にあり，また$m_h^*>m_e^*$ なので，温度が上昇すると僅かに上昇することがわかる．式（3・83）を式（3・76）または式（3・80）に代入して，求める電子あるいは正孔の密度は

$$n=p=2(2\pi kT/h^2)^{3/2}(m_e^* m_h^*)^{3/4}e^{-E_g/2kT} \tag{3・84}$$

となる．式（3・84）はTについて，$T^{3/2}$ の項と指数関数の項をふくむが，後者の変化がはるかに大きいのでnは温度の上昇とともに大体指数関数的に増大することとなる．次に式（3・76）と式（3・80）の積をとると

$$n\cdot p=(n_i)^2=4(2\pi kT/h^2)^3(m_e^* m_h^*)^{3/2}e^{-Eg/kT} \tag{3・85}$$

が得られる．この式の右辺は温度が決まれば一定となる．この関係は極めて重

要であり，不純物半導体についても成立するもので，(**2**) で再び説明しよう．

(**2**) **不純物半導体中のキャリア分布**　p形半導体について考えることとしよう（図 3·26）．前と同じように，価電子帯の上端を $E=0$ にとり，伝導帯の底を $E=E_g$ にとる．アクセプタ準位は E_a に存在するものとし，その濃度は単位体積あたり N_a 個であるとし，また，$N_a \ll N_V$ であると仮定する．(**1**) で述べたように，伝導帯および価電子帯中の状態密度はそれぞれ $E=E_g$ および $E=0$ の準位にある等価な N_c および N_V 個の状態密度に圧縮することができる．

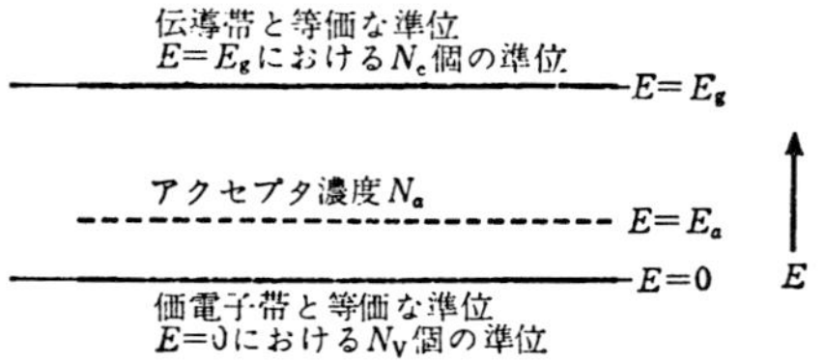

伝導帯と等価な準位
$E=E_g$ における N_c 個の準位　$E=E_g$
アクセプタ濃度 N_a　$E=E_a$
$E=0$　E
価電子帯と等価な準位
$E=0$ における N_V 個の準位

図 3·26　p形半導体のエネルギー準位図

電気的中性条件から価電子帯中にある正孔濃度は，アクセプタ準位にある電子濃度と，伝導帯中にある電子濃度との和に等しくなければならない．それぞれの濃度を決めるために，各準位にフェルミ・ディラックの分布関数を適用すると

$$p=N_V\underbrace{\left\{1-\frac{1}{\exp\left\{-\frac{E_F}{kT}\right\}+1}\right\}}_{\text{価電子帯中の正孔濃度}}$$

$$=N_a\underbrace{\frac{1}{\exp\left\{\frac{E_a-E_F}{kT}\right\}+1}}_{\text{アクセプタ準位の電子濃度}}+N_c\underbrace{\frac{1}{\exp\left\{\frac{E_g-E_F}{kT}\right\}+1}}_{\text{伝導帯中の電子濃度}} \qquad (3\cdot 86)$$

この式を E_F について直ちに解くことは困難であるが，いくつかの温度領域にわけて式の簡略化を行えば計算が容易となる．すなわち，かなり低温であるとすれば，伝導帯中の電子濃度は価電子帯中の正孔濃度に比べて無視できるので式（3·86）の右辺の2項は無視できる．

さらに極端な場合としては $T=0$ とすれば

$$E_F=\frac{E_a}{2}$$

となる．また十分温度が高い場合は，アクセプタ準位は飽和すると考えられるから，式（3·86）右辺の最初の項は N_a となる．もっとも温度の高い状態では

$$E_F = \frac{E_g}{2}$$

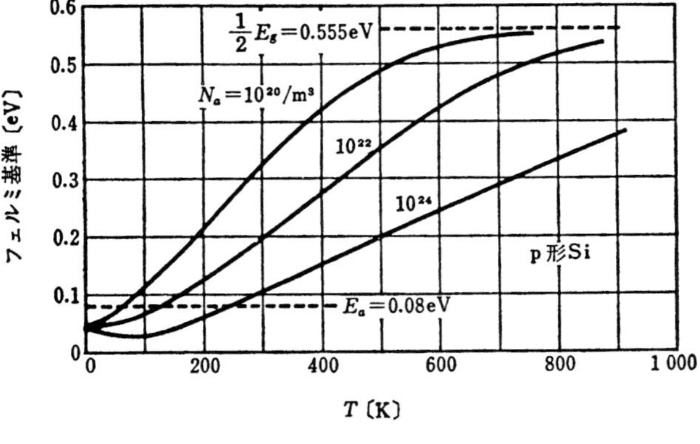

(a)

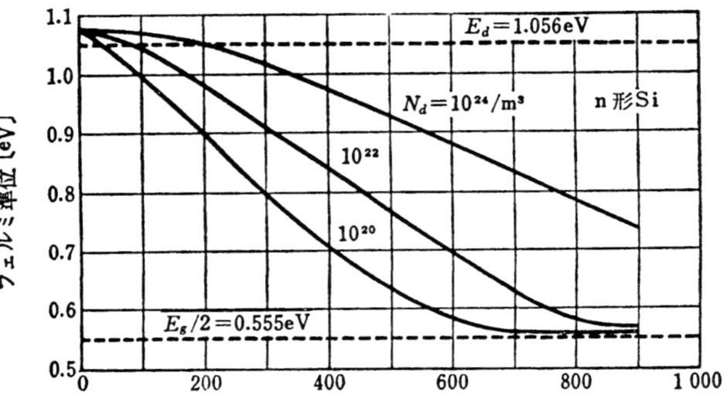

(b)

図 3·27 半導体におけるフェルミ準位の温度による変化

となり，フェルミ準位は禁制帯幅の中央に漸近する．これらの計算は省略して結果を実際のものについて図示すると **図 3·27**（a）のようになる．

n 形半導体についても全く同様の計算がなされるが，図（b）は結果の一例である．いずれの場合についてもフェルミ準位が温度と不純物濃度によって変化する関係は重要である．さて **3·8** では真性半導体について述べたが，伝導帯にある電子の数 n と価電子帯にある正孔の数 p との積は下式で与えられる．

$$n \times p = 4(2\pi kT/h^2)^3 (m_e^* m_h^*)^{3/2} e^{-E_g/kT} \qquad (3 \cdot 87)$$

不純物半導体についてもこの関係式は成り立つ．なぜならば，この式を導くにあたって n を求める式（3·76）および p を求める式（3·80）は不純物半導体についても全く同じだからである．このことは一見奇妙に感ぜられるかも知れないが上に述べたように不純物の種類や濃度が変れば，それにともなってフェルミ準位の位置が変動するだけで，n や p を求める式の中には E_F の形で入ってくるが，$n \times p$ の式では E_F は消されてしまう．**図 3·28** は常温における Si を例にとって，不純物の濃度によって電子と正孔が変化する模様を説明したものである．なお式から明らかなように，これらの値は物質が異なって E_g が増せば著しく減少し，同一の物質では温度 T が昇れば急激に増大する．

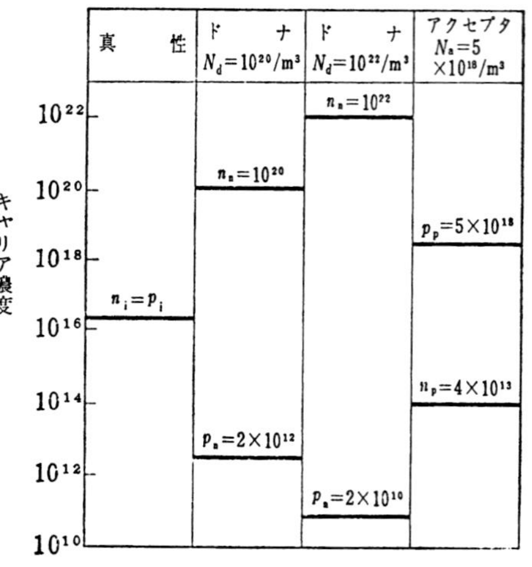

図 3·28　導電帯および価電子帯中のキャリア濃度

3·10　キャリアの流れと変動

半導体中が熱平衡の状態におかれているとき，その内部において電子および正孔の数が物質の種類や温度によっていくらになるかが明らかにされた．これらのキャリアは外部から電界や磁界の作用を受けて移動し，あるいは濃度の勾配があると流れたり，光の照射によって増加したりする．これらの現象は半導体が電子素子として利用される基本動作であるので，以下順をおって説明しよう．

（1） 電 気 伝 導　いま長さLの半導体を考え，これに外部から電界E V/m が印加されたとする．この場合長さ方向の電位分布を表すようなエネルギー準位図を描いたとすれば，**図 3·29** のようになる．この状態で，半導体中の動きうる電子（エネルギー準位図でいうと伝導帯中の電子）および正孔（価電子帯中の正孔）はそれぞれ電界方向へとドリフトすることは先に述べたとおりである．その移動を詳細に眺めると電子は左方へ動くにつれて運動エネルギーは増すが，位置のエネルギーは減少するので全エネルギーは一定で，図示のような水平運動を行う．そしてある距離進んだ点で格子と衝突すれば運動

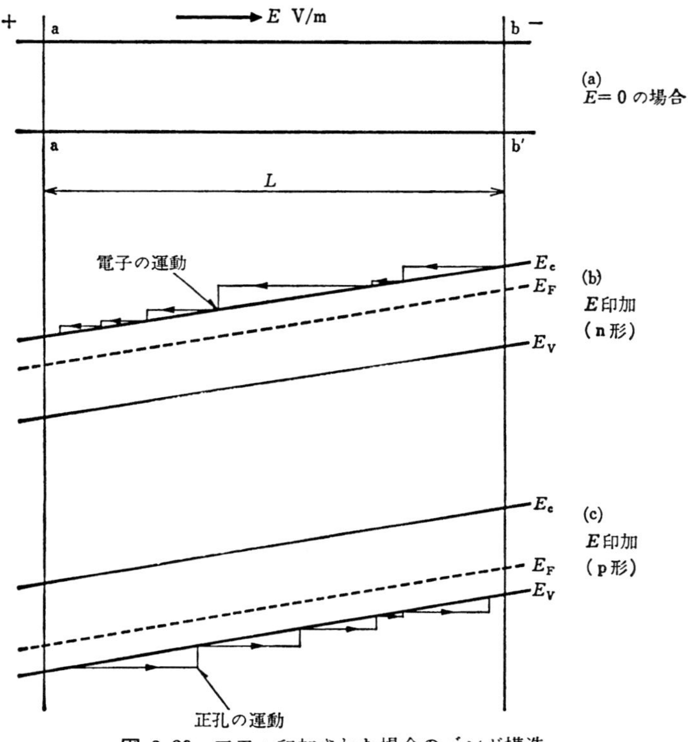

図 3·29　電界の印加された場合のバンド構造

エネルギーだけ失うため下方の点へ落ちる．順次この動作をくり返して bb′ から aa′ へ移った状態では eEL のエネルギーを失う．同様に正孔は右側へと進行する．

さて電子は格子中で熱運動を行うが，その速度は Ge について

$$v_T=(3kT/m_e^*)^{1/2}\cong 10^5〔\mathrm{m/s}〕\quad \mathrm{at\ 300K(Ge)} \tag{3・88}$$

したがって結晶中における衝突間の平均時間は

$$t_m=\lambda/v_T$$

λ は平均自由行程である．電界によって電子の受ける加速度 α は次式のようになるから

$$\alpha=eE/m_e^*\ 〔\mathrm{m/s^2}〕$$

時間 t_m のときの速度は

$$v=\alpha t_m=\frac{eE\lambda}{m_e^* v_T}$$

平均ドリフト速度はこの中間の値として

$$v_D=\frac{\alpha t_m}{2}=\frac{eE\lambda}{2m_e^* v_T} \tag{3・89}$$

したがって移動度は

$$\mu_e=\frac{v_D}{E}=\frac{e\lambda}{2m_e^* v_T} \tag{3・90}$$

実際には電子の速度がマクスウェル分布をしていることを考慮して，もっと正確に計算すると

$$\mu_e=\frac{8}{3\pi}\frac{e\lambda}{2m_e^* v_T} \tag{3・91}$$

さて電流密度 $I=en\mu_e E$ であるから，E と I とは比例関係にある．しかし，そのような関係が保たれるのは電界の低い場合で，電界が強くなるとドリフト速度の飽和がおこるため実測値は図 **3・30** のようになる．この図は n 形 Ge についての測定結果であるが，一般に室温とすれば電界によるドリフト速度は10^5V/m くらいまでは直線的に増加するが，ドリフト速度が熱運動速度（$v_T\simeq 10^5$m/s 300 K で）の 30% くらいになると直線性からはずれる．高電界中では電子の平均速度が増して，電子温度が格子温度より大きくなるから，事情が違ってくるの

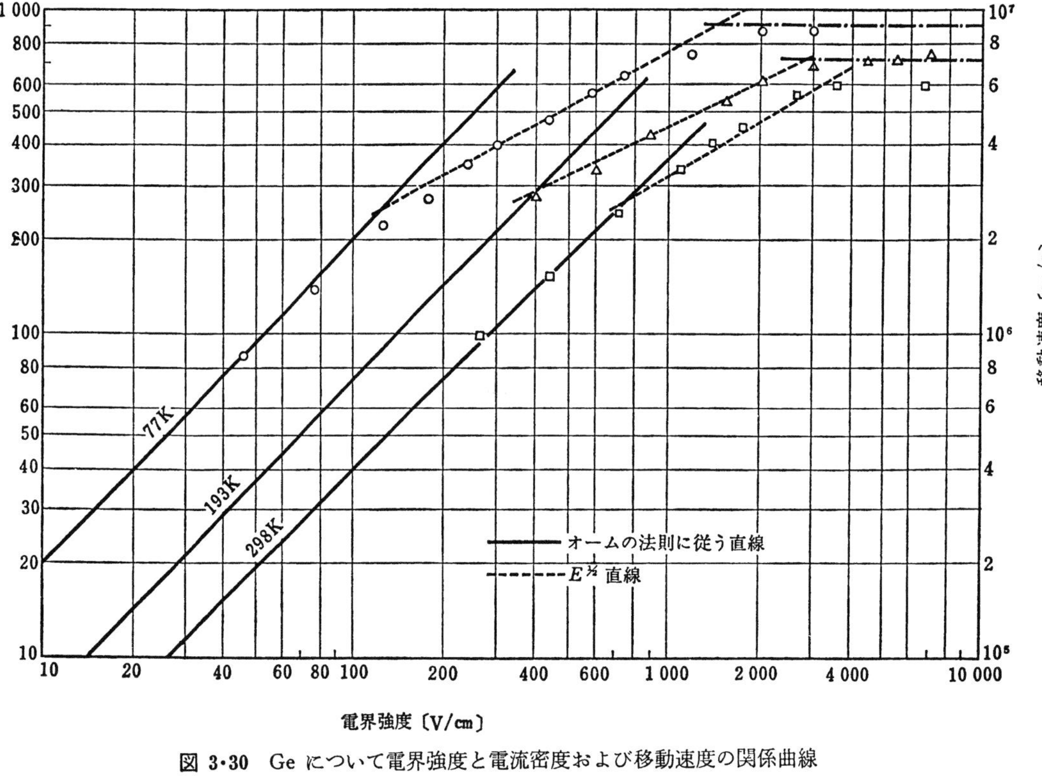

図 3・30　Ge について電界強度と電流密度および移動速度の関係曲線

である．

半導体の場合電流は電子および正孔の両方によって運ばれるので，一般に，それらの密度をnおよびp，ドリフト移動度をμ_eおよびμ_hとすれば，Eなる電界を加えたとき流れる電流Iは

$$I=eE(n\mu_e+p\mu_h) \tag{3·92}$$

となり，導電率σは次式で表される．

$$\sigma=\frac{I}{E}=e(n\mu_e+p\mu_h) \tag{3·93}$$

次に，半導体における電気伝導の機構を理解するために，電気伝導率σの温度依存性について考えてみよう．3·9 で学んだように金属では電子の数は温度によらずほぼ一定と考え，一方，移動度が温度で変化することに相当してσはTにほぼ比例して減少した．ところで半導体の場合は電子および正孔の数が温度の上昇にともなって著しく変化することが導電率の温度変化の主要な原因となる一方，移動度の温度変化と重なり合ってかなり複雑な変り方をする．

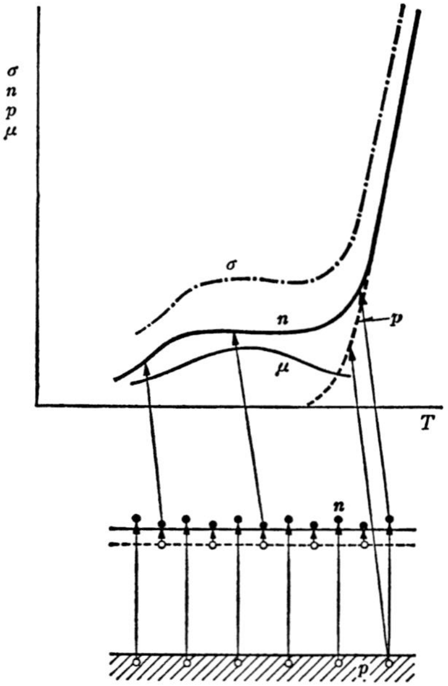

まずキャリアの数nおよびpの温度依存性については，半導体が真性であるか不純物形であるかによって異なるが，これらと温度Tとの関係は式（3·84）などで明瞭に示されている．ただ，これら式中におけるE_F自体が温度Tや不純物濃度によって複雑な変化をすることと考え合わせると計算は容易でない．しかし，その変化の模様を物理的解釈によって想像することはさほど困難でない．いま図 3·31 のようにn形半導体を低温から次第に

図 3·31　n形半導体の温度とキャリアの数，移動度，電気伝導率の関係

加熱したとする．極めて低温では n も p も 0 である．ある温度になるとまずドナ準位からの電子が伝導帯へ移るようになる．この数は温度とともに次第に増加するが，ある温度ですべてのドナ準位が空になってしまうため n の数としては飽和する．この温度付近から価電子帯中の電子も伝導帯へ励起されるようになり，このため温度とともに n および p の値は激増する．つまり，このような温度範囲では半導体は真性領域に入ったこととなる．

次に移動度 μ の温度変化について考えよう．半導体中におけるキャリアの移動は格子原子，不純物原子，格子欠陥などによって散乱を受ける．それらの効果を定量的に知ることは，かなり困難な問題であるが，以下では簡単な考察を試みる．まず格子原子の熱振動による分としては，温度が上昇するほど散乱効果が大きくなるから移動度は減少する．高純度シリコンについて移動度と温度の関係は次式のようになる．

$$\mu_e=4.0\times10^9T^{-2.6}\,[\mathrm{cm^2/Vs}] \qquad 300\mathrm{K}<T<400\mathrm{K}$$

$$\mu_h=2.5\times10^8T^{-2.3}\,[\mathrm{cm^2/Vs}] \qquad 150\mathrm{K}<T<400\mathrm{K}$$

次にイオン化した不純物原子や格子欠陥にもとづくものは，低温になるほどその効果が顕著になる．その理由は温度が低くなってキャリアの熱運動速度が遅くなるほど，それらにもとづく影響を受けやすくなるからである．**図 3・32** は n-Si および p-Si について不純物濃度と μ との関係を示したものである．

さて**図 3・31** に戻って温度による電気伝導度の変化をみると n，p および μ などの変化にともなって図示のような変り方をする．

（2）　キャリアの発生・再結合・拡散　上に述べたキャリアの数 n，p などは熱平衡状態における値である．つまり半導体がある温度におかれていると，その温度によって決まる，ある割合で価電子帯中の電子は伝導帯に移る．つまり，**キャリアの発生**が行われる．一方，電子と正孔とは**再結合**するが再結合する割合と発生する割合とが等しい状態で平衡が保たれることとなる．いま真性半導体として考えるなら $n=p=n_i$ である．温度 T で毎秒発生する電子の数は T の関数で $g(T)$ とおくことができる．他方，再結合で消滅する数は電子の数と正孔の数の積に比例し，その比例定数を r とする rn_i^2，熱平衡状態では両者は等しく

$$rn_i^2=g(T)$$

不純物半導体では，ドナまたはアクセプタがキャリアの密度に関係する．しか

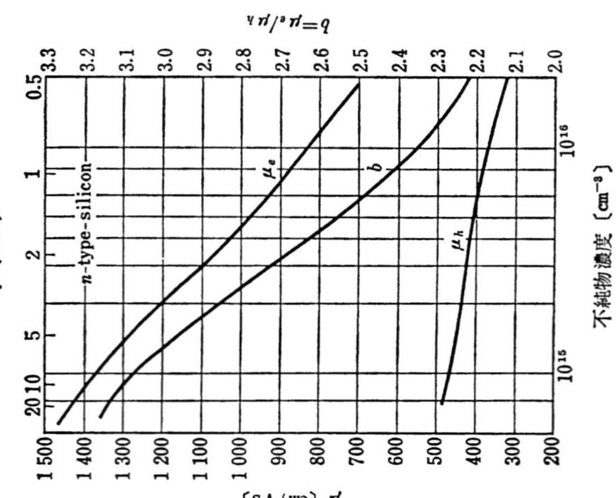

(a) n-Si

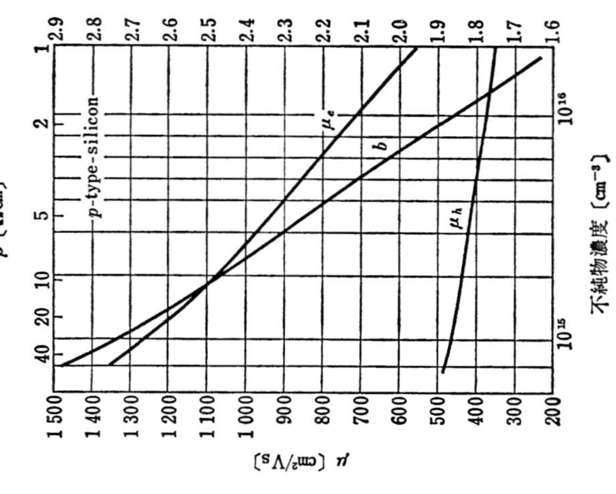

(b) p-Si

図 3・32　シリコンの移動度の不純物濃度依存性（常温）

し，われわれが実際に半導体を取り扱う範囲の温度では，ドナもアクセプタもほとんど完全にイオン化しているため，そこから刻々になされるキャリアの発生や再結合は考える必要ない．したがって $g(T)$ も r も真性の場合と等しく

$$rnp=g(T)$$

ところで，価電子帯中の電子が伝導帯へ移って，そこに正孔と電子が発生すること，また伝導帯中の電子が価電子へ戻って正孔を埋めることによって行われる再結合の機構はさ程単純ではない．図 **3·33** はその模様を示したもので図(a)ではキャリアの発生および再結合が禁制帯を通して直接に行われる．図(b)では

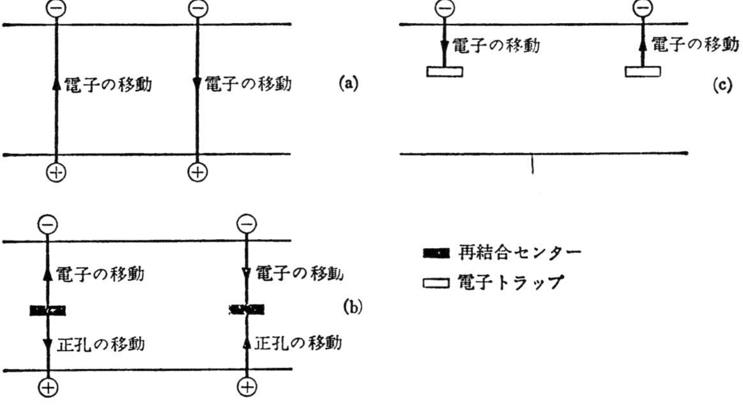

図 3·33 半導体中におけるキャリアの発生と再結合

特定のエネルギー準位を経て間接に行われる．すなわち価電子帯の電子はまず禁制帯中の準位へ移り，さらに伝導帯へ移る．一方再結合ではその逆の経過を通る．次に図（c）では伝導帯の電子が中間のトラップ準位につかまり再び伝導帯へ移ったりする．実際のものについて，これらのどの機構が支配的であるかについて理論と実験の両面から検討が行われたが，Ge などの中では図（a）の機構はほとんど存在しないことが証明されている．

次に平衡状態でない場合を論じておこう．このときはキャリアの発生と再結合とがバランスしないので，いま電子および正孔がそれぞれ $\varDelta n$と $\varDelta p$ 増えたとする．このときの再結合の割合Rは

$$R=r(n+\varDelta n)(p+\varDelta p)-g\fallingdotseq 0 \tag{3·94}$$

n および p は平衡状態における値である．したがって

$$rnp-g=0 \tag{3・95}$$

式（3・95）を式（3・94）に代入して

$$R=r(n\Delta p+p\Delta n+\Delta n\Delta p) \quad [\mathrm{m^{-3}\cdot s^{-1}}] \tag{3・96}$$

いま不純物半導体を考え，Δn と Δp は同程度で，かつ多数キャリアと比べるとはるかに小さいものとする．たとえば $n\gg p$ で $\Delta n=\Delta p$ とすれば，式(3・96）は次のようになり

$$R\simeq rn\Delta p \quad [\mathrm{m^{-3}\cdot s^{-1}}] \tag{3・97}$$

いま時間０のとき突然 Δp_0，Δn_0 のキャリア変化があったとすれば，そこで再結合が行われて平衡状態に戻ろうとするであろう．いま dt の時間にキャリアが減少する量 $-d(p+\Delta p)=-d\Delta p$ は再結合する数に相当し

$$-d(\Delta p)=rn\Delta p dt \tag{3・98}$$

負の符号を付したのは $d(\Delta p)$ はキャリアの増加分を表すからである．式（3・98）を積分して

$$\int_{\Delta p_0}^{\Delta p}\frac{d(\Delta p)}{\Delta p}=-rn\int_0^t dt$$

$$\Delta p=\Delta p_0\exp(-rnt)$$

$$=\Delta p_0\exp\left[\frac{-t}{\tau_h}\right] \tag{3・99}$$

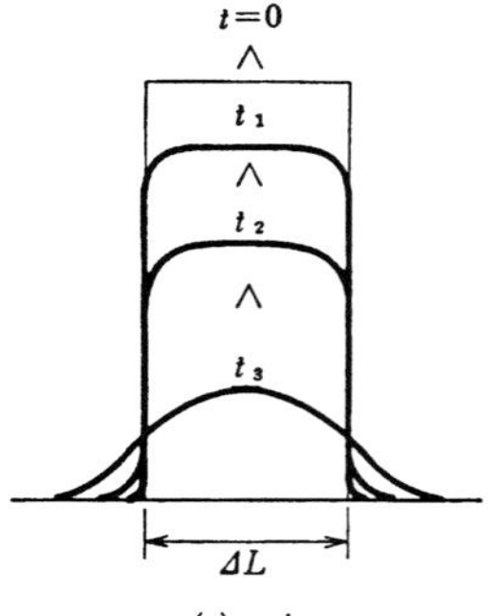

(a) τ小

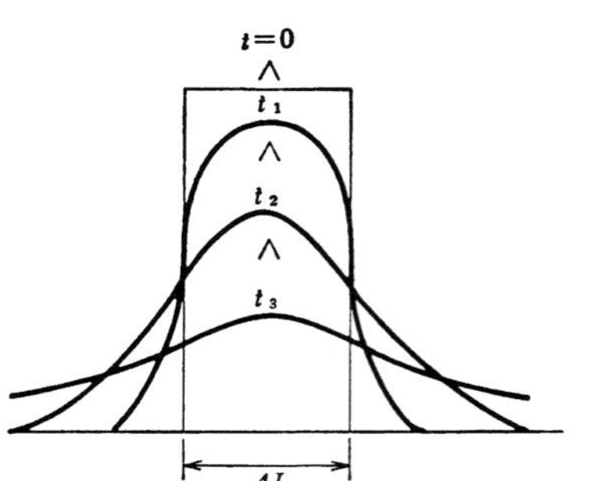

(b) τ大

図 3・34　長いフィラメントの中央に導かれた少数キャリアの分布が時間とともに変化する模様

$$\tau_h = \frac{1}{rn} \tag{3·100}$$

式 (3·99) は拡散などの損失がなければ，余分の少数キャリアは時間とともに指数関数的に減少して0となることを示している．その減衰時定数は再結合係数と多数キャリアの密度に逆比例する．なお，上記の時定数は**キャリアの寿命** (lifetime) と呼ばれる．

上述の現象をいま少し詳細に考えてみよう．長いフィラメント状の半導体の一部 ΔL に何らかの原因で，たとえば光が照射されたことによって，その長さにわたって Δp_0 の少数キャリアが生じたとする．それは時間の経過につれて再結合して減少してゆくわけであるが，この場合フィラメントの中では熱拡散によって正孔は周囲へ移るため，その長さ方向についての分布は**図 3·34**(a) のようになる．減衰時定数が大きければ，拡散する量が多いので図 (b) のようになる．このように半導体中のキャリアに濃度分布があって，濃いほうから淡いほうへキャリアが移動すれば，当然電流を形成することとなる．このような電流を**拡散電流** (diffusion current) と呼ぶ．

いま，x 方向にキャリア密度の勾配があるとすると，x 軸に垂直な平面の単位面積を通るキャリアの数は，拡散理論により $-dn/dx$ に比例する．比例定数をDとすれば，拡散電流は

$$-eD\frac{dn}{dx} \tag{3·101}$$

と書くことができる．Dを**拡散定数** (diffusion constant) と呼ぶ．電子素子の場合，全電流はドリフト電流と拡散電流の和となる．電子による電流は

$$I_e = ne\mu_e E + eD_e\frac{dn}{dx} \tag{3·102}$$

正孔による電流は

$$I_h = pe\mu_h E - eD_h\frac{dp}{dx} \tag{3·103}$$

D_e, D_h はそれぞれ電子および正孔の拡散定数である．上式で第2項の符号は電子の場合 $dn/dx>0$ なら電子は x の減る方向に移動し，電流は x の増す方向に流れることとなる．正孔については $dp/dx>0$ なら正孔は x の減る方向へ移動し，x 方向を電流の正方向とすれば拡散による電流は負となる．

さて，キャリアの拡散定数 D と移動度 μ の間には**アインシュタイン**（Einstein）**の関係**と呼ばれる重要な関係がある．この関係は半導体の中に電界とキャリアの密度勾配があり，結果として電流が流れていない場合を考えて導くことができる．電流が流れていなければ，この系は熱平衡の状態にある．いま，電子電流について考えることとする．任意の一点 x におけるポテンシャルを $V(x)$ とすると，電界は

$$E(x)=-\frac{dV}{dx} \tag{3・104}$$

熱平衡状態で電子分布がボルツマン分布で現れるとすると，x における電子密度は

$$n(x)=Ce^{eV/kT} \tag{3・105}$$

で表される．上式より

$$\frac{dn}{dx}=\frac{e}{kT}n\frac{dV}{dx}=-\frac{e}{kT}nE \tag{3・106}$$

熱平衡状態では電流は0であるから，式（3・102）と式（3・106）より

$$0=ne\mu_e E-\frac{e^2}{kT}D_e nE \tag{3・107}$$

$$\therefore\quad D_e=\left(\frac{kT}{e}\right)\mu_e \tag{3・108}$$

正孔に対しても同様に

$$D_h=\left(\frac{kT}{e}\right)\mu_h \tag{3・109}$$

式（3・108）（3・109）がアインシュタインの関係式で，これらの式は式（3・102）（3・103）などと組み合わせてしばしば用いられる．

（3）　**少数キャリアの連続の式**　半導体に金属電極などとりつけて，外部電源に結んだ場合の現象は4章で詳しく述べるが，このとき接点を通じて少数キャリアの**注入**（injection）がおこる．この場合には，注入された少数キャリアを中和するために多数キャリアが動いてきて，（2）で述べたような再結合がおこる．

いまp形半導体を考えて，熱平衡のときの少数キャリアを n_0 とし，それが dn だけ増加したとすると，もし電流が0だとすれば，式（3・98）から

$$\left(\frac{dn}{dt}\right)_{I_e=0}=\frac{n_0-n}{\tau_e} \tag{3・110}$$

もし電流が流れているなら，それによる変化分おも考えねばならない．これは

$$\left(\frac{dn}{dt}\right)dx=-\frac{1}{e}\{I_e(x)-I_e(x+dx)\}=\frac{1}{e}\frac{dI_e}{dx}dx \tag{3・111}$$

x と $x+dx$ との空間に電荷がたくわえられる模様を図 3・35 から判断して式（3・111）の符号の意味が解釈されよう．したがって全体としての増加は

$$\frac{dn}{dt}=\frac{n_0-n}{\tau_e}+\frac{1}{e}\frac{dI_e}{dx} \tag{3・112}$$

n形半導体の場合については同様に

$$\frac{dp}{dt}=\frac{p_0-p}{\tau_h}-\frac{1}{e}\frac{dI_h}{dx} \tag{3・113}$$

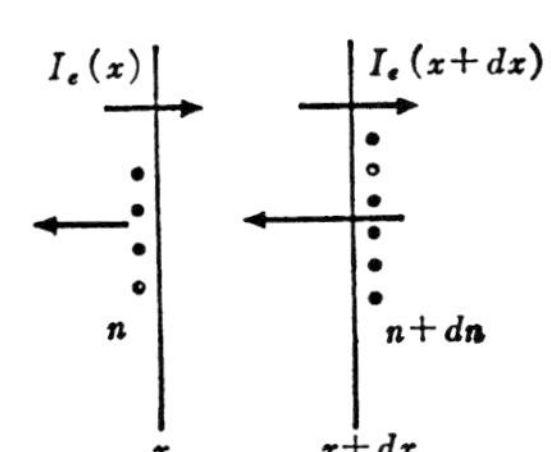

図 3・35　x と $x+dx$ との空間に電子がたくわえられる模様

これらの式を少数キャリアの連続の式という．

これらの式をそれぞれ式（3・102）（3・103）と組み合わせると，次式が得られる．ただしドリフト電流は無視できるものとする．

$$\frac{dn}{dt}=\frac{n_0-n}{\tau_e}+D_e\frac{d^2n}{dx^2} \tag{3・114}$$

$$\frac{dp}{at}=\frac{p_0-p}{\tau_h}+D_h\frac{d^2p}{dx^2} \tag{3・115}$$

以上は簡単のために x 方向だけについて計算した．もし x, y, z 3方向を考えるとすれば $\dfrac{dI}{dx}$ のかわりに $\mathrm{div}I$ でおきかえればよい．これらの関係式は半導体中の任意の1点におけるキャリアのふるまいを知るための基本の式で重要である．

3・11 光導電効果

3・10では熱平衡状態において半導体中にあるキャリアの数を計算した．ところで半導体に光が照射された場合，光量子のエネルギー $h\nu$(h プランク定数，ν 光の振動数）がその物質の禁制帯幅 E_g より大きければ，価電子帯の電子は光のエネルギーを吸収して伝導帯へ励起されるため，伝導帯中の電子ならびに

価電子帯の正孔の数は増加する．いま電子密度が n から $n+\Delta n$ に，正孔密度が p から $p+\Delta p$ に増えたとすれば，

$$\left.\begin{aligned}&\sigma=e(\mu_e n+\mu_h p) &&\text{（暗状態導電率）}\\&\Delta\sigma=e(\mu_e\Delta n+\mu_h\Delta p) &&\text{（光照射時の導電率増加分）}\end{aligned}\right\}\quad(3\cdot116)$$

σ に対して $\Delta\sigma$ が大きいほど光導電の感度はよいこととなる．いま電子および正孔の寿命をそれぞれ τ_e および τ_h とし，光の照射によって単位体積あたり毎秒発生する電子-正孔対の数を q とすれば，現在（$t=0$）存在する電子は過去に発生したキャリアが式（3・99）に相当する減衰をして残っているものの総和であるから

$$\Delta n=\int_0^\infty qe^{-\frac{t}{\tau_e}}dt=q\tau_e \quad (3\cdot117)$$

$$\Delta p=q\tau_h \quad (3\cdot118)$$

ゆえに

$$\Delta\sigma=eq(\mu_e\tau_e+\mu_h\tau_h)$$

この式からわかるように光導電感度のよい物質としてはキャリアの寿命ならびに移動度の大きいものが望ましい．

次に，このような物質を選んで断面積 A〔m²〕，長さ d〔m〕の寸法の試料の両端に電極をつけ電圧Vを印加した場合の光電流を計算してみよう．なおキャリアとして電子の作用だけを考えることとする．この結晶に光が当たって毎秒 G 個の電子‐正孔対がつくられるとすると，単位体積あたりでは

$$\frac{G}{dA}\quad[/\mathrm{m^3\cdot s}] \quad (3\cdot119)$$

電子密度は式（3・117）によって $G\tau_e/dA$ となるから，電流 I_e は

$$I_e=e\frac{G\tau_e}{dA}\times\frac{\mu_e V}{d}\times A=e\frac{G\tau_e\mu_e V}{d^2} \quad (3\cdot120)$$

導電率は

$$\sigma=\frac{I_e}{A}\frac{d}{V}=\frac{e\mu_e G\tau_e}{dA} \quad (3\cdot121)$$

式（3・121）でわかるように適当な物質を選んで，それに不純物を含ませることで τ_e を大きくすれば光導電感度が高められる．

一方，後で述べるような光ダイオードでは，発生したキャリアに相当する電流が流れるだけであるから

$$I_e = eG \tag{3・122}$$

しかし光導電体を使用した場合，式（3・120）と式（3・122）を比べて

$$\frac{\mu_e \tau_e V}{d^2} \tag{3・123}$$

の増幅が行われたこととなる．光導電体としてしばしば使われている CdS のパラメータである下記の値を式（3・123）に代入して計算すれば，増幅度は 10^3 となる．

$\tau_e \cong 10^{-3}$ 〔s〕
$\mu_e \cong 10^{-2}$ 〔m²/Vs〕
$V \cong 100$ 〔V〕
$d \cong 1$ 〔mm〕

3・12 電流磁気効果

半導体の基礎研究ならびに応用面で，それを磁界中に入れた場合の諸効果が注目されている．一般に導体に電流が流れていて，それに磁界が作用したときにおこる効果を**電流磁気効果**（galvanomagnetic effect）と呼ぶが，これには磁界を印加することによって素片の両側へ起電力が発生する**ホール効果**（Hall effect）と，電気抵抗が変化する**磁気抵抗効果**（magnetoresistive effect）とが主なものである．これらの現象について調べられたのはかなり古い時代で，ホール効果の発見は1879年であった．

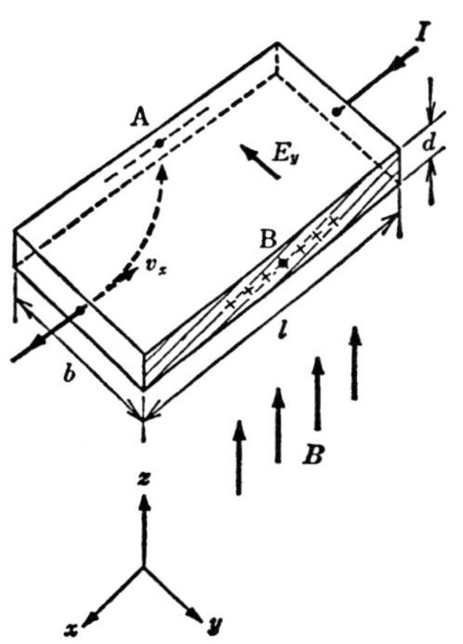

図 3・36 ホール効果の説明図

いまn形半導体で図 3・36 に示す寸法の素片をとり，その x 方向に電流 I，z 方向に磁束密度 B を印加させたとする．いま，x 方向の電子の速度を v_x とすると，電子に作用する Lorentz 力は y 軸

の負の方向に

$$ev_xB$$

の力を及ぼす．このため電子はA面のほうへ曲げられて，そこに蓄積するので，A面がB面に対して負に帯電し，y軸の負の方向に電界E_yが作用するようになる．この電界によって電子に作用する力がLorentz力とつり合うことによって定常状態となる．

すなわち

$$eE_y=ev_xB \tag{3・124}$$

一方，x方向の電流Iは

$$I=-env_xbd \tag{3・125}$$

これから

$$v_x=-\frac{1}{en}\frac{1}{bd}I=R\frac{I}{bd} \tag{3・126}$$

ここで　$R=-\dfrac{1}{en}$　〔$\mathrm{m^3C^{-1}}$〕　(3・127)

Rをホール定数（Hall constant）と呼び，y軸方向に誘起されるホール電圧V_Hは

$$V_H=bE_y \tag{3・128}$$

式（3・124），（3・126）を使って整理すると

$$V_H=R\frac{IB}{d} \tag{3・129}$$

以上の計算では，すべてのキャリアが一様な速度v_xで動くものとしているが，実際にこれらはある統計の法則に従う速度分布をもっている．このことを考慮して計算すると，式（3・129）のRは次式のようになる．

$$R=-\frac{3\pi}{8}\frac{1}{ne} \tag{3・130}$$

式（3・129）の計算はキャリアが電子の場合であった．p形半導体でキャリアが正孔の場合は，正孔濃度をpとして

$$R=+\frac{3\pi}{8}\frac{1}{pe} \tag{3・131}$$

となる．2種類のキャリアが存在する場合には，ホール定数はもっと複雑で，

次式のようになる．

$$R=\frac{3\pi}{8}\frac{1}{e}\frac{p\mu_h^2-n\mu_e^2}{(p\mu_h+n\mu_e)^2} \tag{3·132}$$

次に磁気抵抗効果について簡単に述べよう．

半導体のキャリアが皆同一の速度で動くものとすれば，それに磁界が作用しても電気抵抗は変化しないはずである．なぜなら電流の方向へ垂直に磁界を印加したとすればホール効果にもとずく電界が発生し，これによって電子の受ける力は Lorentz 力と打ち消し合うから，結果として電子の通路は曲げられないので抵抗変化は生じない．しかし実際にはキャリアの速度には分布があり磁界によって生じたホール電界は平均としては Lorentz 力と平衡を保つことができるが，平均値と異なる速度をもった電子については，電界の効果と磁界の効果とは完全に打ち消し合うことができず，電子の通路は磁界によって変化する．このためキャリアが結晶を通りすぎる間に衝突を受ける回数が増えて，電気抵抗は増加する．磁界による抵抗の変化について厳密に計算することは，かなり困難である．一般式として，磁界と抵抗との関係式として次式が与えられている．

$$\begin{aligned} R_B&=R_0+sB^2 \quad (B\text{が小さいとき}) \\ R_B&=R_0'+SB \quad (B\text{が大きいとき}) \end{aligned} \tag{3·133}$$

R_B は磁束密度Bの印加時における抵抗，R_0 は磁界のないときの抵抗，R_0' は強磁界の下における関係直線を磁界 0 の点まで外そうした値，s，S は係数である．

3·13 熱 電 効 果

熱エネルギーを電気エネルギーへ，または電気エネルギーを熱エネルギーへ変換する熱電効果は，すでに前世紀から知られていた．もともと導体（半導体も含めて）中のキャリアは電荷を運搬するばかりでなく熱をも運搬するものであるから，電気と熱を結び付けるいくつかの現象が存在する．一般に半導体では，金属と比べてこれらの効果が数十倍ないし約百倍も大きいので注目されるようになった．以下では，これらの現象について紹介し，とくに，その中のいくつかについて，その機構を半導体のエネルギー準位図をもととして説明しよう．

まず熱電効果としては下記のものがあげられる．

（**a**） **Seebeck 効果**　異なった二つの導体で構成された開回路で，その導体の接点間に温度差 ΔT があると，両端に電位差 ΔV が発生する．

$$\Delta V=\alpha\cdot\Delta T \qquad (3\cdot 134)$$

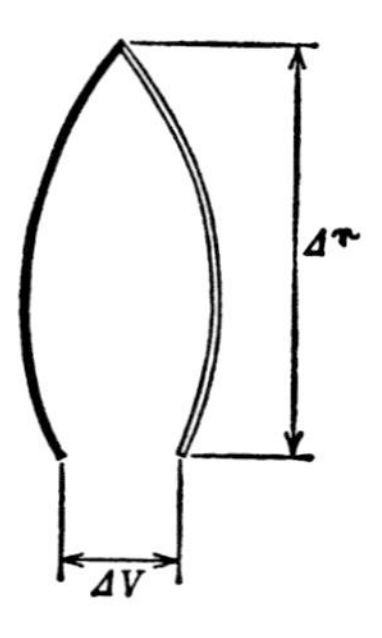

図 3·37　熱起電力効果の説明図

比例定数 α は Seebeck 係数と呼ばれ

$$\alpha=\frac{k}{e}\left\{\frac{3}{2}+\frac{eV_F}{kT}\right\} \qquad (3\cdot 135)$$

ここで V_F はフェルミ準位のエネルギーをボルトの単位で価電子帯の上端から測った値（キャリアが正孔の場合）である．

(**b**) **Peltier 効果**　異なった二つの導体の接合部に電流 I を流すと，その電流方向によって接合部に熱の吸収または発生がある．その熱量 Q は

$$Q=\pi I \qquad (3\cdot 136)$$

π は Peltier 係数と呼ばれ

$$\pi=\pm\frac{kT}{e}\left\{\frac{3}{2}+\frac{eV_F}{kT}\right\} \qquad (3\cdot 137)$$

（**c**） **Thomson 効果**　場所によって温度の異なる一つの導体に電流を流したとき，導体内に単位時間に Joule 熱以外の熱の発生または吸収がおこる（電流の方向によって正負が反転する）．この熱も電流に比例し，その比例定数は

$$\text{Thomson 係数}\quad Ⓗ=\frac{3}{2}\frac{k}{e}-\frac{S}{\Delta T} \qquad (3\cdot 138)$$

S は空間電荷電圧である．なお上記係数の間には Kelven の関係式と呼ばれる下記の関係式がある．

$$\text{第 1 関係式}\quad \pi=\alpha T \qquad (3\cdot 139)$$

$$\text{第 2 関係式}\quad Ⓗ=T\frac{d\alpha}{dT} \qquad (3\cdot 140)$$

以下では Seebeck 効果について説明しよう．図 **3·38** の p 形半導体の両側へ同一金属よりなる電極をとりつけ，しかも一方の温度は T_0，他方の温度は $T_0+\Delta T$ で，その半導体には一様な温度勾配が与えられたとする．先に述べたよ

うに，半導体中のキャリアは温度によって変化し温度の高い右側で正孔は多く，このため拡散によって，それは左側へ移動しようとする．しかし左側に正孔がたまれば，そこのポテンシャルは下り（電子についていえば上り），半導体中には自然の現象として図に示したような電位勾配がおこり，正孔は拡散によって右から左へ移ろうとし，一方，電界によって左から右へ移ろうとし，結

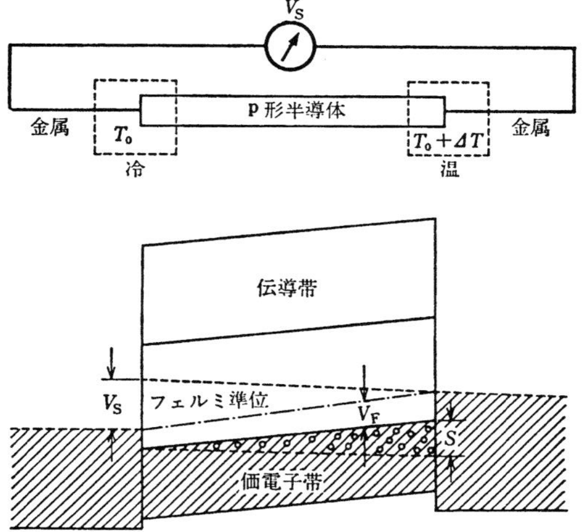

図 3・38 半導体における熱起電力効果の原理図

果的に図示のエネルギー状態で平衡する．このようにして両端のフェルミ準位には差が生じ，これが外部からみれば Seebeck 電圧 V_s となる．ところで価電子帯の上からフェルミ準位までの位置は温度によって変化することを先に述べた．したがって 図 3・38 からわかるように

$$V_S=S+\frac{dV_F}{dT}\Delta T \qquad (3\cdot 141)$$

となる．一方拡散によって温接点側から冷接点側へ流れる電流 $I_{h\to c}$ は

$$I_{h\to c}=eD_h\frac{dp}{dx}$$

空間電荷によって生じている電界は S/L で，これによって左から右へ流れる電流は

$$I_{e\to h}=p\mu_h e\frac{S}{L}$$

定常状態では両者は等しく

$$eD_h\frac{dp}{dx}=p\mu_h e\frac{S}{L} \tag{3・142}$$

ここで Einstein の関係式

$$D_h=\frac{kT}{e}\mu_h$$

を用いると，上式は

$$\frac{dp}{dx}=\frac{e}{kT}p\frac{S}{L} \tag{3・143}$$

一方　$$\frac{dp}{dx}=\frac{dp}{dT}\frac{dT}{dx}=\frac{dp}{dT}\frac{\Delta T}{L}$$

であるから，これと式（3・143）を組み合わせて

$$\frac{dp}{dT}=\frac{e}{kT}p\frac{S}{\Delta T} \tag{3・144}$$

3・9 で示したように，正孔濃度が Boltzmann 統計に従うとすれば

$$p=U_V T^{\frac{3}{2}}\exp\left\{-\frac{eV_F}{kT}\right\}$$

これを T で微分すると

$$\frac{dp}{dT}=\frac{1}{T}p\left\{\frac{3}{2}+\frac{eV_F}{kT}-\frac{e}{k}\frac{dV_F}{dT}\right\}$$

この関係を式（3・144）に代入すると

$$S=\frac{k}{e}\left\{\frac{3}{2}+\frac{eV_F}{kT}\right\}\Delta T-\frac{dV_F}{dT}\Delta T \tag{3・145}$$

これを式 (3・141) に代入して V_S を求めると，先に示した式 (3・134) となる．

$$V_S=\frac{k}{e}\left\{\frac{3}{2}+\frac{eV_F}{kT}\right\}\Delta T \tag{3・137}$$

問　題

3·1　直径 3 mm の銅線に 30 A の電流が流れている．銅線中の電子の平均移動速度と，電子の移動度を求めよ．ただし銅の原子量は 63.54，密度 8.93×10^3 kg/m^3，抵抗率 $1.72\times10^{-8}\,\Omega$m である．また1 g 原子中には 6.03×10^{23} 個の原子が含まれている．

3·2　室温で抵抗率 $1.54\times10^{-8}\,\Omega$m をもつ一様な銀線がある．この線に 100V/m の電界を加えたとき，電子の平均ドリフト速度および移動度と緩和時間を求めよ．ただし伝導電子の濃度は 5.8×10^{28}/m^3 とする．

3·3　銀に対するフェルミエネルギーを 5.5eV とし，フェルミエネルギーを有する電子の速度を求めよ．また散乱による平均自由行程を求めよ．(前問題参照)．

3·4　純粋で焼鈍した銅片は 300K で $1.56\times10^{-8}\,\Omega$m の抵抗率をもつ．もし Cu に Ni または Ag を加えると，その原子百分率あたりそれぞれ $1.25\times10^{-8}\,\Omega$m および $0.14\times10^{-8}\,\Omega$m の抵抗率増加がおこる．いま Cu の中へ 0.2% の Ni と 0.4% の Ag を加えると，その合金の 300K と 4 K におけるそれぞれの理論的抵抗率はいくらとなるか．

3·5　Cu とカンタル (Fe, Cr, Al の合金) の電気抵抗率はそれぞれ 1.7×10^{-8} と $1.4\times10^{-6}\,\Omega$m である．これら物質に対して Wiedemann-Franz の法則が成立するとして，これら物質の電子伝導による熱伝導率を求めよ．

3·6　ある T_h-W 陰極は 1600℃ において 1 Acm^{-2} の熱電子電流密度を生じる．$A=1.2\times10^6$Am^{-2}deg^{-2} として仕事関数 ϕ を求めよ．

3·7　電子放出において Schottky 効果とは何か．次に前問題において Schottky 効果のため仕事関数が 0.5 eV だけ下げられたとすれば電流密度は，いくらになるか．

3·8　光電管の光電子放出面に Hg の $\lambda=2537$Å の光を照射したとき，放出される電子の最大エネルギーが 2.5eV であった．材料の仕事関数を求めよ．

3·9　下記の物質について熱伝導率の大きいものの順に並べて，その論拠を説明せよ．
(1) ゲルマニウム　(2) 銀　(3) ニクム (Ni-Cr 合金)　(4) 石英　(5) 鉄

3·10　金属，半導体，絶縁体について電気伝導度の温度依存性を比較して論ぜよ．

3·11　n 形 Ge 中の電子の移動度は室温で 0.36 m^2/Vs である．伝導帯中での電子の実効質量は自由電子の質量の 1/4 と仮定し，格子との衝突間の時間を求めよ．

3·12　Ge の電子移動度は室温 (300K) で 0.36 m^2/Vs である．Ge 中の電子の平均自由行程を求めよ．ただし $m_e^*=m$ とする．

3·13　室温における真性 Ge 中の電子ならびに正孔の濃度を求めよ．また真性における抵抗率はいくらか．ただし電子および正孔の移動度を 0.36m^2/Vs，0.17m^2/Vs とし，$m_h^*=m_e^*=m$　$Eg=0.72$eV とする．

3·14　0.1kg の Ge と 3.22×10^{-9}kg の Sb をとかして n 形 Ge をつくった．Sb が一様に分布しているとして，(a) 不純物濃度，(b) 室温における抵抗率を求めよ．ただし Sb による電子は室温で完全に励起されていると仮定し，$\mu_e=0.36$ m^2/Vs とする．また Ge の密度は 5.46×10^3kg/m^3，原子量 72.6　Sb の原子量 121.76 であり，アボガドロ数 6.02×10^{23} である．

3・15 0.1kg の Ge 中に Sb を 6.44×10^{-9}kg，Ga を 0.78×10^{-9} kg 混ぜてつくられたインゴットの抵抗率を求めよ，また，その伝導形を求めよ．ただし Ga の原子量は 69.72 である．

3・16 Si 単結晶の室温（300K）における電子および正孔の移動度は $0.17\mathrm{m^2/Vs}$ および $0.035\mathrm{m^2/Vs}$ である．この単結晶における電子および正孔の拡散定数を求めよ．

3・17 n 形 Si の試料に一様に光を照射し，単位体積あたり p_1 個の電子-正孔が発生したとする．光照射を止めた後の過剰少数キャリア濃度は時間とともにどのように変化するか．ただし少数キャリアの平均寿命は τ_h とする．

3・18 真性 Ge および Si に光を照射して光電効果を生ぜしめるに必要な光の限界波長を求めよ．ただし Ge および Si の禁制帯幅 Eg はそれぞれ 0.72eV および 1.1eV とする．

3・19 真性 Ge の室温におけるホール定数を求めよ．ただし電子ならびに正孔の移動度を $0.36\mathrm{m^2/Vs}$ および $0.17\mathrm{m^2/Vs}$ とする．

3・20 ある Ge 試料で電子と正孔の移動度は $0.36\mathrm{m^2/Vs}$ および $0.17\mathrm{m^2/Vs}$ である．この試料のホール効果を 300K で測定したところ，ホール電圧は零であった．この試料の電子と正孔の濃度を求めよ．

3・21 Ge と Si とでは半導体材料として工学的にどのような利害得失があるか．

4章

半導体接合と応用素子

半導体が電子素子として利用される場合には，接合面の特性を利用したものが非常に多い．たとえばダイオード，トランジスタ，光電池などで重要な動作をする部分は半導体と金属，半導体同志，あるいは半導体と絶縁体との界面である．本章ではこれら界面を総称して接合と呼ぶこととするが，これを分類すると下記のようである．

- 金　属-半導体接触
- 半導体-半導体接触
  - 同質接合またはホモ接合（homojunction）
  - 異質接合またはヘテロ接合（heterojunction）
- 絶縁体-半導体接触

以下順をおってこれらについて説明しよう．

4·1　金属-半導体接触

前世紀の中頃に金属と鉱石（その頃半導体という言葉も定義も生まれていなかった）との接触面では電流の流れやすさに方向性があることが見いだされた．この現象は間もなく電磁波を検波したり，交流を直流に変換したりするのに実用されるようになったが，整流作用の機構を説明することは永い間不可能であった．そして今世紀に入ってから量子力学や波動力学の誕生とともに，この現象が解明され半導体理論が展開される糸口となったのである．

この理論が，それまでの電気磁気学と大幅に違うところは，物質中におけるキャリアの数よりも，むしろそのエネルギーに着目した点にある．すなわち前章までに述べてきたようなキャリアのエネルギー準位図を考えの根拠としたものである．いま金属とn形半導体とが接触した場合における接触面付近の電子のエネルギー準位図を考えることとしよう．

（1）　接触面のエネルギー準位図　　図4·1（a）は金属ならびにn形半導体が単独にある場合のエネルギー準位図で，それぞれのフェルミ準位は鎖線で示されている．この二つの固体中にある電子のエネルギー状態を考えてみると

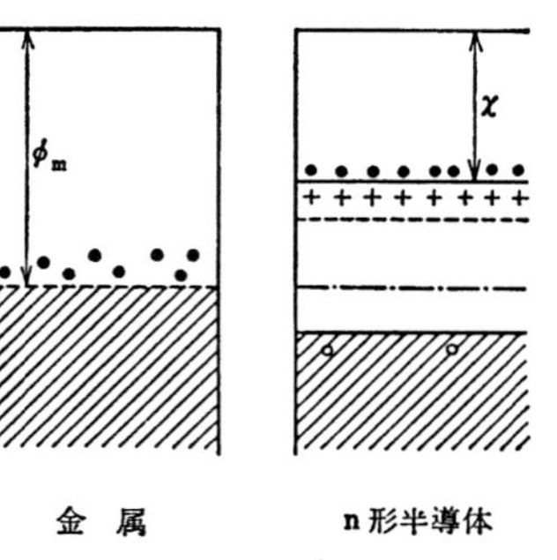

(a) 接触前

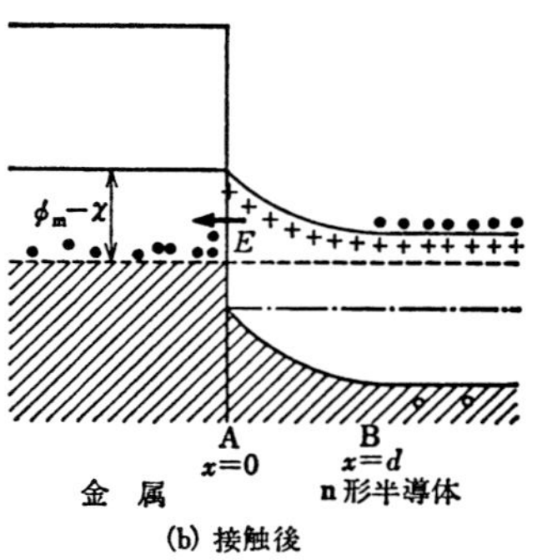

(b) 接触後

図 4・1　金属とn形半導体との境界面付近のエネルギー状態図

半導体の伝導帯中にある電子は，金属中の電子のフェルミ準位より $\phi_m-\chi$ だけ高いエネルギーをもっている．ここで ϕ_m は金属の仕事関数であり，χ は半導体の**電子親和力**(electron affinity) と呼ばれる．

そこで，もしこの金属と半導体とが接触したとすれば，半導体の伝導帯中にある電子はエネルギーの低い金属の中に落ち込むであろう．このようにして半導体中の自由電子は全部が金属に入りこむかというと，自然現象の原則に従ってそこにはその動きを阻止しようとする作用がおこるはずである．具体的には接触面付近で金属は落ちこんだ電子のために負に帯電し，一方，半導体中では電子がなくなるため，後へ残ったドナの正電荷の作用で左向きの電界 E が発生する．この電界は半導体の表面から遠い部分の電子が右から左へ動くことを妨げるよう作用するもので，つまり図に示すように右側のエネルギーは接触面よりも低くなることとなる．別の観方からすれ

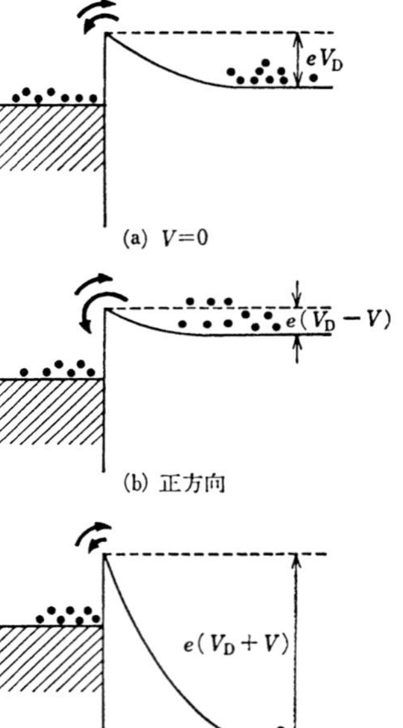

図 4・2　金属n形半導体接触に電圧が印加されたときの状態

ば金属と半導体とは接触したのだから，両者のフェルミ準位が一致するような電荷の分布が生ずることとなる．

このエネルギー準位図の形状をもっと定量的に計算することにしよう．半導体中で不純物の濃度を N_d とする．室温では不純物は全部電離していると考えてよいから，接触面付近における空間電荷密度は N_d である．いま，任意の点 x における電子の電位を V とすれば，V と電荷の間に Poisson の方程式が成り立って

$$\frac{d^2V}{dx^2}=-\frac{eN_d}{\varepsilon} \qquad (4\cdot1)$$

ε は誘電率である[1]．なお $x=0$ の点を接触面にとることとする．
式 (4·1) を積分して

$$\frac{dV}{dx}=-\frac{eN_d}{\varepsilon}x+C$$

さらに積分して

$$V=-\frac{eN_d}{\varepsilon}\times\frac{x^2}{2}+Cx+D$$

境界条件として $x=0$ で $V=0$　$\therefore$ $D=0$

$$x=d \text{ で } \frac{dV}{dx}=0 \quad \therefore \quad C=\frac{eN_d}{\varepsilon}d$$

ゆえに

$$V=-\frac{N_de}{\varepsilon}\left(\frac{x^2}{2}-dx\right) \qquad (4\cdot2)$$

以上では金属と半導体が接触して外部から何ら電圧は加えられていない状態を

---

1) Poisson の方程式は任意の点における電位 V と，空間電荷 ρ の関係式として次式のように与えられる．

$$\frac{d^2V}{dx^2}=-\frac{\rho}{\varepsilon} \qquad (\mathrm{a})$$

半導体理論ではしばしば点 x における電位のかわりに，その点における電子のエネルギー ϕ が用いられる．この場合には $\phi=-eV$ であるから，式 (4·1) に相当する式は

$$\frac{d^2\phi}{dx^2}=-\frac{ed^2V}{dx^2}=-e\frac{-eN_d}{\varepsilon}=e^2\frac{N_d}{\varepsilon} \qquad (\mathrm{b})$$

のように (b) の形のものがしばしば用いられるから注意すること．

考えた．この状態において半導体側からみた電子が金属にうつるためには電位の山を越えねばならない．この山を**障壁**（barrier）と呼び，その高さ V_D を**拡散電位**(diffusion potential) と呼ぶ．このような電位は半導体表面層中の空間電荷層の存在によって生じるもので，この表面層を**空間電荷層**（space charge layer）または**障壁層**（barrier layer），またこの層中には電子は存在しないので**空乏層**（depletion layer）などと呼ばれる．

さて式（4・2）において外部電圧は加えてないから $x=d$ で $V=V_D$，このときの $d=d_0$ とおいて

$$d_0=\left[\frac{2\varepsilon V_D}{eN_d}\right]^{1/2} \tag{4・3}$$

次に外部電圧 V が加えられたときの模様を考えよう．この場合エネルギー準位図は印加電圧の大きさと符号に応じて**図 4・2** のようになることは容易に想像される．したがって，その場合の障壁の厚さは次式のようになる．

$$d=\left[\frac{2\varepsilon(V_D-V)}{eN_d}\right]^{1/2} \tag{4・4}$$

障壁の厚さが変れば，それにともなって空間電荷の量も変化する．つまり印加電圧が dV 変化すれば電荷も dQ 変化することとなり，これは実効的に障壁がコンデンサと等価であることを意味する．単位面積あたりの静電容量を C とすれば

$$C=\frac{dQ}{dV}=\frac{d}{dV}[eN_d d]=\frac{d}{dV}[2e\varepsilon N_d(V_D-V)]^{1/2}$$

$$=\left[\frac{e\varepsilon N_d}{2(V_D-V)}\right]^{1/2}=\frac{\varepsilon}{d} \tag{4・5}$$

となる．すなわち容量は誘電率 $\varepsilon=\varepsilon_0\varepsilon_r$ の誘電体を満たした間隔 d をもつ平行平面板コンデンサの容量に等しい．式（4・5）から明らかなように

$$\frac{1}{C^2}\propto V_D-V \tag{4・6}$$

この関係は V_D を求めたり，N_d を求めたりするのにしばしば用いられる．

（2）整　流　作　用　（1）で述べたように金属と半導体とが接触した状態では，その界面のエネルギー準位図が図 4・2 に示すように変化する．図(a)の状態は印加電圧がないから電流は当然 0 であり，これは金属から半導体へ移

る電子と半導体から金属へ移る電子とが相殺されることを意味する．次に図(b)の状態では半導体から金属へ移る電子が著しく大きく電流値は大きい．図(c)の状態では半導体から金属へ向かう電子は殆んどなく，金属から半導体へ向かう電子だけに限られて電流値は飽和する．

このようにして実測される整流器の V-I 特性（図 4・3）は定性的によく説明されたが，もっと詳しく，この関係式を導こうとすると，この界面を通して電子が移動するとき，その運動の機構が何にもとづくかで理論がわかれてくる．すなわち電子の運動の機構は障壁の厚さによって異なり，一般にその厚さが 10^{-6}m 以上の場合には，この層を電子が通過する機構は主として熱拡散と電界の作用にもとづくドリフトによるものであり（Schottky 理論），その厚さが 10^{-7}m 前後のときには，キャリアの運動エネルギーが障壁の高さに相当するようになると，これを横切ると考え（Bethe の理論），さらに薄くなるとトンネル効果によると考えるのが妥当である．以下では前の二つの場合について V-I 特性を導くこととする．

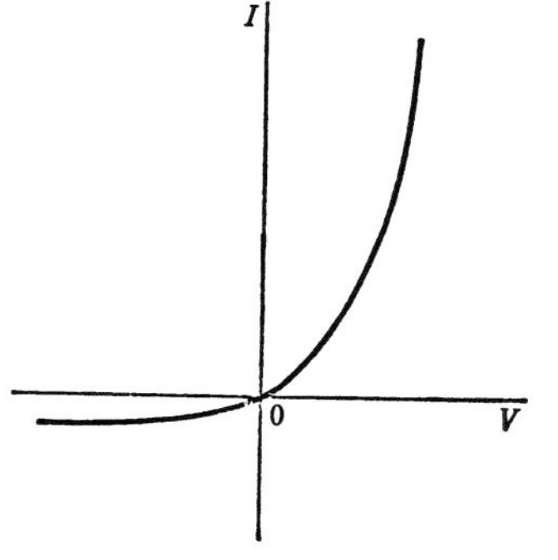

図 4・3 V-I 特性曲線

(a) **Schottky 理論**　障壁中の任意の点をとって考えて，その点にある電子に作用する力は電界によるドリフトと，熱拡散との加わったものとして次式を立てる．

$$I=e\mu_e nE_x+eD_e\frac{dn}{dx} \tag{4・7}$$

ただし，n は任意の点における電子の密度で，E_x はその点の電界強度で，$-dV_x/dx$ である．式 (4・7) を解くために Einstein の関係式

$$\frac{\mu_e}{e}=\frac{D_e}{kT}$$

を代入して

$$I=-eD_e\left(\frac{en}{kT}\frac{dV_x}{dx}-\frac{dn}{dx}\right)$$

Vはxの関数で式（4・2）で与えられ，また $V=0$ で $I=0$ などの条件を入れて計算を行うと（この計算はやや複雑なので本書では省略する），次式のようになる．

$$I=e\mu_e n_{n0}[2eN_d(V_D-V)/\varepsilon]^{1/2}\exp\left(-\frac{eV_D}{kT}\right)\times\left\{\exp\left(\frac{eV}{kT}\right)-1\right\} \quad (4\cdot 8)$$

ε は半導体の誘電率で，n_{n0} は半導体中で $x=\infty$ における，つまり障壁からは離れた部分における伝導帯中の電子密度である．

（b） Bethe の理論　金属側に電圧 V を印加した状態における接触面付近のエネルギー準位図は先に説明したように図 4・4 のようである．この状態で，半導体の伝導帯中にはいろいろな速度をもった電子が存在しているが，そのうちで境界面と垂直な方向に v と $v+dv$ との間の速度をもつものの確率は Maxwell-Boltzmann の速度分布則により，次式で与えられる[1]．

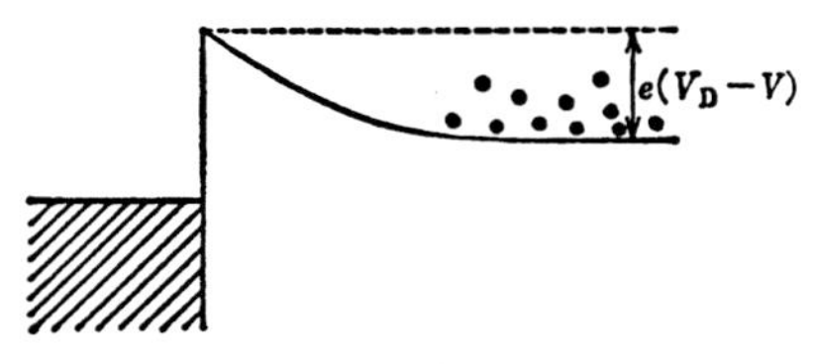

図 4.4　金属に電圧Vを印加したときの金属-半導体接触面のエネルギー準位図

$$\left(\frac{m}{2\pi kT}\right)^{1/2}\exp\left\{-\frac{mv^2}{2kT}\right\}dv \quad (4\cdot 9)$$

したがって半導体の伝導帯における電子密度を n_{n0} とすると，単位時間内に v と $v+dv$ との間の速度をもって障壁にあたる電子の数は

$$dn=n_{n0}\left(\frac{m}{2\pi kT}\right)^{1/2}\exp\left\{-\frac{mv^2}{2kT}\right\}vdv \quad (4\cdot 10)$$

電子の速度をエネルギーに換算すると

$$\eta=\frac{1}{2}mv^2 \qquad \therefore \quad d\eta=mvdv$$

これを式（4・10）に代入して

1）マクスウェルの分布則によれば電子の速度分布は次式で与えられる．

$$f(v_x,\ v_y,\ v_z)=\left(\frac{m}{2\pi kT}\right)^{3/2}\exp\left\{-\frac{m(v_x^2+v_y^2+v_z^2)}{2kT}\right\}$$

ここではx方向成分だけを考えるから指数函数の係数は 1/3 乗する．

$$dn=n_{n0}\left(\frac{1}{2\pi mkT}\right)^{1/2}\exp(-\eta/kT)\,d\eta \tag{4・11}$$

障壁を通り抜ける電子の数はそのエネルギーが障壁の高さ $e(V_D-V)$ に相当する以上のものの積分であって

$$n=\int_{e(V_D-V)}^{\infty} n_{n0}\left(\frac{1}{2\pi mkT}\right)^{1/2}\exp\left(-\frac{\eta}{kT}\right)d\eta$$

$$=n_{n0}\left(\frac{1}{2\pi mkT}\right)^{1/2}(-kT)\left[\exp\left(-\frac{\eta}{kT}\right)\right]_{e(V_D-V)}^{\infty}$$

$$=\frac{1}{2}n_{n0}v\exp\left\{-\frac{e(V_D-V)}{kT}\right\} \tag{4・12}$$

ただし

$$v=\left(\frac{2kT}{\pi m}\right)^{1/2}$$

すなわち半導体から金属に向かう電子流は

$$I_1=\frac{1}{2}n_{n0}ev\exp\left\{-\frac{e(V_D-V)}{kT}\right\} \tag{4・13}$$

一方，金属から半導体に向かう電子流についても，そのエネルギーが金属側からみた障壁の高さに相当する以上のものは，これを越えるとみなされるが，この高さは印加電圧に関係なく一定であり，その値は $V=0$ のときに半導体から金属に向かう電流と相殺すべきであるから（なぜなら $V=0$ なら $I=0$），式 (*4・13*) において $V=0$ としたときの値

$$I_2=\frac{1}{2}n_{n0}ev\exp\left\{-\frac{eV_D}{kT}\right\}$$

差し引きの電流は，金属から半導体へ向かうものを正として

$$I=I_1-I_2=\frac{1}{2}n_{n0}ev\exp\left(-\frac{eV_D}{kT}\right)\left\{\exp\left(\frac{eV}{kT}\right)-1\right\} \tag{4・14}$$

（3）　**金属-半導体接触面の諸問題**　　上述のように金属-半導体接触面では整流作用があるため点接触ダイオードやセレン整流器などの整流器をはじめ，この特性を利用したトランジスタ（たとえば Schottky ゲートトランジスタ）など重要な応用について知られている．それだけに金属-半導体接触では必ず整流作用があり，しかも，その関係式は上に述べたように整然としたものと考

えられがちであるが，現実にはそうでない場合も多く，また，それぞれの事情を理解することが大切である．

この章のはじめに図 4·1 を説明する条件として $\phi_m > \chi$ であることをとくに断わりはしなかった．もし，この条件を満たさない金属と半導体とが接触した

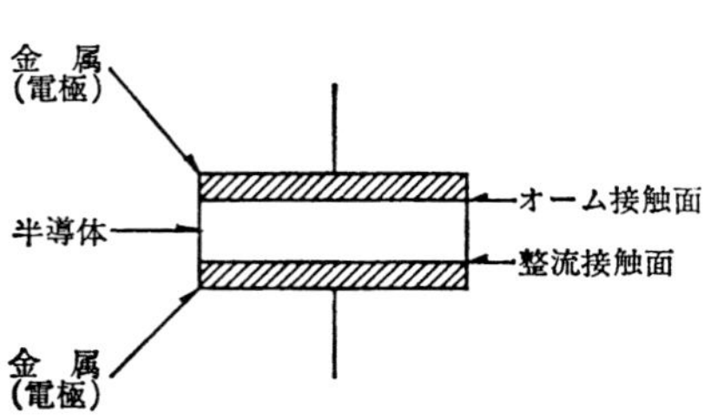

金　属（電極）
半導体
金　属（電極）
オーム接触面
整流接触面

図 4·5　半導体整流器の構成

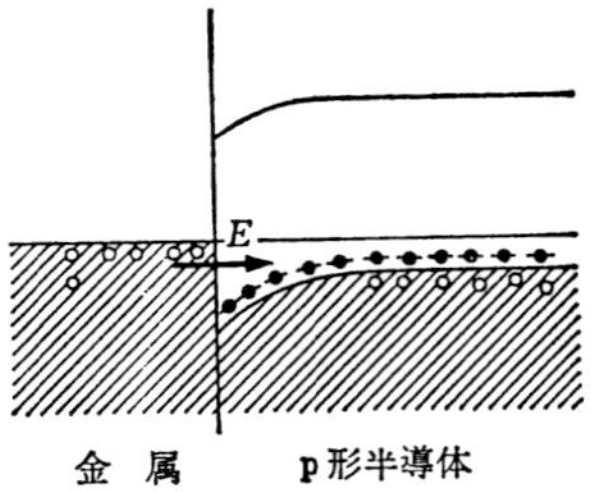

E
金　属　　p形半導体

図 4·6　金属とp形半導体との接触面付近のエネルギー準位図

ときは，整流作用は行われないで，電流-電圧特性は直線的となり，いわゆる**オーム接触**となるのである（図 4·5），実際に整流器をつくる場合半導体の両側共に整流性があるとすれば，どちらの電流方向に対しても高抵抗となって電流は流れないから，一方は $\phi_m > \chi$ の条件を満たすような金属を用い，他方はその条件を満たさない金属が選ばれなければならない．このように，オーム接触を得るということは工学上極めて重要であるから，実際には ϕ_m の値が小さい金属を選ぶとか，後で述べるように境界面で表面準位を沢山つくるような手段を講じる必要がある．

なお上の説明ではn形半導体についてのみ説明されたが，p形半導体なら図 4·6 に示すように $\chi + E_g > \phi_m$ の条件が満たされたとき，図示のような障壁が形成されて，正孔の流れに対して方向性による難易が与えられて整流が行われる．

上記の説明で**表面準位**という用語が用いられた．これについては **4·6** で詳しく述べるが，金属-半導体の接触状態を理解するために，一応ここでも考察してみよう．上に説明したように金属とn形半導体が接触したとき，整流が行われる条件は $\phi_m > \chi$ であった．そして $\phi_m - \chi$ が障壁の高さであり，それが大きいほど逆方向電流は小さく，完全な整流がなされやすい．したがって半導体が決まれば障壁の高さは金属の ϕ_m と一次的に変化し，逆に金属が決まれば半

導体の χ と一次的に変化するはずである．ところが実際に測定してみると，たとえば図 4·7 で示されるようになって，この理屈に従わないことが発見された．

その理由として，金属と半導体とが接触したときの界面付近のエネルギー準位図として先に示した図は，理想的なものであって，両者の界面に何物の存在もないことを前提としているが，実際のものでは何らかの原因によって，そこに表面準位が存在することが提唱された．

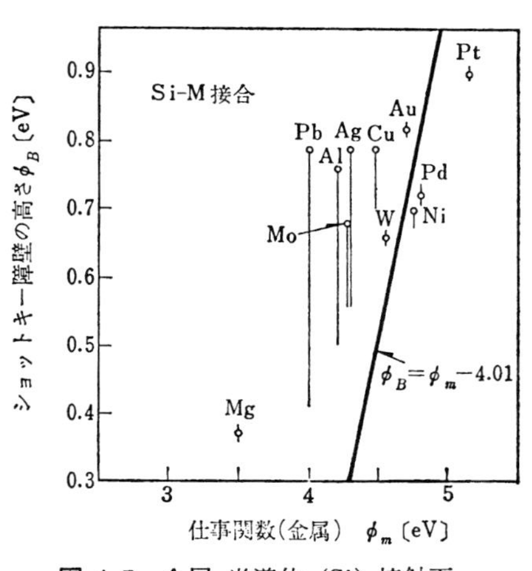

図 4·7　金属-半導体（Si）接触面における障壁高さと金属の仕事関数との関係

すなわち半導体結晶を切断して研磨し，そこへ金属を当てる工程において，半導体の表面が汚染され，あるいは空気中の酸素を吸着するなどの作用を防ぐことはできない．実験的には超高真空中において半導体を壁開して，それに金属をおしあてるなどして，そこへ介在する物を極力少なくすることは可能である．しかし，それでもなお半導体の表面の原子をとって考えると，内部と異なり，周囲の状況が片側は半導体原子に取り囲まれているのに，他の側は金属原子に取り囲まれることとなり，内部と異なった状態におかれる．

これらはエネルギー準位図において単純には表すことができないが，たとえば図 4·8 のように表面準位というようなもので代表させ，そこで電子を捕えたり，放出したりする作

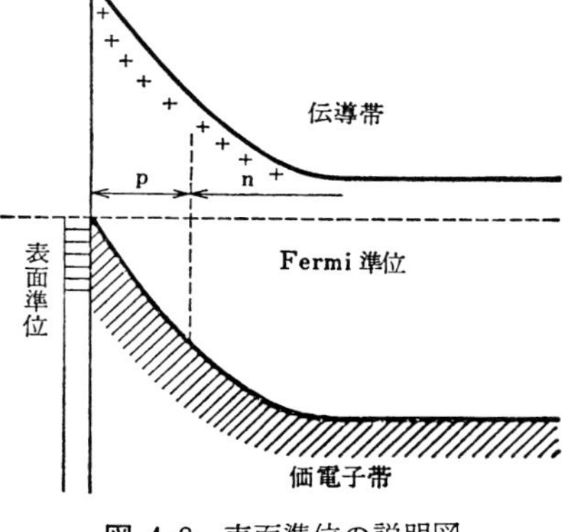

図 4·8　表面準位の説明図

用を行うものと想定する.

以上金属と半導体が接触すると，そこに電荷の授受が行われるため電位の障壁が生じて，整流性が行われることを中心に説明された．このような状態の下で外部から光が照射されて電子と正孔がつくられれば，これは電位障壁中の電界によって移動し光電流を発生する．このような現象に関する説明はここでは省略して，4·2 において，より一般的な p-n 接合に関する記述にゆだねることとする.

4·2 p-n 接　　合

（1） p-n 接合のエネルギー準位図　　3章で説明したように，n 形半導体のエネルギー準位図は図4·9（a）の右側で示される．そこでも述べたように，ふつうの場合，そのフェルミ準位 E_F は常温ではドナ準位のやや下方に

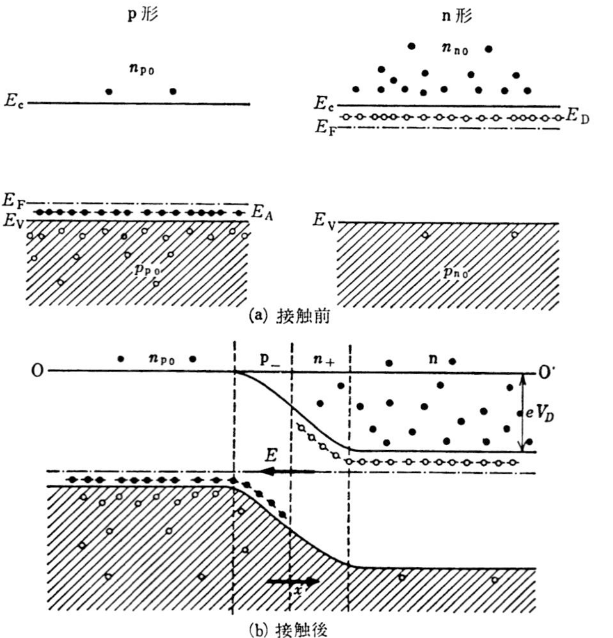

図 4·9　p-n 接合のエネルギー準位図

ある．伝導帯および価電子帯中における電子および正孔の分布の模様も図で示されたようになっている．

次に同じ半導体でアクセプタを含むp形のもののエネルギー準位図を左側に示されたものとする．この両方の層が接触した場合を考えると，n 形層では E_c に相当する以上のエネルギーをもつ電子が多く，p 形層では E_V に相当する以下のエネルギーをもつ正孔が多い（念のため説明するがすべてエネルギー準位図は電子を対象として，そのエネルギーの高いほう，つまり負電位のほうが上方に描かれている．したがって電子は上方から下方に移ろうとするが，正孔について言えば正電位をもった下方から負電位の上方へ移ろうとする）．このため境界面を通って電子はn形層からp形層のほうへ，正孔はp形層からn形層のほうへ移動する．

このようにしてn形層中で電子が欠乏すると，その部分は正に帯電したドナが残り，p形層中では正孔が欠乏すると，その部分は負に帯電したアクセプタが残るため右から左に向かう電界が生じる．この電界は結果として右側の電子が左に動かないように，また左側の正孔が右へ動かないようにするもので，換言すれば右側と比べて左側の電位が負，つまり左側のエネルギーが高くなることを意味する．この山の高さや形状は両側の層における不純物の濃度分布によるもので，下のように計算できる．

n_{n0}	熱平衡の状態で	n形層中における	電子の濃度		$\doteqdot N_d$
n_{p0}	〃	p形	〃	〃	
p_{p0}	〃	p形	〃	正孔の濃度	$\doteqdot N_a$
p_{n0}	〃	n形	〃	〃	

とすると，図において O-O′ 線以上のエネルギーをもった電子の数はn形層中においてボルツマン統計に従うとして

$$n=n_{n0}\exp\left(-\frac{eV_D}{kT}\right) \qquad (4\cdot 15)$$

この数はp形層中の電子の数 n_{p0} と等しいはずである．

以上のように p-n 接合の付近におけるエネルギー状態およびキャリアの分布がわかったのであるが，このような境界面の状態は接合に電圧が印加されると変化する．たとえば電圧が変化すれば，それにともなって接合付近の電荷が変化し，これは電気的にはそこに静電容量が存在することを意味する．その変

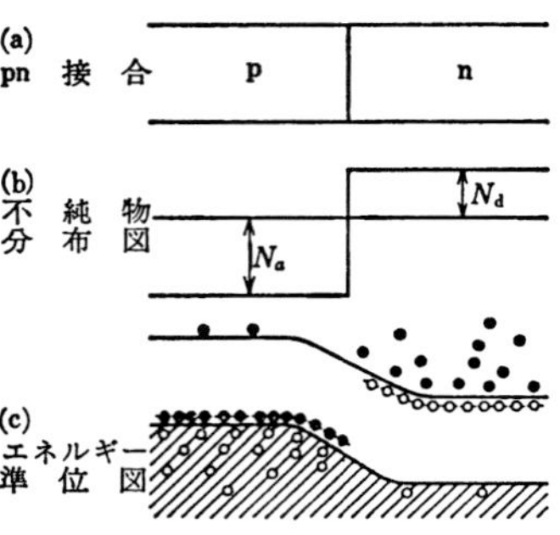

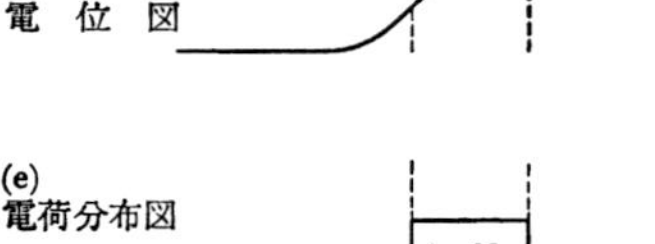

図 4・10　階段状接合における電位分布と空間電荷分布図

化の様子は不純物濃度の分布によっても異なるものであるが，まず不純物の分布が階段状の場合を考える．不純物分布が階段状というのは図 **4・10**（b）に示すように接合面を境界として不純物が N_a から N_d に階段状に変化するものである．この場合に常温ではドナおよびアクセプタは全部電離しているものとして電荷の分布および電位分布は図（e）図（d）のようになる．いま座標を図のように決め下記のような二つの領域にわけて，それぞれで Poisson の式をたてる．

$$\frac{d^2V_1}{dx^2}=\frac{eN_a}{\varepsilon} \qquad 0\leqq x\leqq x_1 \qquad (4\cdot16)$$

$$\frac{d^2V_2}{dx^2}=-\frac{eN_d}{\varepsilon} \qquad x_1\leqq x\leqq x_2 \qquad (4\cdot17)$$

ただし ε は誘電率である．

式（*4・16*）を積分して $\dfrac{dV_1}{dx}=\dfrac{eN_a}{\varepsilon}x+A_1$

さらに積分して

$$V_1=\frac{eN_a}{\varepsilon}\frac{x^2}{2}+A_1x+B_1$$

$x=0$ では $V_1=0$, $\dfrac{dV_1}{dx}=0$ の条件を入れて $A_1=B_1=0$

ゆえに

$$\left.\begin{aligned}\frac{dV_1}{dx}&=\frac{eN_a}{\varepsilon}x\\ V_1&=\frac{eN_a}{2\varepsilon}x^2\end{aligned}\right\} \qquad (4\cdot18)$$

式（*4・17*）を積分して

$$\frac{dV_2}{dx}=-\frac{eN_d}{\varepsilon}x+A_2$$

$$V_2=-\frac{eN_d}{\varepsilon}\frac{x^2}{2}+A_2x+B_2$$

$x=x_1$ とすると

$$\left(\frac{dV_2}{dx}\right)_{x=x_1}=-\frac{eN_d}{\varepsilon}x_1+A_2$$

一方，式（4・18）で

$$\left(\frac{dV_1}{dx}\right)_{x=x_1}=\frac{eN_a}{\varepsilon}x_1$$

$x=x_1$ では

$$\left(\frac{dV_1}{dx}\right)_{x=x_1}=\left(\frac{dV_2}{dx}\right)_{x=x_1}\qquad\therefore\quad A_2=\frac{ex_1}{\varepsilon}(N_a+N_d)$$

また　$V_1(x_1)=V_2(x_1)$　　$\therefore\quad B_2=-\left(\frac{x_1{}^2e}{2\varepsilon}\right)(N_a+N_d)$

これらの値を代入して

$$\left.\begin{aligned}V_2(x_2)=V_D&=-\frac{eN_d}{2\varepsilon}x_2{}^2+\frac{e}{\varepsilon}(N_a+N_d)x_1x_2-\frac{e}{2\varepsilon}x_1{}^2(N_a+N_d)\\ \left(\frac{dV_2}{dx}\right)_{x=x_2}&=0=-\frac{eN_d}{\varepsilon}x_2+\frac{ex_1}{\varepsilon}(N_a+N_d)\end{aligned}\right\}\quad(4\cdot19)$$

式（4・19）の下式から

$$x_1=\frac{N_d}{N_a+N_d}x_2\qquad(4\cdot20)$$

これを式（4・19）に代入して

$$V_D=\frac{e}{2\varepsilon}\left(\frac{N_aN_d}{N_a+N_d}\right)x_2{}^2\qquad(4\cdot21)$$

または　$x_2=\left[\frac{2\varepsilon V_D(N_a+N_d)}{eN_aN_d}\right]^{1/2}$　　(4・22)

式（4・20）に代入して

$$x_1=\left[\frac{2\varepsilon V_DN_d}{e(N_a+N_d)N_a}\right]^{1/2}\qquad(4\cdot23)$$

以上の説明では接合に電圧は印加されていない状態であった．もし電圧Vが印加されているとすれば**4・1**の金層-半導体接触の場合と同様で，障壁の高さ

は V_D-V となる．したがってここで導いた式中の V_D のかわりに V_D-V を代入することによって，電圧の印加されたときの x_1, x_2 その他が求められる．

さて p-n 接合において境界面の両側に存在する電荷の量は 図（e）からも明らかなようにｐ層においては $-eN_a x_1$, ｎ層 では $+eN_d(x_2-x_1)$ で両者は等しい．この量は印加電圧によって変るから，そこに次式で与えられるような静電容量があることと等価である．

$$C=\frac{dQ}{dV}=\frac{d(-eN_a x_1)}{dV}=\frac{d}{dV}\left\{-eN_a\left[\frac{2\varepsilon(V_D-V)N_d}{e(N_a+N_d)}\right]^{1/2}\right\}$$

$$=\left[\frac{e\varepsilon N_a N_d}{2(V_D-V)(N_a+N_d)}\right]^{1/2}=\frac{\varepsilon}{x_2} \qquad (4\cdot24)$$

したがって障壁の静電容量は誘電率 ε の誘電体を満たした間隔 x_2 をもつ平行平面板コンデンサの容量に等しい．この値が $(V_D-V)^{1/2}$ に逆比例することも金属-半導体接合の場合と同様である．

（2） **p-n 接合における電圧電流関係**　（1）で示した p-n 接合の準位図をもととして，接合を通して行われるキャリアのやりとり，すなわち電流を計算しよう．図 4･11 は接合面の準位図であるが，図 4･9 と異なりｎ層が左側に描かれｎからｐに向かって x の正方向がとられている．半導体素子では p-n-p とか n-p-n-p 層など，いろいろな形のものが用いられるので，それらに慣れるため，ここでは n-p 層について計算をすすめる．

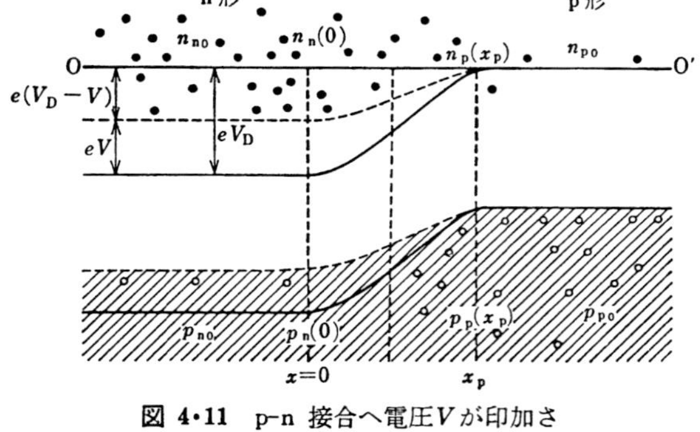

図 4･11　p-n 接合へ電圧 V が印加されたときのエネルギー準位図

いまｎ層の電位をｐ層に対して V だけ高めた場合を考えると， n→p に向かう電子の流れおよび p→n に向かう正孔の流れが生ずる．図 4･9 を参照しながら

（i） $V=0$ のときは（1）で述べたように O-O′ 線上の電子の数が両側で

等しいことから

$$n_{p0}=n_n(0)e^{-\frac{eV_D}{kT}}$$

$$\therefore \quad n_n(0)=n_{p0}\exp\left(\frac{eV_D}{kT}\right) \tag{4·25}$$

(ii)　Vが印加されると，図の x_p 点における電子の数は O-O′ 線以上のエネルギーをもつものに相当し

$$n_p(x_p)=n_n(0)\exp\left\{-\frac{e(V_D-V)}{kT}\right\} \tag{4·26}$$

式 (4·25) を代入して

$$n_p(x_p)=n_{p0}\exp\left(\frac{eV}{kT}\right) \tag{4·27}$$

同様にして $x=0$ の点における正孔密度は

$$p_n(0)=p_{n0}\exp\left(\frac{eV}{kT}\right) \tag{4·28}$$

このようにして x_p の点に電子が流れ込んだわけであるが，それから右側つまり $x>x_p$ の領域について連続の式をあてはめる．定常状態では 電子の数は変化しない．つまり

$$\frac{\partial n}{\partial t}=0$$

したがって式 (3·114) から

$$\frac{n_{p0}-n}{\tau_e}+D_e\frac{\partial^2 n}{\partial x^2}=0$$

ゆえに　$n(x)=n_{p0}+D_e\tau_e\dfrac{\partial^2 n}{\partial x^2}$

$$=n_{p0}+L_e^2\frac{\partial^2 n}{\partial x^2} \tag{4·30}$$

ここで $L_e^2=D_e\tau_e$ である．L_e は**拡散長** (diffusion length) と呼ばれて，重要な特性定数の一つである．

上式を変形して

$$n(x)-n_{p0}=L_e^2\frac{\partial^2(n-n_{p0})}{\partial x^2} \tag{4·31}$$

これから

$$n(x)-n_{p0}=Ae^{-\frac{x}{L_e}}+Be^{\frac{x}{L_e}} \tag{4・32}$$

A, Bを決めるために

$x=\infty$では　$n(x)=n_{p0}$　∴　$B=0$

$x=x_p$では　$n(x_p)=n_{p0}e^{\frac{eV}{kT}}$

これらを式（4・32）に代入して

$$Ae^{-\frac{x_p}{L_e}}=n_{p0}(e^{\frac{eV}{kT}}-1)$$

$$A=n_{p0}e^{\frac{x_p}{L_e}}(e^{\frac{eV}{kT}}-1)$$

ゆえに

$$n(x)-n_{p0}=n_{p0}e^{\frac{x_p}{L_e}}(e^{\frac{eV}{kT}}-1)e^{-\frac{x}{L_e}} \tag{4・33}$$

電子によって運ばれる電流分を考えるのに x_p の部分では熱拡散だけ考えればよいから

$$I_e(x_p)=eD_e\frac{\partial n}{\partial x}$$

式（4・33）を代入して

$$I_e(x_p)=-\frac{eD_e n_{p0}}{L_e}\left(e^{\frac{eV}{kT}}-1\right) \tag{4・34}$$

n 層中で $x=0$ における正孔電流も同様にして求められ

$$I_h(0)=-\frac{eD_h p_{n0}}{L_h}(e^{\frac{eV}{kT}}-1) \tag{4・35}$$

したがって p 層から n 層に向かう電流は前記二つの電流の和となり p-n の方向を電流の正にとれば

$$I=e\left(\frac{D_e n_{p0}}{L_e}+\frac{D_h p_{n0}}{L_h}\right)\left(e^{\frac{eV}{kT}}-1\right) \tag{4・36}$$

となり，電圧Vと電流Iの関係式が求められる．

以上求められたように接合を流れる電流は電子によるものと，正孔によるものとの和である．これら両者の割合は式（4・34）と式（4・35）から

$$\frac{I_e}{I_h}=\frac{D_e n_{p0}}{D_h p_{n0}}\frac{L_h}{L_e} \tag{4・37}$$

ところで Einstein の関係式から

$$\frac{D_e}{D_h}=\frac{\mu_e}{\mu_h} \tag{4・38}$$

一方，熱平衡時においてp領域中における正孔密度を p_{p0}，n領域中における電子濃度を n_{n0} とすれば，式（3・85）により

$$n_{n0}\,p_{n0}=n_i^2$$
$$n_{p0}\,p_{p0}=n_i^2$$

したがって

$$\frac{n_{p0}}{p_{n0}}=\frac{n_{n0}}{p_{p0}} \tag{4・39}$$

式（4・37）に式（4・38），（4・39）を代入して

$$\frac{I_e}{I_h}=\frac{\mu_e}{\mu_h}\frac{n_{n0}}{p_{p0}}\frac{L_h}{L_e}=\frac{\sigma_n}{\sigma_p}\frac{L_h}{L_e}\doteqdot\frac{\sigma_n}{\sigma_p} \tag{4・40}$$

式（4・40）の計算ではn層の導電率 $\sigma_n\doteqdot e\mu_e n_{n0}$，p層の導電率 $\sigma_p\doteqdot e\mu_h p_{p0}$ が用いられ，$L_e\doteqdot L_h$ としている．実際の p-n 接合ではかなり不純物が濃いので，この近似は十分成り立つものである．すなわち電子電流と正孔電流との比はn層とp層との導電率の比となる．もしp層と比べて十分に不純物の濃いn層との接合とすれば，電流はほとんどすべて電子によって，運ばれると考えればよい．このことは接合形トランジスタのところで改めて検討されるはずである．

以上で電流の大きさは計算されたが，接合近傍における電流分布を考えてみることも有意義である．式（4・33）は任意の点 x における電子密度を与える式であるから，拡散電流の値は

$$I_e(x)=eD_e\frac{dn}{dx}=eD_e n_{p0}e^{\frac{x_p}{L_e}}(e^{\frac{eV}{kT}}-1)\times\frac{-1}{L_e}e^{-\frac{x}{L_e}} \tag{4・41}$$

$$=I_e(x_p)\,e^{\frac{x_p-x}{L_e}} \tag{4・42}$$

式（4・42）の模様は **図 4・12** の曲線（1）で示される．n層から流れ込んだ電子は x_p から右側p領域に入ると指数関数的に減少してゆく．電子が減少する

のは正孔との結合によるためで，電子と結合するための正孔は右側から注入される．これは曲線（2）に示されるように右側から注入され，電子と結合した分だけ減少して x_p では0となる．同様のことはn領域においてもおこるはずで，p層から流れ込んだ正孔電流がn領域で次第に減少する模様が曲線（3）で示される．さてp層を流れる電流は電子電流（1）と正孔電流（2）および（3）の3者の和で，これが全電流であるが，その値はp層の何処の部分をとって考えても，同一であるはずである．

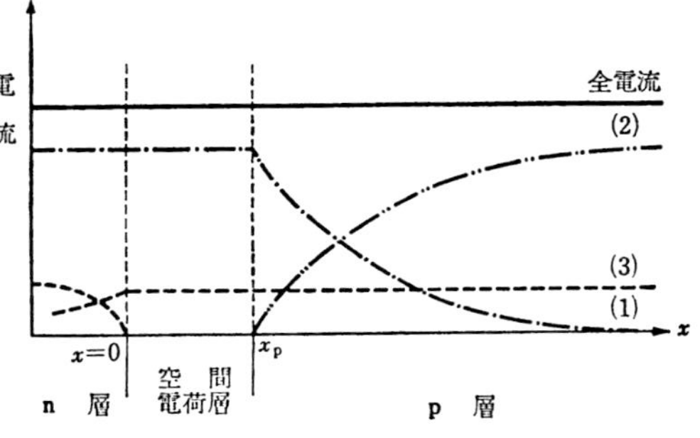

図 4·12　p-n 接合付近における電流の解析

このように熱拡散によって注入されたキャリアは反対符号のキャリアと結合するために次第に減少する．拡散長 $L=\sqrt{D\tau}$ で与えられるように τ が大きいほど大きい．つまりキャリアの寿命が長くて，結合する機会が少なければ長い距離まで減少することなく入り込んでくる．

（3） p-n 接合の逆方向特性　　p-n 接合の電圧電流式は，一般に次式のように与えられる．

$$I=I_s\left(e^{\frac{eV}{kT}}-1\right) \qquad (4\cdot43)$$

ここで I_s は式（4·36）で導いたように，半導体の種類と温度によって決められる値であり，一般に飽和電流と呼ばれる．上式によれば V の値が－数V以下であれば I は I_s として飽和するようになり，式の上では $V=-\infty$ としても $I=-I_s$ となる．この式は逆方向電流として拡散による電子，正孔の移動だけを考慮して導かれたものであるが，実際にはこの他に接合部分で熱励起によって生じた電子と正孔とは，この部分の電界によって加速されて電流を形成する．この値は半導体の種類によって異なり Ge では小さいが，Si では拡散電流より大きくなる．このため電流特性は **図 4·13** で示されるようになる．そして負方向電圧がさらに大きくなり，半導体の種類や不純物濃度によって決まるある限界値（ふつう数 10V ないし数100V）を越えると，電流の急激な増加がおこる．この状態では，接合の内部で何かふつうとは異なった現象がおこったもので，この現象を接合の降服と 呼んでいる．**4·1** で金属-半導体接触に おいても V-I 特性は式（*4·8*）や 式（*4·14*）として与えられるが，この式の成り立つのは $-V$ の値としては数 10V までで，逆方向電圧が大きくなると同様の現象が生じるのである．

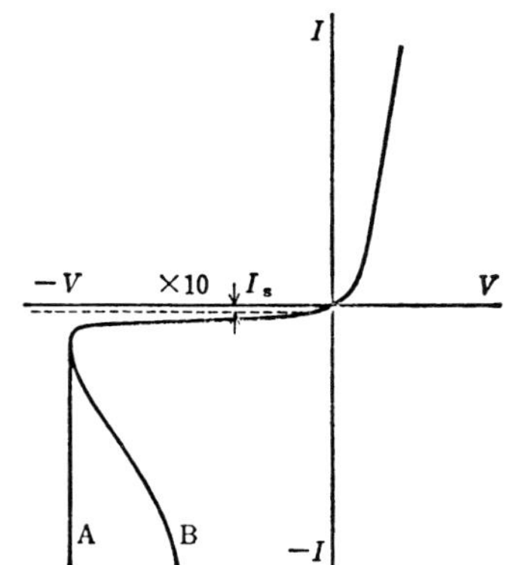

図 4·13　接合の逆方向特性

この**降服現象**が生ずる原因は単一でなく，空間電荷層内をキャリアが高速度で運動することによっておこる**なだれ増倍作用** (avalanche multiplication) にもとづくことが多く，とくに接合が薄い場合にはトンネル効果にもとづく**ツェナー電流**によるものである．始めに**なだれ増倍現象**について説明しよう．

p-n 接合で，逆方向に電圧を印加した状態では，内部の空間電荷層に強い電界が存在する．このため，そこを通過する電子は加速されて高いエネルギーを得るようになる．このエネルギーがある値以上になると，結晶を構成する原子と衝突したとき，その価電子をたたき出して自由電子にすると同時に，その抜け跡として正孔を残すこととなる．

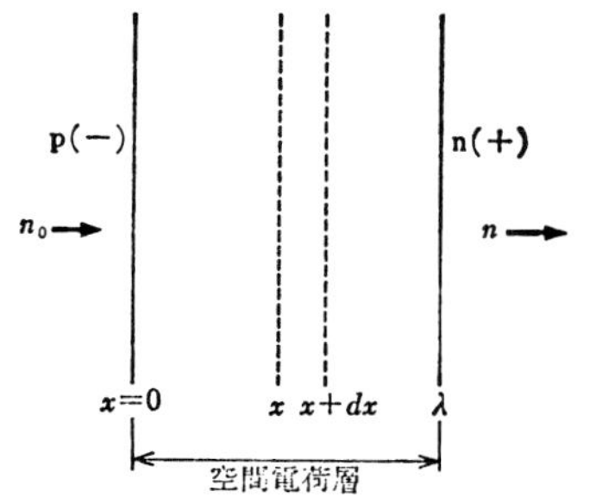

図 4·14　なだれ増倍の説明図

このようにして新しくつくられた電子も電界によって加速されて，次の電離を行うようになり，そこの谷間には多量の電子・正孔がつくられる．このような理論づけはガスの放電現象を説明する手法として，かなり以前から行われていた．ガスの場合には電子は中性分子に衝突して電子と正イオンをつくるのであるが，固体の場合では電子と正孔がつくられる．いま **図 4·14** で接合の幅を λ で表す．始めに p 層（−極）から注入される電子の数を n_0 とする．この電子がn層（＋極）へ向かって進行する間にイオン化を行って電子と正孔をつくり，つくられた電子・正孔も加わって，それぞれ右・左へ進む間に電離を行うものである．

そこで $x=0$ と $x=x$ の間でつくられる電子・正孔の対数を n_1，$x=x$ と $x=\lambda$ の間でつくられる電子・正孔の対数を n_2 としよう．勿論 n_1，n_2 は x の位置を何処にとるかによって異なるものである．さて1個の電子が電界の方向に沿って単位長さ進む間につくる電子・正孔の対数を α_i とし，これを電子の**イオン化率**（rate of ionization）と定義する．正孔も電子と同じようにイオン化を行うものとし，そのイオン化率も両者等しいと仮定すれば，x と $x+dx$ の間でつくられる電子の数は次式のようになる．

$$dn_1=(n_0+n_1)\alpha_i dx+n_2\alpha_i dx \tag{4・44}$$

$$n=n_0+n_1+n_2 \tag{4・45}$$

ただし n は，右端 $x=\lambda$ に進行してくる電子の総数である．

式（4・44）の内容は，x の位置にある電子は始め出発した n_0 と $0\sim x$ の間でつくられた電子 n_1 との和であり，それに $\alpha_i dx$ をかけた第1項はこれらが dx だけ右へ進む間につくる電子の数を与える．また $x+dx$ の位置にある正孔は $x+dx$ と λ との間でつくられたもので，その数は n_2 であり，それが dx だけ左へ進む間につくる電子の数が第2項で与えられる．

式（4・44）を次の境界条件のもとで〔0, λ〕間で積分する．

$$x=0 \text{ で } n_1=0$$

$$x=\lambda \text{ で } n=n_1+n_0$$

これから

$$\int_0^\lambda dn_1=n\int_0^\lambda \alpha_i dx \tag{4・46}$$

$$(n_1)_{x=\lambda}-(n_1)_{x=0}=n\int_0^\lambda \alpha_i d_x$$

$$(n-n_0)-0=n\int_0^\lambda \alpha_i dx$$

$$\therefore\quad 1-\frac{1}{\dfrac{n}{n_0}}=\int_0^\lambda \alpha_i dx \tag{4・47}$$

いま　$M=\dfrac{n}{n_0}$

を**増倍係数**（multiplication factor）と定義すると

$$1-\frac{1}{M}=\int_0^\lambda \alpha_i dx \tag{4・48}$$

となる．右辺の積分値が1になると式（4・48）で $M\to\infty$ となりキャリアの増倍が無限大となる．さて上述のように α_i の値は，その定義からもわかるように，電界の関数である．つまり接合に印加される電圧がだんだん高くなるにつれて α_i の値が大きくなり，0〜λ の空間にわたって積分した値が1となるに及んで，接合内のキャリアは無限に大きくなって通電状態となることを示すものである．

このようになだれ増倍が生じて，電流が急増する模様は 図 4・13 の曲線Aで示される．しかし，このように電流密度が大きくなると半導体の接合部分で局所的な温度の上昇がおこるため，キャリアの数はさらに増大して電気抵抗が減少し，電流の変化は曲線Bのようになる．これらの現象は実際の素子について観測されるものである．

ところで p-n 接合で，不純物濃度がかなり高くて p-n 接合が薄い場合には，なだれ増倍のおこる前に**ツェナー電流**が流れて降服がおこることがある．p-n 接合のツェナー現象については，**4・3** で詳しく述べるが，**図4・15**（a）に示すような接合に逆方向電圧の印加されている状態で，内部電界強度が，10^8 V/m くらいになると，p 層の価電子帯にある電子は n 層の伝導帯と極めて薄い層をへだてて相対するようになり，この場合は波動力学的なトンネル効果によって同一エネルギー準位図に飛移ることができる．この場合の電圧-電流特性は図（b）に示すような垂下特性をもつもので，いわゆる**ツェナーダイオード**（Zener diode）はこのような特性を利用して図（c）のように電気回路で

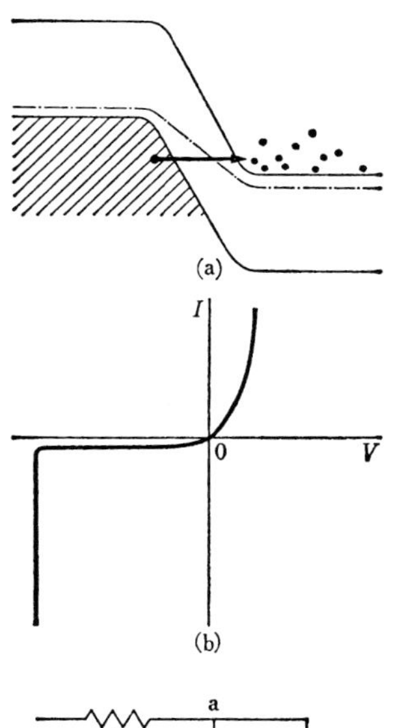

図 4・15 極めてうすい p-n 接合における降服現象

負荷と並列に結んでおき，電源電圧や負荷が変動しても端子間の電圧を一定に保持させる目的に使用する．

（4）　**極めて薄い p-n 接合**（**トンネルダイオード**）　p-n 接合の厚さは式（*4·22*）からわかるように，不純物の濃度が大きいほど小さくなる．一方，不純物濃度が大きくなり $10^{24}/m^3$ 以上になると，結晶中の電子あるいは正孔の縮退が生じるようになる．このような状態では不純物原子が相互に作用しあって，不純物準位は広がって，それが伝導帯あるいは充満帯と重なりをもつようになる．このような状態ではフェルミ準位は n 形では伝導帯の中に，p 形では価電子帯の中に位置するようになる．そのため，このような p-n 両形の半導体で接合をつくった場合の動作は前記のものと異なったものとなり，これは**トンネルダイオード**（tunnel diode），または**エサキダイオード**と呼ばれる．これの電圧・電流式を描くと **図 4·16** のようになる．

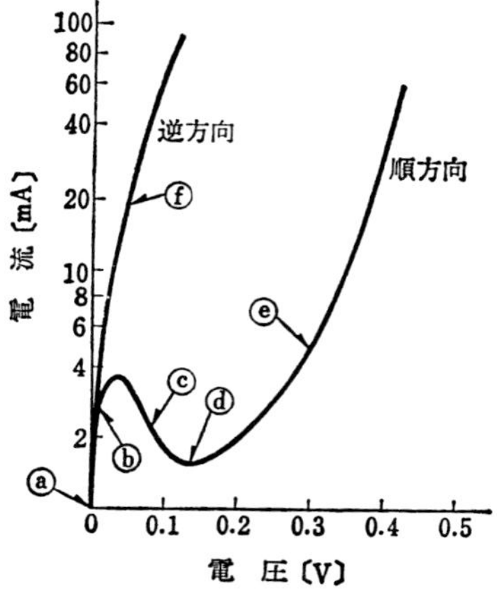

図 4·16　トンネルダイオードの静特性

図に示した特性の ⓐ, ⓑ, ⓒ, ⓓ, ⓔ, ⓕ の各部に対応するエネルギー準位図を**図4·17**（a），（b），····，（f）に示した．図（a）は熱平衡における状態で，両側のフェルミ準位は同じ水平面に一致する．図（b）は順方向に電圧が印加された場合で，n 層の伝導帯中の電子は，同一準位に相当する p 層の価電子帯に空の準位が沢山あるため，トンネル効果で遷移しやすい．この電流はバイアスの増加につれて増大するが，図（c）のように n 層のフェルミ準位が p 層の E_V に相当する以上に持ち上げられると，n→p に遷移する電子にとっても，p→n に遷移する電子にとっても，相手の準位がなくなるので，電流値は減少するようになる．図（d）の状態は電流が極小の場合を示している．

しかし，もっとバイアスを増すと図（e）に示す状態となる．ここでは電子はトンネル効果によっては遷移しないが，障壁の高さが低くなるので先に述べたような熱励起によってポテンシャルの山を越えるようになる．これはバイアスの増加とともにますます増大する．なお逆バイアスの場合のエネルギー準位図は図（f）のようになり，トンネル電流は急激に増大する．

以上でトンネルダイオードの電圧-電流特性を定性的には十分了解したものと思われるが，この関係を少し定量的に取り扱うこととしよう．価電子帯にお

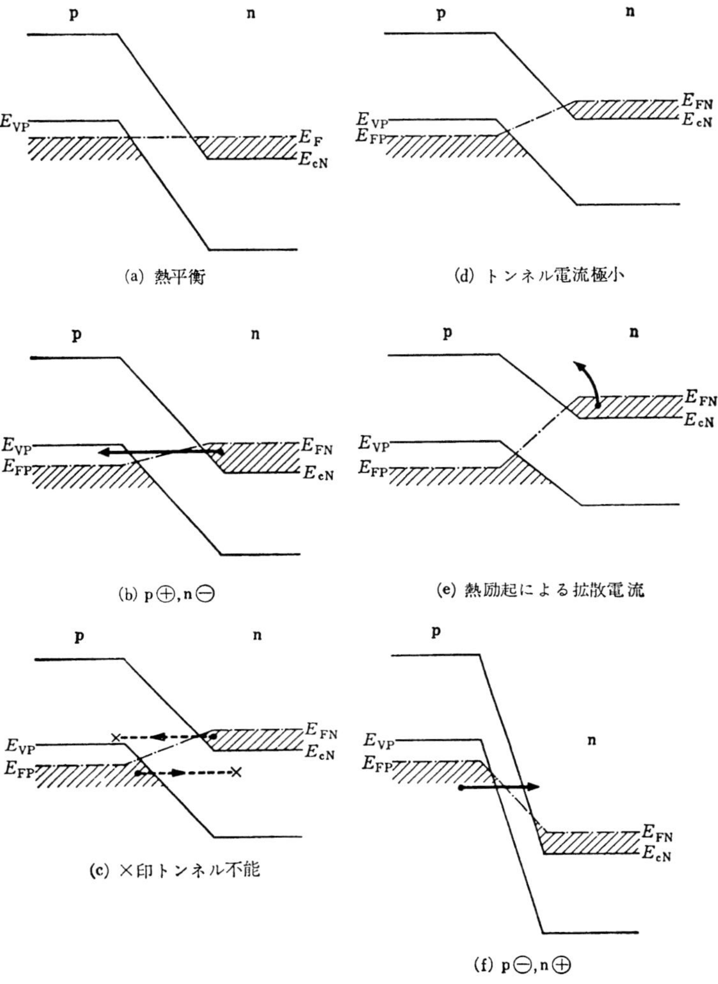

図 4・17　トンネルダイオードのエネルギー準位図

いてEなるエネルギー準位を占める電子の密度は前述のようにそのエネルギーの状態密度Nと分布関数fとの積で $f_V(E)$ $N_V(E)$ である．このEの状態にある電子が伝導帯のEなるエネルギー状態にトンネル効果で抜けるためには，後者の準位が空いていなければならない．そこが空いている数は $\{1-f_c(E)\}$ $N_c(E)$ で与えられよう．いまトンネル確率を $P_{V\to C}$ とおけば，価電子帯から伝導帯に流れる電子電流 $I_{V\to C}$ は，

$$I_{V\to C}=K\int_{E_{CN}}^{E_{VP}} f_V(E)N_V(E)P_{V\to C}\times\{1-f_c(E)\}N_c(E)dE \tag{4·49}$$

で表される．Kは接合の面積に関係した量である．同様に伝導帯から価電子帯へ流れる電子電流 $I_{C\to V}$ は

$$I_{C\to V}=K\int_{E_{CN}}^{E_{VP}} f_c(E)N_c(E)P_{c\to V}\times\{1-f_V(E)\}N_V(E)dE \tag{4·50}$$

となる．全電流Iは両者の差で表される．トンネル確率 $P_{C\to V}$ と $P_{V\to C}$ とを等しいとして，一様にPとすれば

$$\begin{aligned}I&=I_{C\to V}-I_{V\to C}\\&=K\int_{E_{CN}}^{E_{VP}}\{f_c(E)-f_V(E)\}\times PN_c(E)N_V(E)dE\end{aligned} \tag{4·51}$$

となる．なおトンネル確率は半導体の種類，電界強度などに依存する量として計算されている．

（5） **p-n 接合における光起電力**　　3章で述べたように，半導体へ光があたって，光のエネルギーが禁制帯幅に相当する以上に大きいときは，価電子帯の電子は伝導帯へ励起されて，そこに電子と正孔との対がつくられるため，半導体の導電率が増大する．しかし，ここでつくられた電子と正孔とはそこに電界が存在しないかぎりは互いに再結合しては消え，また新につくられては消えることをくり返しているだけで電流の流れや起電力の発生はない．しかし外部から電圧を印加してそこへ電界をつくってやると，電流が生ずる．これが**光導電効果**である．しかし外部から電圧を印加しないでも，もし内部に電界があればつくられた電子と正孔とはそれにより力を受けて移動し電流を形成する．p-n 接合ではそこに存在する空間電荷のために電界が存在するから，このような条件を満たすこととなる．このようなものは現実には光ダイオードとか，太陽電池などとして重要な電子素子である．

いま 図 4·18 のように p-n 接合の両端が負荷抵抗 R_L を通して 短絡され，

それに光が照射されるものとする．光は接合面に平行に照射される場合もあるし，垂直に照射される場合もある．いずれにしても光は入射面では強いが，内部へ進むにつれて強度は指数関数的に減少する．一方このようにしてつくられたキャリアは電界によるドリフトと熱による拡散作用によって移動する．これらのことを考慮して光電流は計算されるが，ここでは簡単な前提にたって光電流ならびに光起電力を計算することとする．

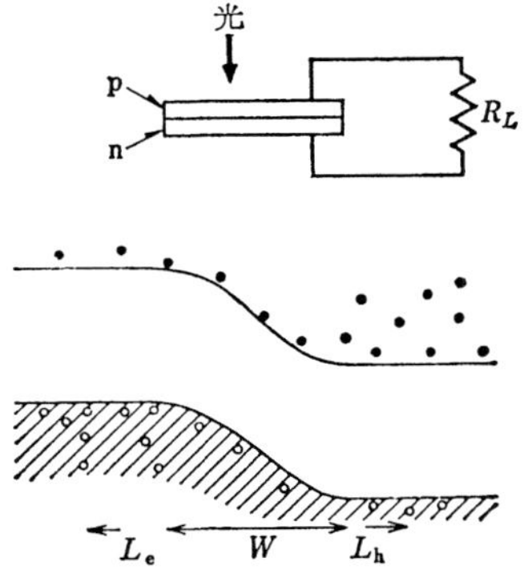

図 4·18　光起電力効果の説明図

p-n 接合の遷移領域の幅をWとし，その付近では一様に単位時間，単位体積あたり g_0 の電子・正孔の対が生成されるとする．ここでつくられる電子と正孔とは，そこの電界によって電子はn領域へ，正孔はp領域へ流れる．この他n領域でも，p領域でも電子正孔対がつくられるが，p領域でつくられた電子は拡散によって遷移領域へ流入しようとするが，その前に正孔と結合するものは光電流とはならない．こう考えると遷移領域へ流入する分はp領域における電子の拡散長 $L_e=\sqrt{D_e\tau_e}$ の範囲内で励起されたものだけである．同様にn領域でつくられた正孔の中，n領域における正孔の拡散長 $L_h=\sqrt{D_h\tau_h}$ の中で励起されたものは p 領域へ流入する．このようにして光によって生じた電子，正孔のうち，実際に光電流として寄与するものは，遷移領域のものおよびその前後における幅 L_e および L_h の範囲で発生したものとなる．つまり p-n 接合の平均の感光性領域は幅が $W+L_e+L_h$ であると考え，短絡光電流密度 I_L は次式のようになる．

$$I_L=e\,2g_0(W+L_e+L_h) \qquad (4\cdot52)$$

次に，この光を照射した状態で回路を開いたとして，現れる開放端電圧を計算してみよう．いま図示のような外部回路を p-n 接合に接続すると，接合部に加わる電圧Vと，それに流れ込む電流Iは光が照射されていないときは，ふつうの p-n 接合のV-I 特性で

$$I=I_s(\varepsilon^{\frac{eV}{kT}}-1) \qquad (4\cdot53)$$

で与えられる．ここで I_S は逆方向飽和電流である．いま，この状態にある p-n 接合部に光を照射すると，電流 I_L が I_S と反対方向に流れる．したがって，この場合には

$$I = I_s\left(\varepsilon^{\frac{eV}{kT}} - 1\right) - I_L \tag{4・54}$$

開放端光電圧 V_{0C} は式（4・54）における $I=0$ として，V について解くと

$$V_{0C} = \frac{kT}{e}\log\left(1 + \frac{I_L}{I_s}\right) \tag{4・55}$$

で与えられる．

4・3　レーザダイオード（laser diode）と発光ダイオード（light emitting diode）

p-n 接合の応用として，レーザダイオードは最近注目されている．レーザ，メーザは物質の分子や原子のエネルギー準位の遷移を利用して電磁波の増幅や発振を行わせるもので，近年発達した量子エレクトロニクスの主幹となるものである．**メーザ**（maser）（microwave amplification by stimulated emission の略）には**レーザ**（laser）（light amplification by stimulated emission の略）も含まれると解釈してよい．この原理を簡単に説明しよう．

1章で述べたように原子，分子などは一般に多数のエネルギー準位をもつが，そのうちの E_1 と E_2 の二つの準位を考え，E_2 を E_1 より高準位とし，各準位にある粒子密度を N_2，N_1 とする（図 4・19）．熱平衡の下ではボルツマン分布に従うはずであるから，両者の比は

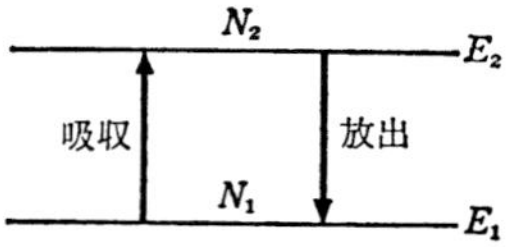

図 4・19　レーザ作用の説明図

$$\frac{N_2}{N_1} = \varepsilon^{-\frac{E_2 - E_1}{kT}} = \varepsilon^{\frac{-h\nu}{kT}}$$

となる．当然低準位にある粒子密度は高準位密度より，はるかに多い．

さて低準位にある粒子にエネルギーを与えて高準位に移すには，両者のエネルギー差 $E_2 - E_1$ に比例する振動数の電磁波を吸収させねばならないし，逆に高準位から低準位へ移るときは，そのような振動数の電磁波を放出する．

$$E_2 - E_1 = h\nu$$

このようにして原子や分子では自然に電磁波を放出しているが，この現象を**自然放出**（spontaneous emission）と呼んでいる．熱平衡状態のもとでは吸収にあずかる粒子の数 N_1 が放出にあずかる粒子の数 N_2 より多いから，外部で観測されるのは，その差に相当する吸収だけである．しかし原子や分子が上式に示されるような周波数をもった電磁波（光を含む）にさらされるときは，そのエネルギー密度に比例して，いわゆる**誘導放出**（stimulated emission）や誘導吸収がおこる．そこで，もしも原子系を何らかの方法で熱平衡状態とは反対に $N_2>N_1$ のような状態にしておくならば，誘導放出のほうが吸収より多くなるため，外からの電磁波を強めることによって，増幅を行わせることができる．$N_2>N_1$ の状態のことをしばしば**反転分布**（population inversion）と呼び，このような分布をつくり出すことを**ポンピング**（pumping）という．

メーザ，レーザ作用は誘導放出によって電磁波，光波の増幅，発振を行わせるものであるから反転分布をおこすことが必要条件となる．一般に原子，分子から放出する放射電界の周波数と，それをおこした刺激電波の周波数は相等しく，両者の間に位相差はないものとされている．したがって，この方法で得られる光波はふつうの発光体から発する光と違って規則正しい位相関係をもち，二つの光波を重ね合わせるとビートが生じる．このように常に一定の位相をもつ性質を**コヒーレント**（coherent）であるという．このようなコヒーレントの光（レーザ光）は集光その他を行うことが可能で光通信その他の目的に使用し得るもので，この分野の工学を**オプトエレクトロニクス**（opto electronics）と呼ぶ．

このようなレーザ光を発振するには[1]，上述の原理を用いればよいから原子，分子状の気体を用いる方法，その他各種の方法が考えられるが，その取扱いが簡易であるため最近注目されている半導体接合レーザについて記述する．

---

1) レーザの基本原理については上述のとおりである．この原理にもとづいてコヒーレントの光を発振する手段として，本文では半導体接合を利用したものを述べている．その他ガス，液体，固体レーザなどがあるが詳細は省略する．ガスレーザはヘリウムネオン，ヘリウムキセノンなどの混合ガスまたはヘリウム，ネオン，アルゴンなどの単一気体を石英管中に封入し，それを高周波電界中で放電させ電子を励起する．固体レーザは，たとえばルビーの結晶をキセノンフラッシュランプで照射してポンピングを行い，励起された電子が低エネルギーレベルに遷移するときの光を利用するものや，YAG（Yttrium Aluminum Garnet）などが用いられ，この他液体で有機化合物なども取り上げられている．

これは原理的には比較的簡単で，**図 4・20** のような p-n 接合で順方向に電圧を加えて電流を流すと，先に述べたように少数キャリアの注入がおこって，n 領域へ正孔が，p 領域へ電子が注入される．そうすると，これらはその領域にある多数キャリアと再結合するので，その際両者のエネルギー差に相当する光を放出する．この場合再結合のし方は直接に禁制帯を通して行われるか，または禁制帯の中にある不純物準位を介して行われるものである．

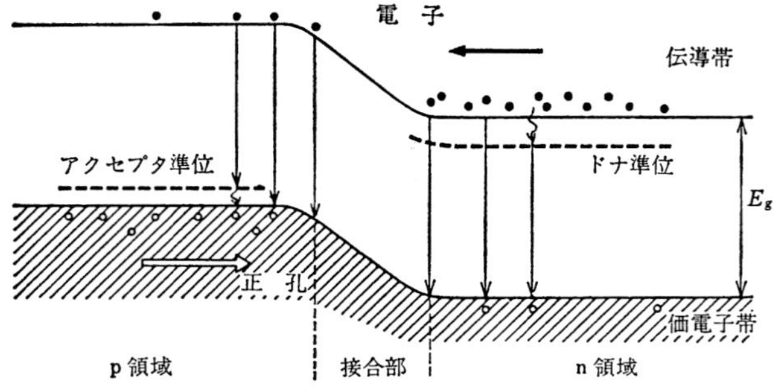

図 4・20　キャリア注入を行うために順方向電圧を加えた p-n 接合における発光現象とレーザ動作

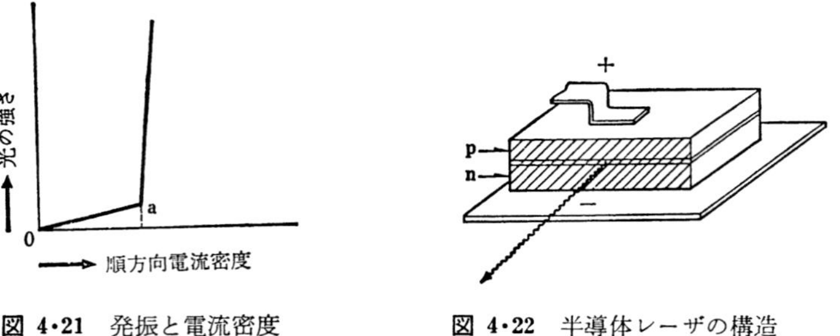

図 4・21　発振と電流密度

図 4・22　半導体レーザの構造

順方向電流が小さい間の遷移は自然放出に相当するもので禁制帯幅 E_g にほぼ相当する波長をもち，波長分布はそれほどシャープでもなく，光の強さはさして大きくはない（**図 4・21** の点 a まで），ところが順方向電流を次第に増して，注入される電子と正孔の数が再結合によって消滅するキャリアの平均数を上回るようになると接合付近でキャリアの反転分布がおこって**誘導放出**を行う．

このようにしていったん誘導放出がおこると，光が端面間を往復する間に帰還作用が行われて発振する（図でa点以上の領域），ここではコヒーレントの発振がおこって，そのスペクトルは極めてシャープなものとなる．図 **4・22** は GaAs レーザダイオードの構造の1例を示したもので，斜線をほどこした面とそれに相対する側の面とが反射面となって**光共振器**を形づくる．

p-n 接合レーザはレーザ光の発振源としては極めて都合よいものであるが，実用に足りるほど大きい出力が得られなかった．しかし，これにヘテロ接合を取り入れて，たとえばn形 GaAs-p 形 GaAs-p 形 $Al_xGa_{1-x}As$，あるいはn形 $Al_xGa_{1-x}As$-p 形 GaAs-p 形 $Al_xGa_{1-x}As$ のようなヘテロ接合を用いることによって極めて高効率が得られて，実用に供せられるに至った．

以上述べたようにレーザダイオードはコヒーレントの光を高効率に発生するよう設計される．一方，発光ダイオードは半導体 p-n 接合よりなり，それに順方向バイアスを与えることによって，キャリアの注入をおこし，そこで電子と正孔との再結合によって生ずる光を光源として取り出そうとするものであるから，可視領域において，それぞれ赤，橙，緑などの光が効率よく取り出せるならば，スペクトル感度はシャープである必要はない．この目的には現在 GaP，Ga-Al-As，Ga-As-P など2元もしくは3元化合物半導体が用いられ，発光効率を高めるために各種の不純物が添加される．

4・4 ヘテロ接合

（1） ヘテロ接合の出現　これまでに述べた p-n 接合は同一の半導体結晶の中でp形層とn形層とが境を接している場合であった．いまp形の Ge とn形の Si が接しているように異質の半導体が接合をつくったものを**ヘテロ接合**（hetero junction）という．これは半導体工学の発展につれて必然的に登場した．つまり半導体技術が進歩して，高抵抗の Si 結晶基板の表面へ低抵抗の Si 層を生成することによって，高性能のトランジスタをつくるような工程が用いられるようになった．このような工程としては，たとえば Ge の化合物を熱分解することによって次の化学式で示されるような可逆反応を用いて

$$2\,GeI_2 \underset{高温}{\overset{低温}{\rightleftharpoons}} Ge + GeI_4$$

Ge を成長する（気相成長）とか，飽和した溶液を冷却して溶質を成長させる（液相成長）とか，真空蒸着法やスパッタ法などの技術が開発された．これらの技術が発達した段階で基板として異質の半導体を用いて，たとえばp形 Ge の表面へn形 Si を，あるいはn形 Ge の表面へn形 GaAs を生成させるという風なことが試みられるに至った．一方，このように種類の違った半導体が接触したときの境界面における特性，たとえば，電圧電流特性，静電容量と電圧の関係などについては，4・2 で述べたホモ接合に関する理論を拡大することによって，すでにある程度の予測がなされていた．これら技術と理論の発展が相俟ってヘテロ接合は近年急速に発達したもので，本文では，その概要を紹介する．

（2） ヘテロ接合のエネルギー準位図

半導体ヘテロ接合のエネルギー準位図としては，禁制帯幅や電子親和力の異なる各種の半導体について，それらのp形とn形，n形とp形，n形とn形，p形とp形など各種の組合せについて，それぞれ異なった模様のものが描かれる．ここではその1例として図4・23

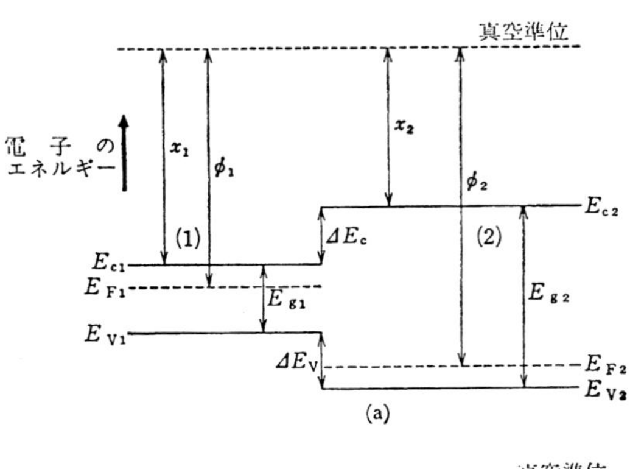

(a)

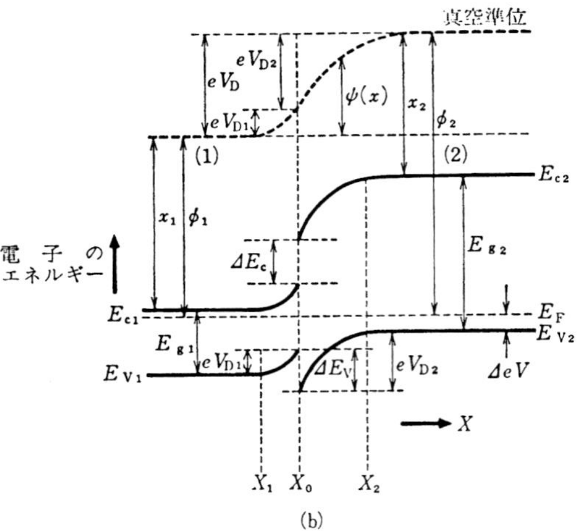

(b)

図 4・23　ヘテロ接合の1例

（a）に示すような二つの半導体について，それが接合をつくった場合のエネルギー準位図を求め，それを基本として接合面を通しての電圧電流特性や静電容量などを計算することとする．

図において二つの半導体の禁制帯幅 E_g，誘電率 ε，仕事関数 ϕ，電子親和力 χ はいずれも異なると仮定する．価電子帯の上端のエネルギーを E_V で表す．添字 1，2はそれぞれ禁制帯幅の小さい半導体および大きい半導体の値を示す．図でエネルギー E_{c1}, E_{c2}, E_{V1}, E_{V2} は水平になっているが，このことは各領域で電荷が中性条件であることを仮定している．両半導体の伝導帯下端におけるエネルギー差を $\varDelta E_c$，価電子帯上端のそれを $\varDelta E_V$ で表す．図（a）でフェルミ準位 E_{F1}, E_{F2} は等しくない．したがって，もしもこの二つの半導体が接触した場合には半導体（1）から（2）へ電子が移ることによってフェルミ準位が一致するようになる．その結果，半導体（1）の接合面近くには電子の少なくなった部分ができ，バンドの端に上向きの曲がりが生ずる．また半導体（2）については，その逆のことがいえて，図（b）のように下向きの曲がりが生じる．

全体の拡散電圧 V_D は二つの半導体の仕事関数の差で与えられるが，これは半導体（1），（2）に現れるそれぞれの拡散電圧 V_{D1}, V_{D2} の和となる．また**双極子層**（dipole layer）がない場合には電位は連続であり，静電界は二つの物質の誘電率が異なるため，界面のところで不連続となる．いま電圧 V_a を印加したときの，各領域における空乏層の幅は，**4·2** で行ったショットキー障壁の計算と同様に，ポアソンの方程式を解くことによって次式のように求められる（途中の計算は省略する）．

$$(X_0-X_1)=\left[\frac{2}{e}\frac{N_{a2}\varepsilon_1\varepsilon_2(V_D-V_a)}{N_{d1}(\varepsilon_1N_{d1}+\varepsilon_2N_{a2})}\right]^{1/2} \tag{4·56}$$

$$(X_2-X_0)=\left[\frac{2}{e}\frac{N_{d1}\varepsilon_1\varepsilon_2(V_D-V_a)}{N_{a2}(\varepsilon_1N_{d1}+\varepsilon_2N_{a2})}\right]^{1/2} \tag{4·57}$$

全体の空乏層幅 W は

$$W=(X_2-X_0)+(X_0-X_1)=\left[\frac{2\varepsilon_1\varepsilon_2(V_D-V_a)(N_{a2}+N_{a1})^2}{e(\varepsilon_1N_{d1}+\varepsilon_2N_{a2})N_{d1}N_{a2}}\right]^{1/2} \tag{4·58}$$

各半導体に現れる電位の間には，次式の関係が成り立つ．

$$\frac{V_{D1}-V_1}{V_{D2}-V_2}=\frac{N_{a2}\varepsilon_2}{N_{d1}\varepsilon_1} \tag{4·59}$$

ここで V_1, V_2 は印加電圧 V_a のうち，半導体（1）および（2）に加わる電圧で，$V_a=V_1+V_2$ である．したがって $V_{D1}-V_1$, $V_{D2}-V_2$ は半導体（1），（2）のそれぞれの全電圧である．式 (4・59) から，もしも誘電率がほぼ等しければ，電圧の大部分はドーピング量の小さな側に加わることがわかる．

また単位面積あたりの障壁容量は一般に次式で与えられる．

$$C=\left[\frac{eN_{d1}N_{a2}\varepsilon_1\varepsilon_2}{2(\varepsilon_1 N_{d1}+\varepsilon_2 N_{a2})}\frac{1}{(V_D-V_a)}\right]^{1/2} \qquad (4\cdot 60)$$

さて図（b）のエネルギー帯構造では，正孔電流に対する障壁は電子電流に対する障壁よりもはるかに小さい．したがって，ここでは正孔電流のみを考えればよい．零バイアス電圧のときには，右から左へ流れる正孔電流に対する障壁は eV_{D2} で，逆方向のそれは ΔE_V-eV_{D1} である．ただし正孔は (X_1-X_2) の領域では衝突しないものと仮定している．熱平衡状態では電流は流れないので，両方向の正孔電流は等しくなければならず，したがって次式が得られる．

$$A_1\exp\{-(\Delta E_V-eV_{D1})/kT\}=A_2\exp(-eV_{D2}/kT) \qquad (4\cdot 61)$$

ここで，係数 A_1, A_2 はドーピング量とキャリアの実効質量に依存する値である．

（3）　ヘテロ接合の電圧電流特性　　半導体（1）および（2）よりなるヘテロ接合において，半導体（2）を正になるように電圧 V_a を印加した場合を考えると，これは順方向バイアスに対応する．印加電圧は各領域のドーピング量などによって，それぞれの領域に配分される．すなわち

$$V_2=K_2V_a$$

ここで　$$K_2=\frac{1}{1+N_{a2}\varepsilon_2/N_{d1}\varepsilon_1} \qquad (4\cdot 62)$$

および

$$V_1=K_1V_a$$

ここで　$$K_1=1-K_2 \qquad (4\cdot 63)$$

ただし K_2 の値は，順方向バイアス電圧が小さい場合で，注入キャリアによる電界の影響は無視している．正孔に対するエネルギー障壁の高さは**図4・24**(a) に示すように $e(V_{D2}-V_2)$ および $\Delta E_V-e(V_{D1}-V_1)$ となる．その結果右から

左へ流れる正味の正孔流は次式のようになる．

$$\text{正孔電流}=A_2\exp[-e(V_{D2}-V_2)/kT]$$
$$-A_1\exp\{-[\Delta E_V-e(V_{D1}-V_1)]/kT\} \quad (4\cdot64)$$

式（4·61）を用いると，式（4·64）は簡単になって

$$\text{正孔電流}=A_2\exp[-eV_{D2}/kT][\exp(eV_2/kT)-\exp(-eV_1/kT)] \quad (4\cdot65)$$

したがって電圧電流の関係式は次のようになる．

$$I=A\exp[-eV_{D2}/kT][\exp(eV_2/kT)-\exp(-eV_1/kT)] \quad (4\cdot66)$$

以上の説明からわかるようにヘテロ接合の場合もホモ接合と全く同じ手法に

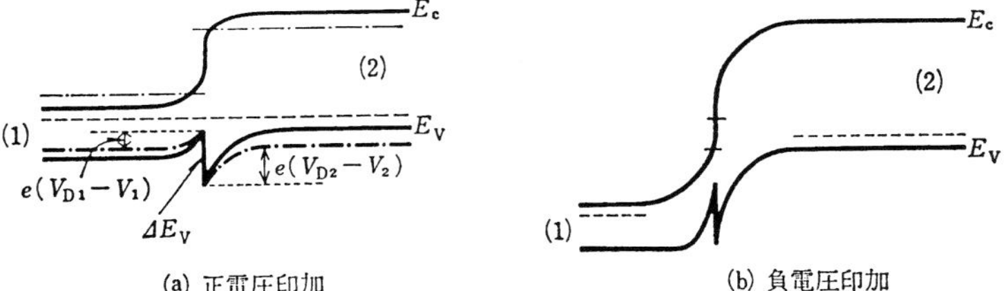

図 4·24 バイアス電圧印加時のヘテロ接合

よって接合面における電圧電流関係や静電容量などを計算することができる．ただ実際問題として，上式の計算式に素直に従わないような大きな問題がある．それは先にも述べたように，二つの境面における境面準位の存在である．2種の異なった物質を接合させるのであるから，その界面には何らかの事情によって不純物が混入するのであろうし，たとえ，それがなくても異質のものが接合するために格子点が連続して結合できなくなり，結晶の欠陥，ひずみなどがもたらされるため，いわゆる界面準位が生ずる．これらの準位は接合面付近のエネルギー準位図にも影響を及ぼし，その面を通じてキャリアが流れるとき，それを捕えるなど，いくつかの効果を与えるものである．そして一般に，これらの効果はこのような接合を利用しようとする場合多くは悪い影響として現れる．そこでヘテロ接合を生成しようとする場合にはなるべく格子定数その他の物理的性質が一致しているような材質を選び出す必要がある．

しかし，このようなヘテロ接合で，その材質の組合せによっては，ホモ接合

では得られないような性能をもたせ得ることが特徴で，実際にもすでにいくつ

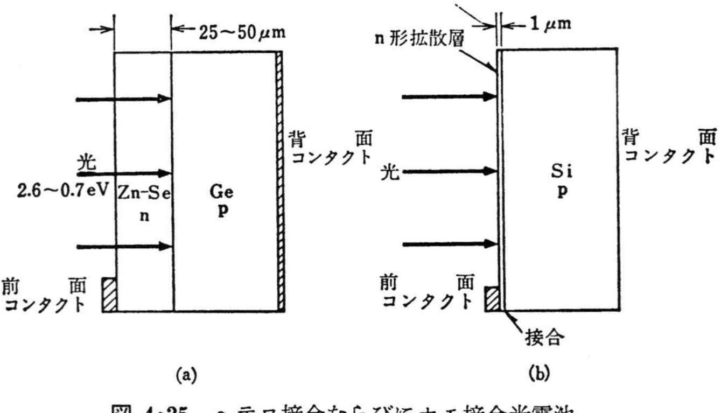

図 4·25　ヘテロ接合ならびにホモ接合光電池

かの実用例がある．以下に代表的な応用例を説明しよう．図 4·25 は光電池についてホモ接合とヘテロ接合とを対比したものである．図（b）は 4·3 で述べたホモ接合 Si の光電池である．入射光は接合に到達する以前に前面の n 形層で吸収され，その残部が接合部分で光電流の発生にあずかる．一方，図（a）は p 形 Ge の表面へ n 形 ZnSe をつけたものであるが，ZnSe のほうが Ge と比べて禁制帯幅が広いので，光量子エネルギーのうち 2.6 eV から 0.7 eV の間の光は吸収されることなく Ge に到達

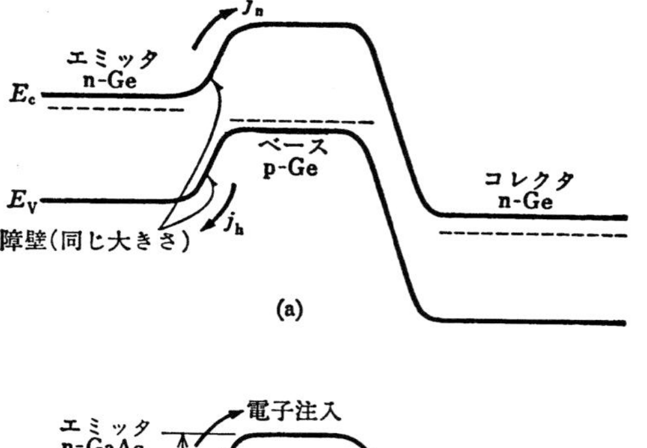

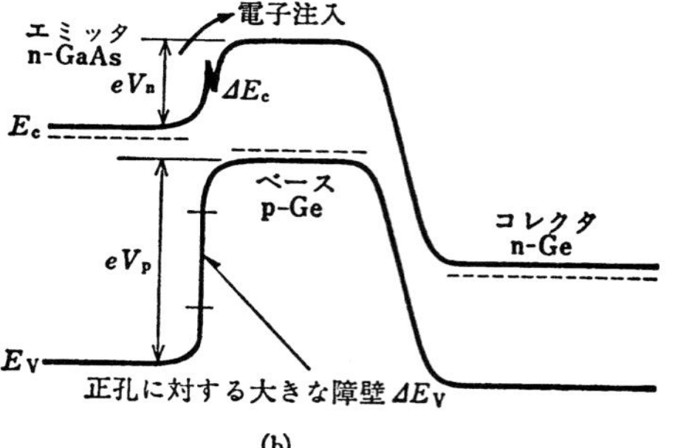

図 4·26　ホモ接合ならびにヘテロ接合エミッタトランジスタのエネルギー帯構造

し，接合面で光電流の発生に消費される．

また 図 4·26 はトランジスタについてホモ接合とヘテロ接合を対比したものである．図示のようにホモ接合ではエミッタとベースとの接合において電子電流 j_n に対する障壁の高さと，正孔電流 j_h に対する障壁の高さが等しい．これに対してヘテロ接合では電子の注入に対する障壁の高さに比べて正孔の注入に対する障壁高さが大きい．これはトランジスタ作用を効率よく行わせる上に望ましい．この他ヘテロ接合を用いたレーザダイオードについては 4·3 で紹介した．

4·5　接合トランジスタ

周知のようにトランジスタは近年における最も偉大な発明の一つである．トランジスタ作用を詳かにするには，半導体の物性，とくに電位分布のある結晶中をキャリアが移動するときのふるまいが明らかにされねばならない．このような意味合いにおいて，この節では各種のトランジスタの動作原理について述べる．しかし，それらの特性を解析することは，電子物性工学で取り扱うべき領域を逸脱するものであるから，4·2 で述べた p-n 接合理論の延長として，また，まだ述べられていない半導体-絶縁物の接合理論の一環として紹介する程度にとどめる．

（1）　**トランジスタの基本動作**　図 4·27 のような p-n-p 構造において，エミッタ接合は順方向にバイアスさせ，コレクタ接合は逆方向にバイアスされている．いまエミッタ回路に交流信号を入れるとき，交流の信号電流は増幅される．電力的にみても，エミッタ側の入力抵抗は順方向抵抗 r_e に相当して小さくコレクタ側の負荷には接合の逆方向抵抗に相当する高抵抗 r_c を接続できるので，入力パワ対出力パワ

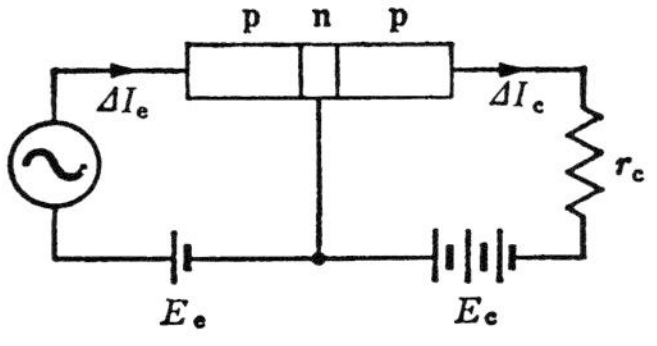

図 4·27　トランジスタの動作原理

$$\frac{(\Delta I_c)^2 r_c}{(\Delta I_e)^2 r_e} \tag{4·67}$$

は極めて大きな値とすることができる．この場合エミッタの p 層からベースの n 層へは正孔が注入されるが，もしベース層の幅が厚ければ 4·2 で述べたこと

からわかるように，注入された正孔は全部電子と再結合して消滅してしまうが，その幅が薄ければほとんど再結合されないで負電位にバイアスされているコレクタのp層に流れこむ．一般に

$$\alpha=\left(\frac{\Delta I_c}{\Delta I_e}\right)_{V_c=\mathrm{const}} \tag{4·68}$$

をベース接地の電流増幅率と呼ぶが，α の値はほとんど1に近い．したがって式（*4·67*）で示される出力比はほぼ r_c/r_e に等しくなる．

上述の説明は p-n-p 形トランジスタについてなされたが，n-p-n の構造としても全く同様である．また **図 4·28**（a）の回路では出力電流は入力電流よりむしろ減少する．そこで図（b）の回路にすれば電流増幅を行うことができる．トランジスタ工学では，このような電力増幅，電流増幅を行うとして，増幅率を高めるにはどうすればよいか，トランジスタの動作し得る周波数の限界などについて検討するものであるが，本書では回路関係の記述は省略し，最も基本であるp-n-p層の中のキャリアの流れについて考えることとする．

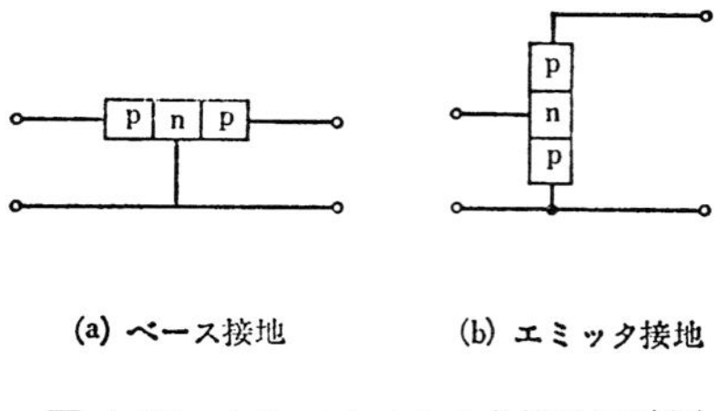

図 4·28　トランジスタの各接地回路図

（2）　p-n-p トランジスタ　　4·2 では p-n 接合におけるエネルギー準位図を説明し，それにバイアス電圧が印加されたとき接合を通して流れるキャリアの動きについて考察した．p-n-p 接合は2個の p-n 接合を逆方向に接続したものと考えられるから，境界条件をそれなりに取り入れることによって同様に扱うことができる．まず **4·2**（**2**）では p-n 接合で V なる電圧が印加されたとき，接合の両側における少数キャリアを計算することから出発した．ここで導いた式（*4·27*）（*4·28*）など p-n-p に対してあてはめることとしよう．

図 4·29 は p-n-p 接合で，それにバイアスがされてない場合のポテンシャル分布が実線で示されている．左側のp層は**エミッタ**（emitter），右側のp層は**コレクタ**（collector），中間のn層は**ベース**（base）で，記号のサフィックスとして，それぞれ E, C, B が用いられている．それぞれの層における電子や正孔の密度は **4·2**（**2**）の説明と全く同じ記号で与えられている．次にベースに対し

て，エミッタ側へ V_E（トランジスタとしてふつう使われる状態では $V_E>0$），コレクタ側へ V_C（トランジスタとしてふつう使用される状態では $V_C<0$）の電圧が印加されたときの模様は点線で示したようになる．いま左のp-n接合については右の端を $x=0$ にとり，右のp-n接合については左の端を $x=W$ に

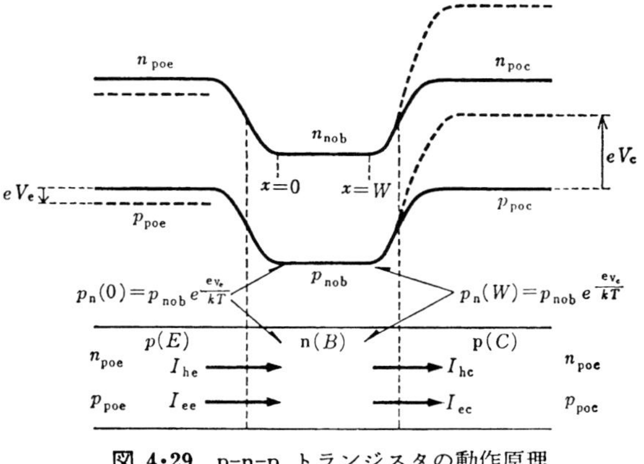

図 4・29　p-n-p トランジスタの動作原理

とり，この $x=0\sim W$ の間をベース領域の左端から右端と考えることとして以下の計算を行う．

まず $x=0$ において，ベース領域における正孔の数は前に p-n 接合で求めた式（4・28）と同じで

$$p_n(0)=p_{n0B}\,e^{\frac{eV_E}{kT}} \qquad x=0 \qquad (4\cdot69)$$

同様に W では

$$p_n(W)=p_{n0B}\,e^{\frac{eV_C}{kT}} \qquad x=W \qquad (4\cdot70)$$

である．p_{n0B} で p は正孔濃度，添字の n は形，0 は平衡状態，Bはベースを意味する．これらの数は図中に記入した．このようにしてキャリアの注入が行われると，それぞれの領域において熱拡散を主な原因とする電荷の移動がおこる．まずエミッタ領域へ流れこむ電子電流は式（4・34）と同じで

$$I_{eE}=\frac{en_{p0B}D_e}{L_e}\left(e^{\frac{eV_E}{kT}}-1\right)=I_{eE0}\left(e^{\frac{eV_E}{kT}}-1\right) \qquad (4\cdot71)$$

同様に右側のコレクタ領域では

$$I_{ec}=-\frac{en_{p0C}D_e}{L_e}(e^{\frac{eV_c}{kT}}-1)=I_{ec0}(e^{\frac{eV_c}{kT}}-1) \tag{4・72}$$

次にベース領域における正孔の流れを考える．ベース中の任意の点xにおいて少数キャリア連続の式をたてると

$$\frac{d^2p_{nB}}{dx^2}=\frac{p_{nB}-p_{n0B}}{L_h^2} \tag{4・73}$$

$$L_h=(D_h\tau_h)^{1/2}$$

式（4・73）を解くのに式（4・69）（4・70）の条件を入れて

$$p_{nB}(x)=p_{n0B}+p_{n0B}(e^{\frac{eV_E}{kT}}-1)\frac{\sinh\{(W-x)/L_h\}}{\sinh(W/L_h)}+p_{n0B}(e^{\frac{eV_C}{kT}}-1)\frac{\sinh(x/L_h)}{\sinh(W/L_h)} \tag{4・74}$$

$x=0$ および $x=W$ における正孔電流は

$$I_{hE}=-eD_h\left(\frac{\partial p}{\partial x}\right)_{x=0} \tag{4・75}$$

$$I_{hC}=-eD_h\left(\frac{\partial p}{\partial x}\right)_{x=W}$$

式（4・74）を代入して

$$I_{hE}=\frac{ep_{n0B}D_h/L_h}{\tanh(W/L_h)}(e^{\frac{eV_E}{kT}}-1)-\frac{ep_{n0B}D_h/L_h}{\sinh(W/L_h)}(e^{\frac{eV_C}{kT}}-1) \tag{4・76}$$

$$I_{hC}=\frac{ep_{n0B}D_h/L_h}{\sinh(W/L_h)}(e^{\frac{eV_E}{kT}}-1)-\frac{ep_{n0B}D_h/L_h}{\tanh(W/L_h)}(e^{\frac{eV_C}{kT}}-1) \tag{4・77}$$

ここで

$$I_{hE0}=\frac{ep_{n0B}D_h/L_h}{\tanh W/L_h}\fallingdotseq\frac{ep_{n0B}D_h}{W}$$

$$I_{hC0}=\frac{ep_{n0B}D_h/L_h}{\tanh W/L_h}\fallingdotseq\frac{ep_{n0B}D_h}{W} \tag{4・78}$$

とおくと I_{hE0} は $V_C=0$ で，$eV_E/kT \ll -1$ のような V_E を印加したときのエミッタ電流に相当し，I_{hc0} は $V_E=0$ で，$eV_C/kT \ll -1$ のような V_C を印加したときのコレクタ電流に相当する．

なお I_{hE} および I_{hC} を表す式で，1項はエミッタから注入される正孔電流を，2項はコレクタから注入される正孔電流を与えるものである．

次に，トランジスタとして動作されている状態では，コレクタへは逆方向バイアスが印加されているから $V_C<0$，また $|eV_C/kT|$ の値はかなり大きいので $e^{eV_C/kT} \doteqdot 0$ とみなしてよい．したがって式 (4・76) (4・77) を次式のように書直すことができる．

$$I_{hE}=I_{hE0}\left(e^{\frac{eV_E}{kT}}-1\right)+\frac{ep_{n0B}D_h/L_h}{\tanh(W/L_h)}\times\frac{1}{\cosh W/L_h}$$

$$=I_{hE0}\left(e^{\frac{eV_E}{kT}}-1\right)+\beta_0 I_{hC0} \qquad ただし\ \beta_0\equiv\frac{1}{\cosh W/L_h} \qquad (4・79)$$

$$I_{hC}=\beta_0 I_{hE0}\left(e^{\frac{eV_E}{kT}}-1\right)+I_{hC0} \qquad (4・80)$$

これら両式をみてわかるように，エミッタから流れ込む正孔電流は，コレクタが存在しないときの電流にコレクタの存在にもとづく第2項を加えたものであり，コレクタから流れこむ正孔電流は，エミッタが存在しないときの電流に，エミッタの存在にもとづく第1項を加えたものである．

このように全電流としては正孔電流と，電子電流との和として

$$I_E=I_{hE}+I_{eE} \qquad (4・81)$$
$$I_C=I_{hC}+I_{eC}$$

のように与えられる．上式の I はすべて電流密度であった．トランジスタ電流としては，これに面積に相当するものを掛けてやる必要がある．

(3) 電界効果形トランジスタ (field effect transistor 略して F. E. T.) トランジスタの他の形として，半導体中を流れる多数キャリアの通路を，電界によって制御しようとするものがある．その代表的な構造を **図 4・30** に示す．図の例では n形 Si の結晶の両側にオーム接触させた電極の一つを **ソース** (source) 他を **ドレイン** (drain) とし，その間に電子電流を流す．この電流通路を **チャネル** (channel) と呼ぶが，チャネルの途中には p-n 接合がつくられ，しかも図示のように，その接合は逆方向にバイアス電圧が印加されている．こ

の場合p層を**ゲート**（gate）と呼ぶ．**4·4** で述べたように逆バイアスされた p-n 接合では空間電荷層が生じていて，その幅は逆バイアス電圧が高いほど広くなる．図の構造ではゲート電圧，つまりp層の電位は一定であるが，n層の電位はソースからドレインに向かって高くなるので，p-n 接合に印加される逆電圧はドレイン電極に近いほど大きくなり，空間電荷層の形状は図で示されたようになる．

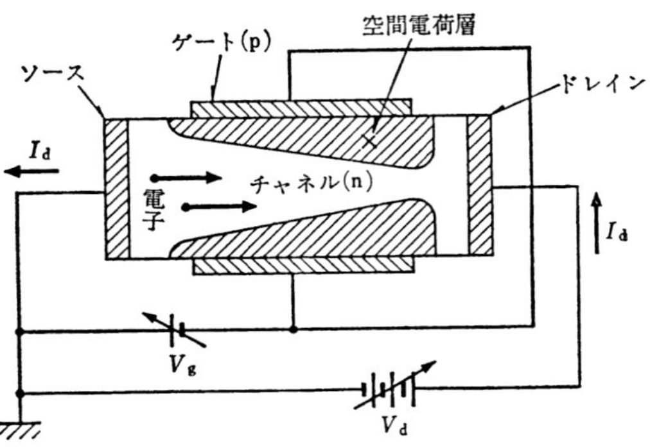

図 4·30　電界効果形トランジスタの構造と原理図

ところで電子電流の流れるチャネルは空間電荷層の生じていない部分であるから，ゲート電圧が増加して空間電荷層が広まるとチャネルの抵抗は増大してドレイン電流は減少する．ゲート電圧が増加して，ある電圧になると両側から広がった空間電荷層の端がドレイン側で接触し，この状態ではドレイン電流はほとんど流れなくなる．このような状態を**ピンチオフ**（pinch off）といい，そのときのゲート電圧を**ピンチオフ電圧**（pinch off voltage）という．このような素子は，ゲート側を入力端子とした

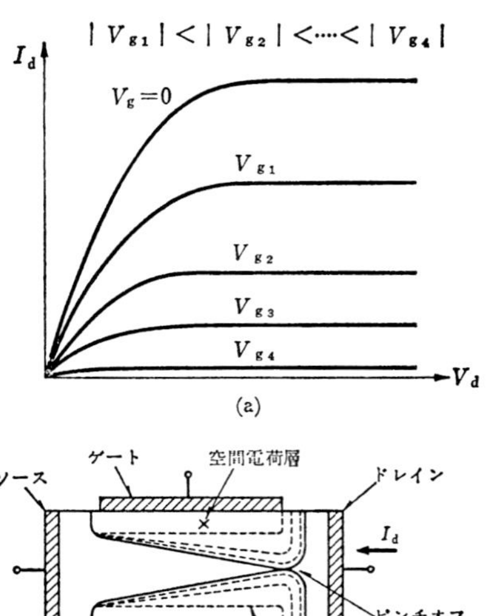

図 4·31　電界効果形トランジスタの出力特性曲線とその説明

場合，極めて高入力インピーダンスの能動素子となる．その出力特性曲線は図 4·31（a）のようになる．この形のトランジスタはキャリアとして多数キャリアを制御するので，キャリアの走行時間にもとづく周波数限界は高い．

ここで説明したゲートはp－n接合の空間電荷層の広がりを利用したものであるが，p層のかわりに金属を着けてショットキー障壁の空間電荷層を用いても原理的には全く同様に動作する．半導体として GaAs を用いたものはとくに高周波用として実用されている．

4·6 半導体の界面現象とその応用

4·1 で金属-半導体の界面現象について述べた．ここでは，これらの現象を一般論として取り上げ，その応用の一つとして MOS トランジスタについて述べようとするものである．

（1） 半導体表面　固体のバンド理論ではすべて完全な結晶が仮定されている．そして結晶中に存在する不完全さは許容帯または禁制帯中に存在する電子のエネルギー準位によって表される．われわれの取り扱う固体は，その終端で何らかの物体に接している．

ふつう，その外側が真空のときは表面と呼ばれ，固体のときは界面と呼ばれる．それらの場合いずれにしてもそこでは内部と違ったエネルギーの不連続が生ずるので，それに該当するエネルギー準位が存在する．図示のものは理想的な界面を描いているが，実際の界面はもっと汚れて複雑なものである．つまり両者の界面では，それを接触する前に処理した工程で付着した残留薬品とか，吸着ガスの単分子層あるいはもっと厚い層の分子などが介在している．このようなものの存在にもとづいて表面のポテンシャルは内部と比べて，ある場合には高く，ある場合には低くなる．その場合，必然的に

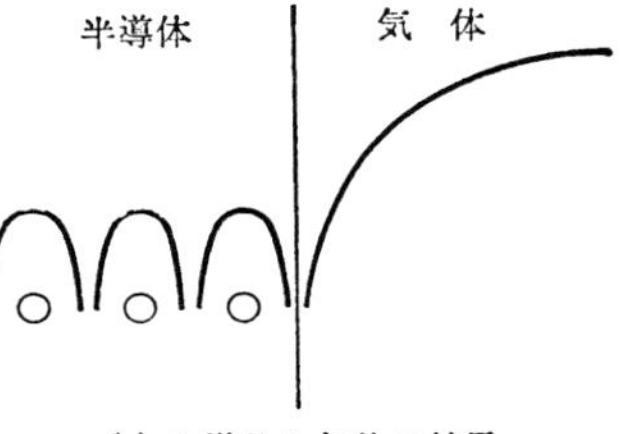

(a) 半導体と気体の境界

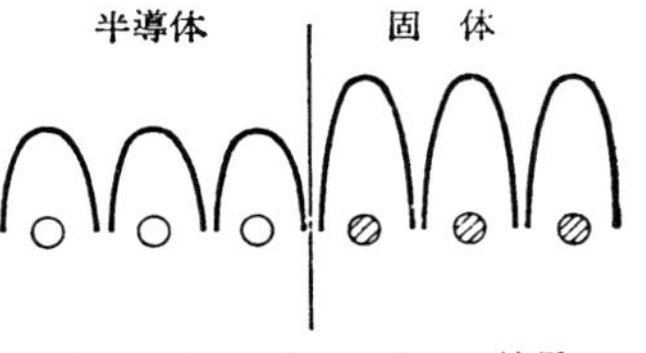

(b) 半導体と他の固体との境界

図 4·32 半導体の境界面におけるポテンシャル状態

キャリアの分布はそれに応じて変化するもので，そのことについて考察しよう．

図は熱平衡状態における表面付近のエネルギー準位図を示している．先に述べたように，一般に半導体内の電子および正孔の密度nおよびpは近似的に次式で与えられる．

$$n=N_c e^{-\frac{E_c-E_F}{kT}} \tag{3·76}$$

$$p=N_V e^{+\frac{E_V-E_F}{kT}} \tag{3·80}$$

前章で述べたように真性半導体では $n=p=n_i$ である．また，この場合（真性）のフェルミレベルを E_i とすれば，上の二つの式から次の関係が求められる．

$$E_i=\frac{1}{2}(E_c+E_V)+\frac{1}{2}kT\ln\left(\frac{N_V}{N_c}\right) \tag{4·82}$$

$$n=p=n_i=N_c e^{-\frac{E_c-E_i}{kT}}=N_V e^{\frac{E_V-E_i}{kT}} \tag{4·83}$$

これを式（3·76）（3·80）に代入すればn，pは次式で表される．

$$n=n_i e^{\frac{E_F-E_i}{kT}}=n_i e^{\frac{\phi}{kT}} \tag{4·84}$$

$$p=n_i e^{\frac{E_i-E_F}{kT}}=n_i e^{-\frac{\phi}{kT}} \tag{4·85}$$

式（4·84），（4·85）で ϕ という量が用いられたが，式で明らかなように

$$\phi=E_F-E_i \tag{4·86}$$

つまりフェルミ準位を基準として，任意のエネルギーを ϕ で表す．

また半導体の表面をs，表面から遠くはなれた内部で平坦なエネルギーをもつ部分をbのサフィックスをつけることにして，各部のキャリア密度や電位を求めると

$$n_b=n_i e^{\frac{\phi_b}{kT}} \tag{4·87}$$

$$p_b=n_i e^{-\frac{\phi_b}{kT}}$$

$$n_s=n_i e^{\frac{\phi_s}{kT}}=n_b e^{\frac{\phi_s-\phi_b}{kT}}$$

$$p_s = n_i e^{-\frac{\phi_s}{kT}} = p_b e^{-\frac{\phi_s - \phi_b}{kT}} \tag{4·88}$$

なお，式を簡略にするため，次式のような記号の定義づけをする．

$$eV \equiv \phi - \phi_b$$

$$eV_s \equiv \phi_s - \phi_b \tag{4·89}$$

$$u \equiv \frac{\phi}{kT}$$

$$v \equiv \frac{eV}{kT} \tag{4·90}$$

そうすると，各点における電子，正孔の密度は次のようになる．

$$n = n_i e^{u} = n_b e^{v}$$

$$p = n_i e^{-u} = p_b e^{-v} \tag{4·91}$$

さて，半導体の界面は，それが接触した対象となる物質によって各種のエネルギー状態となる．

図 4·33 で図（a）は多数キャリア濃度が内部と比べて表面に多く集まり，蓄積層がつくられる．このためエネルギー準位図は図示のようになる．

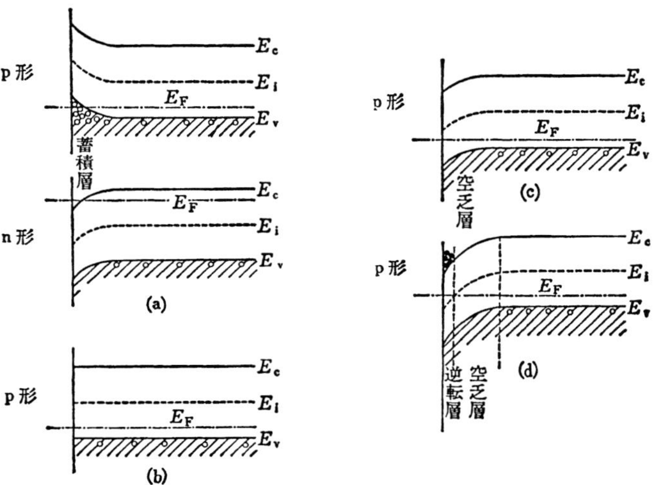

図 4·33 半導体の表面状態

図（b）は準位が平坦な場合である．

図（c）では多数キャリアのある量が表面から追い出される．イオン化した不純物が補償されていないで，そこに空乏層が形成されている．

図（d）では多数キャリアは表面でますます少なく，逆に表面では少数キャリアが多くなって，そこは内部と反対にn形層，つまり逆転層となり，その中間には空乏層がつくられている．

このように表面状態が変化すれば，その部分の電気抵抗率は変化し，キャリアは流れやすくも，流れにくくもなる．工学的には，この表面状態を変化させるために半導体の表面へ薄い絶縁層をつけて，その電位を制御することが行われている．そこで以下では，とくに半導体と絶縁物との接触面について考察しよう．

（2）**MOS 構造**　ふつう使われる MOS（Metal 金属，Oxide 酸化物，Semiconductor 半導体）トランジスタは Si の表面を酸化して表面に酸化物である SiO_2 をつけたものの上へ，金属をつけた MOS 構造が基本となっている．

このような MOS 構造において，その内部のポテンシャル分布を示すと図 4·34 のようになる．図では半導体に対して金属に電圧 V_a が加えられた場合である．ただし図において

V_a　半導体母体に対する金属電極の電位

ϕ_m　金属の仕事関数

V_i　酸化物層に加わる電圧

χ　半導体の電子親和力

V_c　フェルミ準位と伝導帯間の電位差

その他の記号は 4·5 に述べたとおりである．

図からわかるように

$$eV_a=\phi_m+eV_i-\chi+eV_s-eV_c \tag{4·92}$$

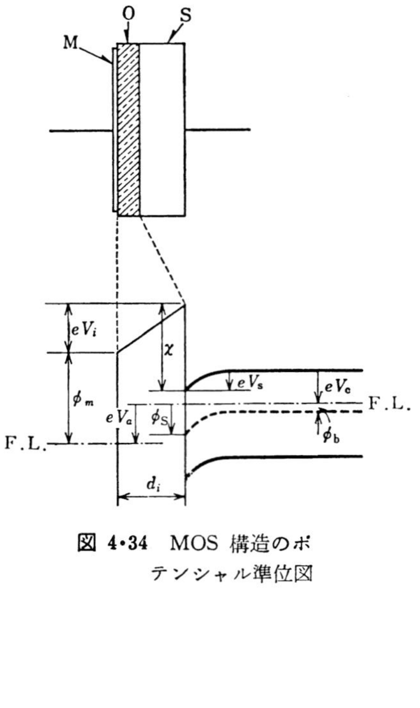

図 4·34　MOS 構造のポテンシャル準位図

式（4·92）から

$$eV = e(V_t + V_s) = eV_a - \phi_m + \chi + eV_c \qquad (4\cdot93)$$

このように MOS 構造では電圧は絶縁層と半導体障壁との二つにわかれて印加される．したがって電荷の分配を考えると（図4·35（a））絶縁物と半導体との界面準位に捕えられる電荷 Q_{ss} と半導体の空間電荷層中にある電荷 Q_{sc} の和と等しく，反対符号の電荷が金属中に誘起されることとなる．そして，この構造に対する静電容量を考えるとすれば，それは図（b）のような等価回路で与えられるものとなる．

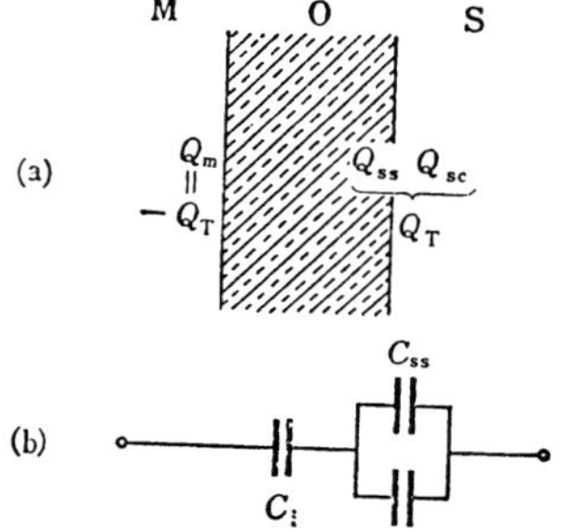

図 4·35　MOS 構造の等価回路

一般に MOS 構造の静電容量が印加電圧によって，どのように変化するかは界面の状況を判断する上に極めて重要である．つまり MOS 構造の素子に直流バイアスを加えておき，それに微小な交流電圧を重ねることによって容量を測定すると，バイアス電圧 V に対して静電容量 C は図 4·36 のように変化する．曲線の形状が異なるのは界面の状況や測定周波数によるもので，その詳細についての説明は省略するが，曲線について概念的に述べると次のようである．

図は n 形半導体の MOS 構造に関するもので，図で a の状態は金属側に正電位が与えられていて，界面付近のエネルギー状態は図に記入されたようで，半導体中には蓄積層が生じている．蓄積層の電荷は電圧のごく微小な変化にも追従する．つまり，この状態では半導体障壁の

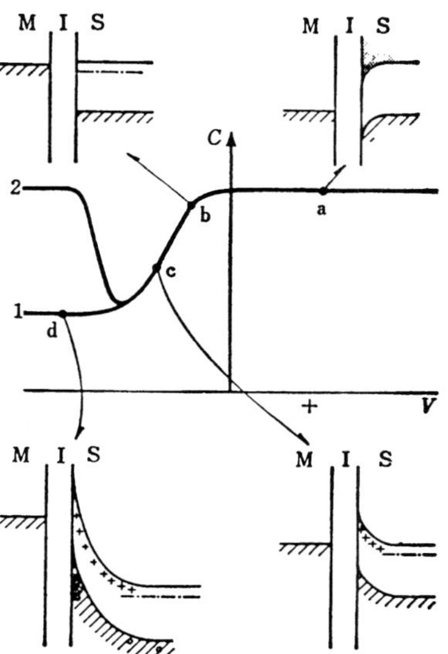

図 4·36　MIS 構造における C-V 特性曲線とその説明

静電容量は極めて大きな値をもっている．したがって合成の静電容量は絶縁層のキャパシティである C_i に相当するものと考えてよく，バイアス電圧には依存しない．

次に c の状態では図示のようなエネルギー準位図を呈していて，半導体表面には空乏層が生じている．空乏層は Schottky 障壁で述べたように，その幅が印加電圧によって変化するから，金属へ印加する負のバイアスが増加すればCは減少する．b は a と c の中間で表面付近でのエネルギー準位は平坦になっている．d ではエネルギー状態は図示のようになり，半導体の表面には逆転層が生じて，ここには正孔による電荷が蓄積される．しかし，この層の電荷の出入りは絶縁物とのやり取りによるもので大きい時間定数をもっているため，直流バイアスには追従するが，1 kHz もしくはそれ以上の高周波電圧の変化には追従できない．したがって交流電圧の変化によって変化するのは図で空乏層の端の電荷である．このようにして合成のCは Ci と空乏層部の静電容量とを直列接続したものとなる．もし交流電圧の周波数が低くて，逆転層の電荷のやり取りがそれに追従するならば，そこの部分の静電容量が非常に大きいこととなって，それと Ci との直列容量は Ci とほぼ等しくなり C-V 特性は図の曲線2のようになるであろう．

（3） **MOS トランジスタ**　　i 形 Si の表面へ n 層をつけて，それをソースおよびドレインとし，その間へチャネルとして p 層をつけ，その電位を絶縁層を介してゲートの電位で制御するトランジスタについて，動作原理を説明しよう．

ゲート電圧が正の場合は，その下方では半導体中の正孔が表面から遠ざけられ，さらにバイアス電圧を大きくすると電子が集合するようになる．このため表面のチャネルははじめ p 形であったものが i 形から n 形に反転し，ソースからドレインへ

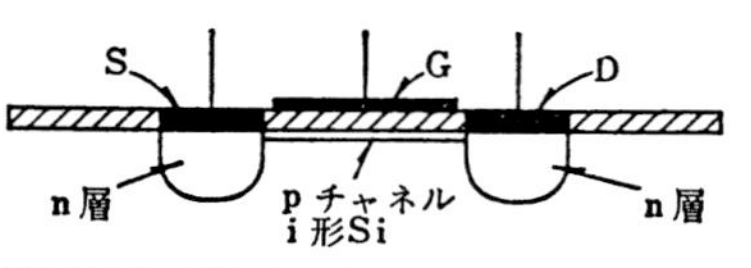

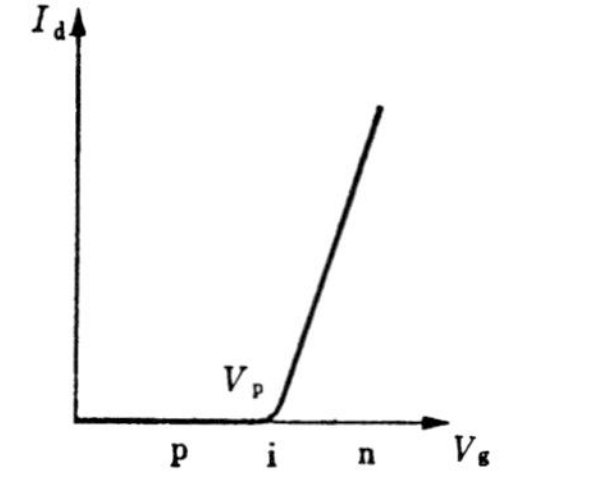

図 4・37　MOS トランジスタの動作

オーミックな電流が流れるようになる．いまゲート電圧 V_g に対して，電流 I_d を描くと図示のようになり，ある電圧を境としてチャネルの電流は始動する．このような電圧が**ピンチオフ電圧** (pinch-off voltage) で V_p で表される．

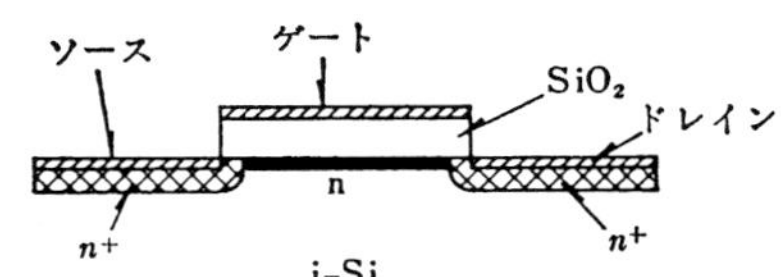

さて図示のような構造，寸法のものについて各部の電位を考える．ゲートに与えられる電圧を V_g とすると，絶縁層の上側の電位は位置 z に関係なく一定であるが，下側の電位は場所によって異なるので，点 z における電位を V (z) で表す．このようにすると絶縁層中の電界は次式のようになる．

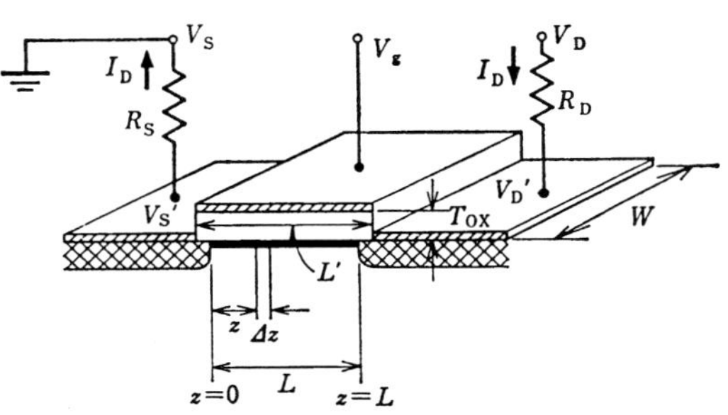

図 4・38　MOS トランジスタの動作解析

$$E_{0x}(z)=\frac{V_g-V(z)}{T_{0x}} \tag{4・94}$$

絶縁層の下側，すなわち半導体表面に誘起される電荷は明らかに

$$\sigma_e(z)=\varepsilon_{0x}E_{0x}(z)$$
$$=\frac{\varepsilon_{0x}}{T_{0x}}[V_g-V(z)] \tag{4・95}$$

ここで ε_{0x} は絶縁層の誘電率であり，$\sigma_e(z)$ は z の点に誘起される**電荷の表面密度**である．

さてピンチオフ電圧 V_p の定義に従って，$V_g-V(z)\geqq V_p$ の条件が満たされる点 z にある電荷は動き得るものである．

$$\left.\begin{array}{ll}\sigma_m(z)=\dfrac{\varepsilon_{0x}}{T_{0x}}\{[V_g-V(z)]-V_p\} & V_g-V(z)>V_p \text{ の場合}\\ \sigma_m(z)=0 & V_g-V(z)\leqq V_p \text{ の場合}\end{array}\right\} \tag{4・96}$$

幅W，長さ Δz のチャネルのコンダクタンス $G(z)$ は

$$G(z)=\frac{\sigma_m(z)\mu W}{\Delta z} \tag{4・97}$$

ここで μ はキャリアの移動度である．
チャネルを流れるソース電流 I_d は

$$I_d=G(z)\Delta V=\sigma_m(z)\mu W\frac{\Delta V}{\Delta z} \tag{4・98}$$

$$\therefore\quad I_d=\frac{\varepsilon_{0x}\mu W}{T_{0x}}[V_g-V_p-V(z)]\frac{\Delta V}{\Delta z} \tag{4・99}$$

チャネルの両端にわたって積分して

$$I_d\int_0^L dz=\frac{\varepsilon_{0x}\mu W}{T_{0x}}\int_{V_s'}^{V_D'}[V_g-V_p-V(z)]dV \tag{4・100}$$

$$I_d=\frac{\varepsilon_{0x}\mu W}{LT_{0x}}\left[(V_g-V_p)(V_D'-V_s')-\frac{1}{2}(V_D'^2-V_s'^2)\right] \tag{4・101}$$

上式で V_D'，V_s' は下式で与えられることは容易に理解される．

$$\left.\begin{array}{l}V_D'=V_D-I_dR_d\\ V_s'=I_dR_s\end{array}\right\} \tag{4・102}$$

これらを式 (4・101) に代入すると，素子の特性が求められる．ただし，その解は $V_g-V_D'\geqq V_p$ のときだけ意味をもつもので，$V_g-V_D'<V_p$ の時はチャネルはドレイン近傍でピンチオフされ，電流は一定値 I_{ds} となっている．そこで $V_D'=V_g-V_p$ では $I_d=I_{ds}$ であるとして，これと式 (4・102) を式 (4・101) に代入して

$$I_{ds}=\beta\frac{(V_g-V_p)^2}{1+\beta R_s(V_g-V_p)+\sqrt{1+\beta R_s(V_g-V_p)}} \tag{4・103}$$

ここで　$\beta=\dfrac{\varepsilon_{0x}\mu W}{LT_{0x}}$ (4・104)

式 (4・103) を微分して，相互コンダクタンスが求まる．

$$g_m=\frac{\partial I_{ds}}{\partial V_g}=2\beta\left[\frac{V_g-V_p}{1+\beta R_s(V_g-V_p)+\sqrt{1+2\beta R_s(V_g-V_p)}}\right] \tag{4・105}$$

4・7 p-n-p-n 接 合

接合素子の重要な p-n-p-n **サイリスタ**の原理を説明するために，まず Si の p-n-p 接合の電圧電流特性を考察してみよう．いま **図 4・39** のような電圧印加の状態では接合Aは順方向に，接合Bは逆方向にバイアスされているから，実質的には殆んどの電圧はBに印加されることとなる．この場合Bを流れる電流は p-n 接合のところで述べたように，一つは p-n 接合部において熱励起された電子と正孔によって形成される電流 I_{c0} である．いま一つはトランジスタのところで述べたように，A接合から注入された正孔の1部とである．もし接合部分の電界が強ければ前に述べたように，そこで，なだれ作用をおこして電流は増加されよう．つまり

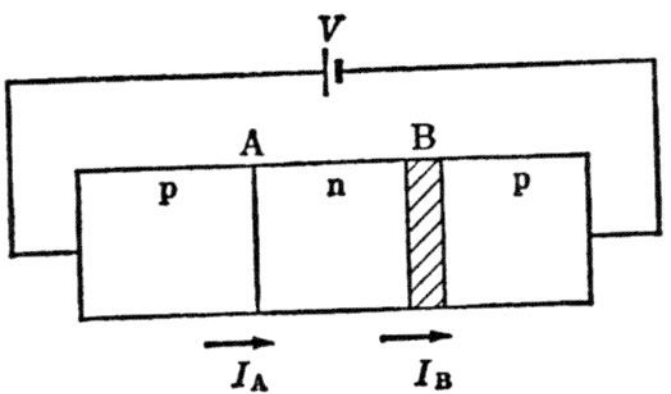

図 4・39 p-n-p ダイオードの動作を示す図（B接合は逆バイアス）

$$I_B=(\alpha I_A+I_{c0})M \tag{4・106}$$

ここで

$$\alpha=\frac{\text{接合Bへ流れこむ正孔電流}}{I_A} \tag{4・107}$$

Mについては **4・2（3）** で述べたとおりで，この値と印加電圧との関係は，一般に次式で与えられる．

$$M=\frac{1}{1-(V/V_B)^n} \tag{4・108}$$

ここで V_B は絶縁破壊電圧，nは定数でふつう 3～6 である．

次に p-n-p-n 構造について考えてみよう．いま **図 4・40** のような印加電圧がかけられているものとし，その電圧がそう大きくない場合を考える．接合AとCとは順バイアス，接合Bは逆バイアスであるから，この構造の長さ方向へのエネルギー変化は図示のようになって，中央の接合へは左側の接合から正孔が，右の接合からは電子の注入があって，式（*4・106*）と同様に考えると

$$I_B=(\alpha_A I_A+\alpha_C I_C+I_{C0})M \tag{4・109}$$

ここで

$$\alpha_A = \frac{\text{接合Bへ流れこむ正孔電流}}{I_A}$$

$$\alpha_C = \frac{\text{接合Bへ流れこむ電子電流}}{I_C}$$

また

$$I_A = I_B = I_C = I \qquad (4\cdot110)$$

であるから

$$I = \frac{MI_{C0}}{1 - M(\alpha_A + \alpha_C)} \qquad (4\cdot111)$$

この構造では，小さい電流が流れている状態では，ふつう $\alpha_A + \alpha_C$ が1より小さい（たとえば0.9くらい）ように設計されている．バイアス電圧がそう大

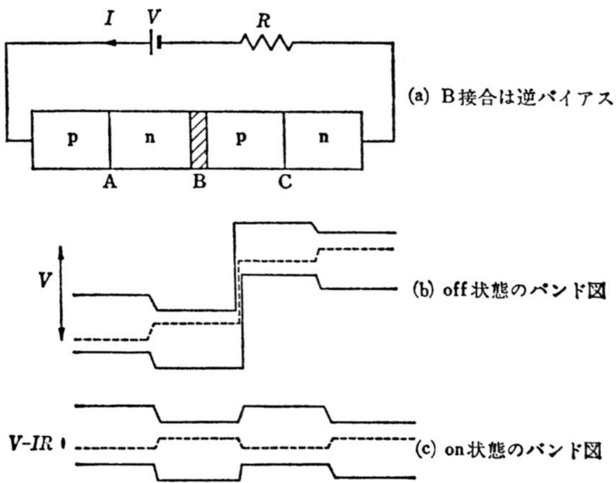

図 4·40　p-n-p-n 構造の動作説明図

きくない限りでは，なだれ作用はおきないで，$M=1$ であるから分母は正で電流 I は小さい．この状態では抵抗 R にかかる電圧は低い．しかし電圧を高めていくと接合の中でなだれ現象が生じはじめ，式（4·111）の分母の2項が1に近づくにつれて I は無限大となり，1を越えると I の値は負となる．

式の上で，このような状態になることは，現実にはそこに不安定がひきおこされて，式（4·111）を導くのに使われた前提は成立しなくなることを意味する．

ここで始めに戻って図（a）の状態におけるキャリアの動作を考えてみよう．まず接合Aから注入された正孔は1部再結合によって失われるものを除いてBを通ってCに吸収される．これは接合Cにおけるオーミック電流の1部となっている．そしてCから左方へ電子の注入が行われ，これはBを通ってAに吸収されるし，その電流分は接合Aの順バイアス電位を形成することとなり，互いにフィードバックしている．

さて両者の電流の損失は熱励起電流 I_{C0} によって平衡していることとなる．このような状態からB接合でなだれ増倍がおきると，電流は急激に増大しようとするから不安定なフィードバックがかかって，中間のn層の電位は上がり，p層の電位は下がるようになる．そして，それが進行する結果，最終的には図（c）に示されるようなエネルギー状態になって，再び安定が得られる．この状態ではp-n接合が三つとも正方向にバイアスされている．したがって，p-n接合での電圧降下は小さく，殆んどの電流がRにかかってしまう．このような状態がおこることは決して妙なことではない．与えられた条件としてはp-n-p-nとRと直列にしたものの両端の電圧だけであって，それが内部でどのような電位分布になろうと不合理はない．このようにして V-I 特性は図4·41に示すように変化する．もし電圧の印加方向が反対だとすれば，両側の二つの接合が逆バイアスされるが，キャリアの注入はないので，ふつうp-nの接合の逆方向特性を示す．

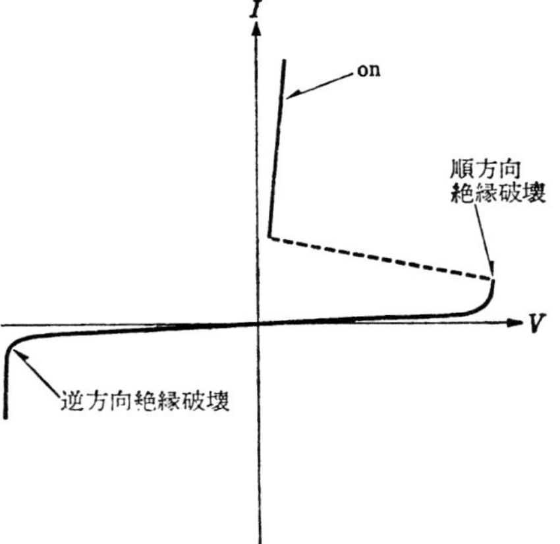

図 4·41 p-n-p-n スイッチをダイオードとして用いる場合の特性

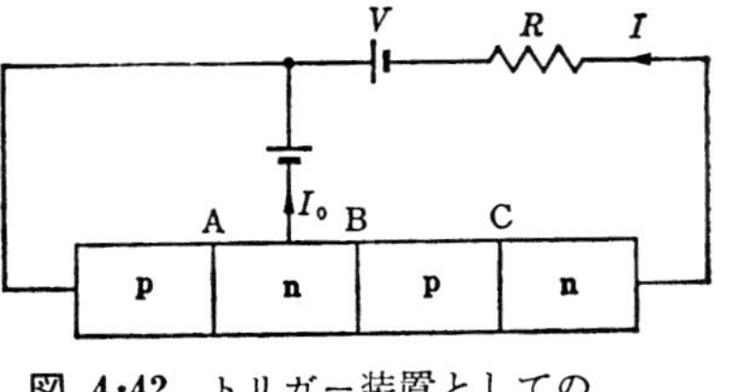

図 4·42 トリガー装置としての p-n-p-n スイッチの接続図

次に，図 4·42 の p-n-p-n 接合に余分のゲートあるいはトリガー電極を取り付けたとしても，原理的に

は前と変りはない．ここでは

$$I=I_B=I_C=I_A-I_o \tag{4・112}$$

である．式（4・109）と式（4・112）とを組み合わせて

$$I=\frac{(I_{C0}+\alpha_A I_0)M}{1-M(\alpha_A+\alpha_C)} \tag{4・113}$$

このように，始めの電流もトリガー電流に比例しただけ増幅されると同時に，トリガー電流を変えれば α_A が変化する．

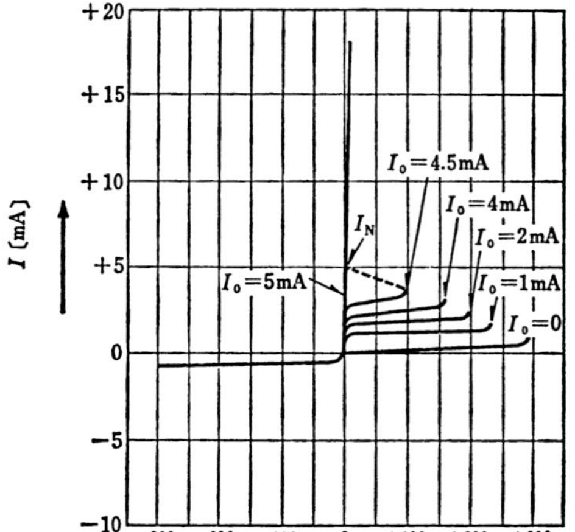

図 4・43　サイリスタの電圧電流特性曲線

問　　題

4・1　金属とp形半導体が接触した場合における接触面付近のエネルギー準位図を描いて説明せよ．

4・2　ドナ濃度が $10^{22}/m^3$ のn形半導体と金属との接触面で生成される障壁の厚さ，ならびに静電容量を計算せよ．ただし，拡散電位 $V_D=1V$，また半導体の比誘電率 $\varepsilon_s=15$ とする．

4・3　金属-半導体接触において，バイアス電圧を変えながら障壁の静電容量を測定することによって，拡散電位差および不純物濃度を求めることができる．その原理について説明せよ．

4・4　Ge の p-n 接合で p および n 領域における抵抗率の値を室温でいずれも 10^{-2} Ωm とおき，接合に生ずるポテンシャル降下を計算せよ．もし，なお Ge において抵抗率がわかれば電子および正孔の濃度は計算できる．次表にその値を掲げておく．

表

σ〔Ωm〕$^{-1}$	p形 Ge n〔m^{-3}〕	p形 Ge p〔m^{-3}〕	n形 Ge n〔m^{-3}〕	n形 Ge p〔m^{-3}〕
10^4	1.70×10^{15}	3.68×10^{23}	1.75×10^{23}	3.57×10^{15}
10^2	1.70×10^{17}	3.68×10^{21}	1.75×10^{21}	3.57×10^{17}
10	1.70×10^{18}	3.68×10^{20}	1.75×10^{20}	3.57×10^{18}

4・5　$N_d=N_a=10^{25}/m^3$ の不純物密度をもつ Ge トンネルダイオードがある．接合は階段接合であると仮定して，空間電荷層の厚さ d およびその層内の平均電界強度 E_{av} を計算せよ．ただし拡散電位 $V_D=0.72$V，Ge の比誘電率は 16 とする．

4・6　シリコンの階段接合の室温における飽和電流密度を計算せよ．ただし接合の両側で不純物密度はそれぞれ $10^{18}/m^3$，少数キャリアの寿命は 10^{-6} 秒，電子および正孔の移動度はそれぞれ $0.12\,m^2/Vs$ および $0.035\,m^2/Vs$ とし，真性におけるキャリア密度は $\sqrt{42}\times10^{16}/m^3$ とする．

4・7　$1.1\,mm^2$ の面積をもつ p-n 接合 Ge の整流器があり，母体の抵抗率は p および n 側でそれぞれ 0.1 および 2Ωcm であり，少数キャリアの寿命は電子，正孔で 100 および 200 μs である．この整流器の室温における逆方向飽和電流を求めよ．ただし Ge で $n_i=2.5\times10^{13}/cm^3$ とする．

4・8　p-n 接合において不純物の分布が図（A）のようになっている場合の静電容量 C と印加電圧 V との間には $C\propto(V_D-V)^{-1/2}$ なる関係が成り立つことを証明せよ．次に図（B）の場合には $C\propto(V_D-V)^{-1/3}$ であることが証明されているという前提で，$C\propto(V_D-V)^{-1/n}$ の n を 2 以下にするには不純物分布をどのようにしたらよいかを考察せよ．

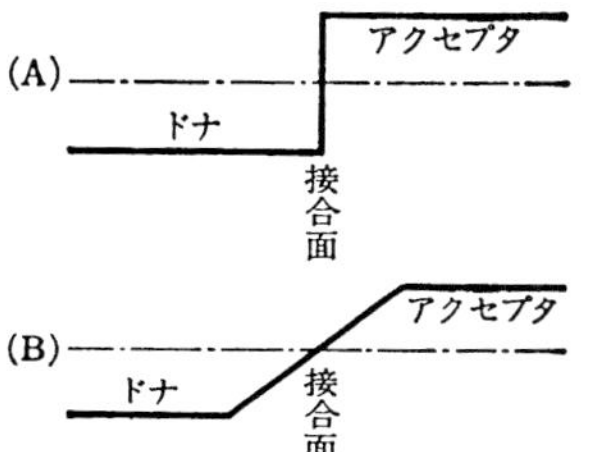

4・9　金属-絶縁体-p 形半導体よりなる構造（MOS）において，静電容量がバイアス電圧によって変化する模様を描いて説明せよ．ただし半導体に対して金属の電圧を正としたときを電圧の正方向とする．

4・10　半導体ヘテロ接合について述べ，とくに，それが工学的にどのような価値があるかを説明せよ．

5章 誘　電　体

5·1 誘　電　分　極

まず静電気学の簡単な復習から入ろう．コンデンサの静電容量について考えてみる．電極間が真空のときの静電容量を C_0 とし，次に電極間を絶縁体で埋めると，その静電容量は増して C となる．ここで

$$\varepsilon_r = \frac{C}{C_0} \tag{5·1}$$

とおくと，ε_r は絶縁体の種類で決まる定数でその絶縁体の**比誘電率**（relative dielectric constant）と呼ぶ．われわれは，これから，それぞれの物質の ε_r をその物質のミクロな構造と結びつけて論じようとする立場にある．いま電極に与えた電荷がいずれの場合も同じで $\pm Q$ とすれば，$V=Q/C$ の関係から電極間の電位差 V，したがって電界 E は真空の場合に比べ絶縁物中では $1/\varepsilon_r$ に減少することになる．

さて，**図5·1**に示すような平行板電極を考え，この間が絶縁体で満たされているとする．いま電極に単位面積あたり $\pm q$ なる電荷を与えると，その電界により絶縁体の内部では正負の電荷が変位し端面に電荷が現れる．これを**誘電分極**（dielectric polarization）を生じたと言い，このような現象に注目するときは絶縁体のことを**誘電体**（dielectrics）と呼ぶ．誘電分極を量的に表すには，誘電体内の1点において電荷の変位に垂直な面を考え，この面の単位面積を通った電荷の量をその大きさとし，正電荷の変位の方向をその方向とするベクトル $\boldsymbol{P}$ を用い，これを単に**分極**（polarization）とも呼ぶ．いま図5·1の平行板間の誘電

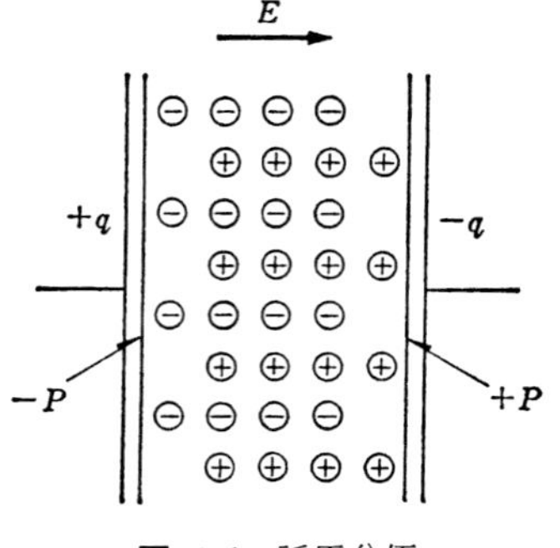

図 5·1　誘電分極

体が一様な物質からなるとすると，誘電体内部では正負の電荷は打消し合い，誘電体の表面にのみ単位面積あたり $-P$ および $+P$ の電荷が現れることになる．したがって電極上の電荷の一部は打消され，$q-P$ なる見掛けの電荷により，ガウスの定理を用いて

$$E=\frac{q-P}{\varepsilon_0} \tag{5・2}$$

なる電界が誘電体内部に存在していることがわかる．

一方，平行板間の電界は誘電体がない場合は

$$E_0=\frac{q}{\varepsilon_0} \tag{5・3}$$

比誘電率 ε_r の物質で満たされていると，先に述べたようにその大きさは $1/\varepsilon_r$ になり

$$E=\frac{q}{\varepsilon_r\varepsilon_0} \tag{5・4}$$

式（5・2），（5・4）より

$$P=\varepsilon_0(\varepsilon_r-1)E \tag{5・5}$$

が得られる．一般にベクトルで書けば

$$\boldsymbol{P}=\varepsilon_0(\varepsilon_r-1)\boldsymbol{E} \tag{5・6}$$

式（5・5）または式（5・6）は分極と比誘電率を結びつける重要な式である．

また電束は単位真電荷から1本ずつ出る線として定義されているので，いまの場合その密度 $D=q$，したがって式（5・4）より

$$\boldsymbol{D}=\varepsilon_r\varepsilon_0\boldsymbol{E}=\varepsilon\boldsymbol{E} \tag{5・7}$$

$\boldsymbol{D}$は**電束密度**（dielectric flux density）であり，$\varepsilon=\varepsilon_r\varepsilon_0$ をその誘電体の**誘電率**（dielectric constant）と呼ぶ．さらに式（5・6），（5・7）より

$$\boldsymbol{D}=\varepsilon_0\boldsymbol{E}+\boldsymbol{P} \tag{5・8}$$

となる．式（5・8）は誘電体における分極，電界および電束密度の相互の関係を示す重要な式である．なお

$$\chi=\varepsilon_r-1 \tag{5・9}$$

は**電気感受率**（electric susceptibility）と呼ばれる．

次に分極$\boldsymbol{P}$はまた誘電体に誘起された単位体積あたりの電気モーメントに等

しいことを示そう．まず**図5・2**に示すように $\pm Q$ なる電荷が l だけ離れてあるとき，$Q\times l$ なる電気モーメントをもつ．このモーメントを**双極子モーメント**（dipole moment）という．さて電界中におかれた一様な誘電体には，先に

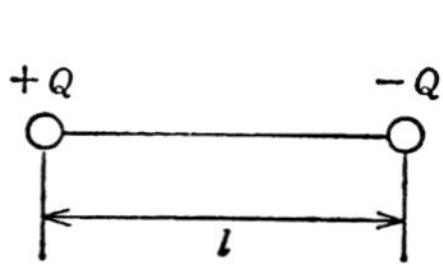

図 5・2　双極子モーメント

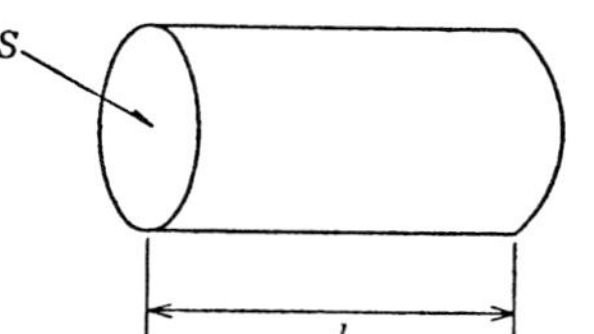

図 5・3　分極と電気モーメントの関係

述べたように電界に直角な単位表面積あたり P なる電荷が現れる．いま**図5・3**に示すように電界に直角に面積 S，平行に長さ l をもつ円壔形の誘電体を考えると，両端面には $\pm PS$ なる電荷があるので

$$\boldsymbol{M}=\boldsymbol{P}Sl \tag{5・10}$$

なる電気モーメントをもつことになる．Sl は誘電体の体積であるから $\boldsymbol{P}$ は結局誘電体の単位体積あたりの電気モーメントに等しいことになる．かりに誘電体が $\boldsymbol{\mu}$ なる双極子モーメントをもつ分子から構成されており，単位体積に N 個の分子があるとすると，その分極 $\boldsymbol{P}$ は

$$\boldsymbol{P}=N\boldsymbol{\mu} \tag{5・11}$$

と言うことになる．この関係と，式（5・6）を用いて ε_r を求めてゆくことになる．

5・2　分極率と内部電界

原子または分子に電界 $\boldsymbol{E}_i$ が加わり，双極子モーメント $\boldsymbol{\mu}$ が生じたとする．電界があまり大きくない間は $\boldsymbol{\mu}$ は $\boldsymbol{E}_i$ に比例し

$$\boldsymbol{\mu}=\alpha\boldsymbol{E}_i \tag{5・12}$$

とおくことができる．α は**分極率**（polarizability）と呼び，分子または原子に関する定数である．ここでわざわざ $\boldsymbol{E}_i$ という記号を用いたのは，このあとで直ぐに示すように，原子または分子に実際に加わる電界は外部より加えた電界 $\boldsymbol{E}$ とは異なるからである．いま単位体積に N 個の原子または分子があれば

$$\boldsymbol{P}=N\alpha\boldsymbol{E}_i \tag{5・13}$$

式 (5・13) と式 (5・6) より

$$\varepsilon_r - 1 = \frac{N\alpha}{\varepsilon_0} \frac{\boldsymbol{E}_i}{\boldsymbol{E}} \tag{5・14}$$

すなわち，もし $\boldsymbol{E}_i$ と $\boldsymbol{E}$ の関係がわかれば，分極率 α からその物質の比誘電率 ε_r を導くことができる．

さて $\boldsymbol{E}_i$ について考える．外部電界 $\boldsymbol{E}$ を加えて誘電体を分極させることは，誘電体を構成する原子や分子（以下分子で代表させる）がそれぞれ双極子となることであるから，着目する分子には外部電界 $\boldsymbol{E}$ の他に，これら，まわりの双極子による電界が余分に加わることになる．

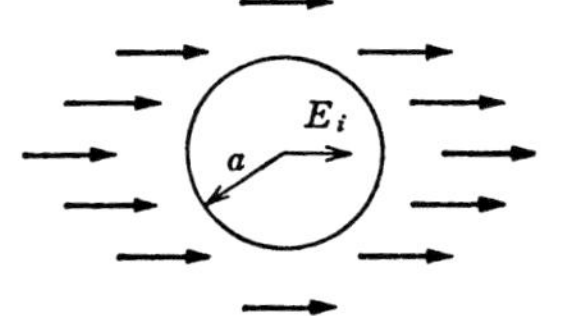

図 5・4　内部電界の計算

この着目する分子に実際に作用する電界 $\boldsymbol{E}_i$ を**内部電界** (internal field) あるいは**局所電界** (local field) と呼ぶ．

いま誘電体の内部に，着目している分子を中心として半径 a の小さい球を考える．a の大きさは誘電体全体としてみれば十分小さいが，分子間距離に比べてはなお十分に大きいものとする．a をこのようにとると，各双極子からの電界を計算する場合，球外の部分は誘電率 ε をもつ連続体とみなして計算してよいことになる．そのとき内部電界 $\boldsymbol{E}_i$ は次の三つの電界の和となる．

$$\boldsymbol{E}_i = \boldsymbol{E}_1 + \boldsymbol{E}_2 + \boldsymbol{E}_3 \tag{5・15}$$

ここで

$\boldsymbol{E}_1$　外部より加えた電界，すなわち $\boldsymbol{E}$

$\boldsymbol{E}_2$　球面の外部にある誘電体による電界

$\boldsymbol{E}_3$　球面の内部にある着目している分子以外のすべての分子による電界

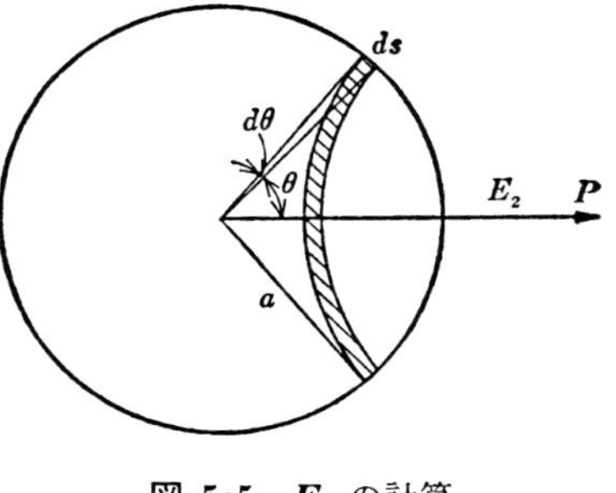

図 5・5　$\boldsymbol{E}_2$ の計算

まず $\boldsymbol{E}_2$ を計算しよう．球面の外部は連続体とみなせるのであるから，これは内部をくりぬいた球の内面に分極 $\boldsymbol{P}$ により生じた電荷のつくる電界である．誘電体が等方性であるとして，$\boldsymbol{P}$ と $\boldsymbol{E}$ はもちろん同じ向きにある．いま図 5・5 を参照して，球の内面の微小面積 ds に現れる電荷を考えると，これは分極 $\boldsymbol{P}$ の ds 面に対する垂直成分と ds の積で $-P\cos\theta ds$ となる．この電荷が中心につくる電界は半径方向に

$$dE=\frac{P\cos\theta ds}{4\pi\varepsilon_0 a^2} \qquad (5\cdot16)$$

さて，球の内面に生ずる電荷の対称性を考えると，$\boldsymbol{E}$ 方向の成分が同じで，$\boldsymbol{E}$ と垂直方向には大きさ等しく向きが逆の電界が必ず存在するから，dE を合成する場合 $\boldsymbol{E}$ 方向の成分，すなわち式（5・16）に $\cos\theta$ を乗じたもののみを合成すればよい．ds として図のリング状の面積をとると
$ds=2\pi a^2\sin\theta d\theta$ ゆえ，これを式（5・16）に代入し，球面全体についての和は

$$E_2=\int_0^{\pi}\frac{1}{4\pi\varepsilon_0 a^2}P\cos^2\theta\cdot2\pi a^2\sin\theta d\theta=\frac{P}{3\varepsilon_0} \qquad (5\cdot17)$$

となる．方向はもちろん $\boldsymbol{E}$ と同一の方向である．

次に $\boldsymbol{E}_3$ は球内のすべての分子の双極子による電界を足すことになるが，これを一般的に求めることは困難で，気体のように分子の配列が全く不規則な場合や立方晶系の結晶では

$$\boldsymbol{E}_3=0 \qquad (5\cdot18)$$

となることがローレンツによって示された．したがって，この場合は

$$\boldsymbol{E}_i=\boldsymbol{E}+\frac{\boldsymbol{P}}{3\varepsilon_0} \qquad (5\cdot19)$$

となり，これを**ローレンツ**（Lorentz）**の内部電界**と呼んでいる．$\boldsymbol{E}_3$ が0でない場合も $\boldsymbol{E}_3$ は $\boldsymbol{P}$ に比例するものと考えると

$$\boldsymbol{E}_i=\boldsymbol{E}+\frac{\gamma}{\varepsilon_0}\boldsymbol{P} \qquad (5\cdot20)$$

と書くことができ，γ を**内部電界定数**と呼ぶ．$\gamma=1/3$ の場合がすなわちローレンツの内部電界である．

いまローレンツの内部電界が適用できるとすると，式（5・6）を式（5・19）に入れて

$$\boldsymbol{E}_i=\frac{1}{3}(\varepsilon_r+2)\boldsymbol{E} \qquad (5\cdot21)$$

ついで式（5・21）を式（5・14）に入れて整理すると

$$\frac{\varepsilon_r-1}{\varepsilon_r+2}=\frac{N\alpha}{3\varepsilon_0} \qquad (5\cdot22)$$

この式が巨視的な定数 ε_r と分子の定数 α をむすぶ関係式である．また N のかわりに1モルあたりの分子数，すなわちアボガドロ数 N_0 を用いることがあり $N_0=NM/\rho$[1] (Mは分子量，ρ は密度) の関係より

$$\frac{\varepsilon_r-1}{\varepsilon_r+2}\frac{M}{\rho}=\frac{N_0\alpha}{3\varepsilon_0}\equiv P_m \qquad (5\cdot23)$$

が得られる．この式を**クラウジウス-モソティ** (Clausius-Mosotti) の式，P_m を**分子分極** (molar polarization) と呼ぶ．

5・3 誘電分極の機構

(1) 誘電分極機構の概要　誘電体に電界を加えると正負の電荷が移動して分極を生ずるが，その機構については4種類のものを考えることができる．ここで，それぞれの詳しい議論に入る前にその概要を述べておこう．

まず原子は正電荷をもつ原子核とこれをとりまく負電荷の電子雲よりなり，電界のない状態ではこれらの重心は一致して双極子モーメントをもたない．電界を加えると電子雲が原子核に対してわずかに変位し，双極子モーメントを生ずる．これを**電子分極** (elctronic polarization) という．正負のイオンについてもこのことは同様で，したがって電子分極はすべての物質に存在する．

次にたとえばイオン結晶のように正負のイオンをもつ場合には，電界により正負のイオンは反対方向に変位するので双極子モーメントを生ずる．これを**イオン分極** (ionic polarization) と呼ぶ．

3番目は永久双極子による分極である．分子のあるものはその構造により電界を加えなくとも本来双極子モーメントをもっている．電界のない場合これらの永久双極子は無秩序な状態にあるので全体としては電気モーメントをもたないが，電界を加えると永久双極子は電界の方向に向くようになり電気モーメントを生ずる．これを**配向分極** (orientational polarization) と呼ぶ．

最後は誘電体が不均質な場合に生ずる分極で，伝導によって電荷が移動し，異種の物質の境界面に電荷がたまることによる．これを **界面分極** (interfacial polarization) という．以下に，それぞれの機構についてくわしく調べてゆくことにする．

(2) 電子分極　電界による原子核と電子雲の相対的な変位による

1) M/ρ は1モル分子の体積

分極であり，ヘリウム，アルゴンのような単原子気体を例にとって考えてみよう．原子は Ze なる正電荷をもつ原子核と，これをとりまく Z 個の電子よりなる．原子核の直径約 10^{-15}m に対し，電子雲の半径は約 10^{-10}m であるから，原子核は点電荷とみなすことができる．また簡単のため電子雲は $-Ze$ なる負電荷が半径 r の球内に一様に分布しているものと考える．電界 $\boldsymbol{E}_i$ が加わると，原子核と電子雲はそれぞれ反対の方向に動く．しかし重心がずれると，それらの間にクーロン力が働いてもとに戻そうとするので，結局両者の力のつりあった位置で平衡がたもたれる．

いま **図5·6** が示すように，電界 $\boldsymbol{E}_i$ が加わり原子核と電子雲の重心が x だけずれた位置で平衡したとする．原子核に働く力について考えると，これは電界によるものと電子雲によるものとで，この両者が等しい場合が平衡状態である．電界による力は ZeE_i である．電子雲による力は，図に示すように電子雲を半径 x の球面で内外二つの部分に分けると，まず外の部分によるものはガウスの定理により0となる．次に内側の部分によるものは，その全電荷 $-Zex^3/r^3$ が中心に集まっているものとして，この電荷と原子核の間のクーロン力である．よって平衡条件は

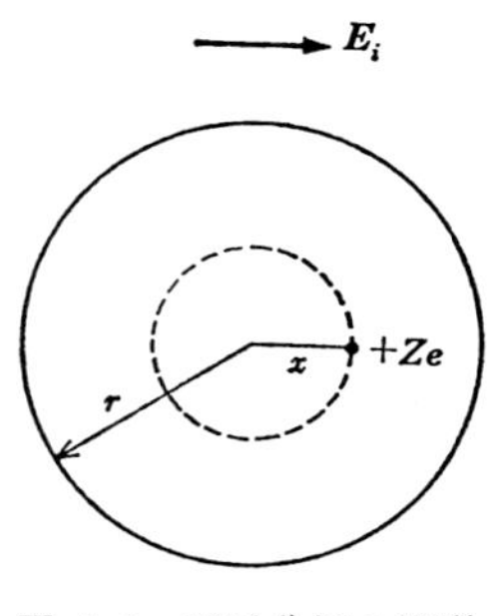

図 5·6　電子分極の模型

$$ZeE_i = \frac{(Ze)(Zex^3/r^3)}{4\pi\varepsilon_0 x^2} \tag{5·24}$$

これから原子核と電子雲の重心の相対的変位 x は

$$x = \frac{4\pi\varepsilon_0 r^3}{Ze} E_i \tag{5·25}$$

となる．この変位により原子に生ずる双極子モーメントは

$$\mu = Zex = 4\pi\varepsilon_0 r^3 E_i \tag{5·26}$$

したがって式（5·12）の分極率の定義から

$$\alpha_e = 4\pi\varepsilon_0 r^3 \tag{5·27}$$

となる．α_e を**電子分極率**（electronic polarizability）と呼ぶ．

α_e は r^3，すなわち原子半径の3乗に比例することがわかる．表5·1にいくつかの原子ならびにイオンの α_e を示す．半径の大きいものほど大きくなって

いることがわかる．このように α_e は原子あるいはイオンの電子構造によって決まるものであるから，電子構造が変らないかぎりは変化せず，したがって，よほど高温でないかぎり温度には依存しないことになる．なお原子核と電子雲の相対的変位 x を見積もってみると，式(5･25)において $E_i=10^5\mathrm{V/m}, r\simeq10^{-10}\mathrm{m}$ および $Z=10$ として $x=10^{-17}\mathrm{m}$ となり，これは r に比べて極めて僅かであることがわかる．

表 5･1 原子，イオンの電子分極率の例
(単位は $10^{-40}\mathrm{Fm^2}$)

種類	α_e	種類	α_e
He	0.18	Li^+	0.02
Ne	0.35	Na^+	0.24
Ar	1.43	F^-	0.95
Kr	2.18	Cl^-	3.34
Xe	3.54		

(3) イオン分極　イオン結合をもつ誘電体に電界が加わると，正イオンと負イオンが相対的に変位して電気モーメントを生ずる．したがって，この分極はアルカリハロゲン化合物のようなイオン結晶において大きい効果をもつことになる．これについては後で述べる (**5･5(2)**)．この場合も電子分極と同じように電界によりイオンが相対的に変位すると，これをもとにもどそうとする力が働き，両者が平衡してある変位をもつことになる．**イオン分極率** (ionic polarizability) は同様に定義され，電子分極率と同じく通常の温度では温度に依存しない．

(4) 配向分極　永久双極子群が電界の方向に配向することによって生ずる分極で，電界の加わったときの双極子群の向きの分布状態により分極の大きさは決まる．いま大きさ μ なる永久双極子が単位体積に N 個あり，温度を T とする．電界がなければ双極子群は熱運動により無秩序な方向分布をしており，全体としてはモーメントをもたない．電界 $\boldsymbol{E}_i$ を加えるとその方向に向かおうとするが，どの程度配向するかは電界の大きさと熱擾乱のかね合いで決まる．さて双極子の分布にはボルツマンの分布則が適用できるとすると，$\boldsymbol{E}_i$ となす角が，θ と $\theta+d\theta$ の間にある方向をもつ双極子の数 dN は

$$dN=Ae^{-\frac{U}{kT}}d\omega \tag{5･28}$$

で与えられる．A は比例定数，$d\omega$ は $d\theta$ に対する立体角で，**図 5･7** を参照して $2\pi\sin\theta d\theta$ である．

U は双極子が $\boldsymbol{E}_i$ と θ なる角度をもつ場合の位置のエネルギーで **図 5･8** を

参照し双極子に働くトルク $QE_i l\sin\theta=\mu E_i\sin\theta$ より，$\theta=90°$ を基準にとると

$$U=\int_{\theta=90°}^{\theta}\mu E_i\sin\theta\,d\theta=-\mu E_i\cos\theta \tag{5・29}$$

である．$d\omega$ および U を式 (5・28) に代入して

$$dN=2\pi A\sin\theta e^{\mu E_i\cos\theta/kT}d\theta \tag{5・30}$$

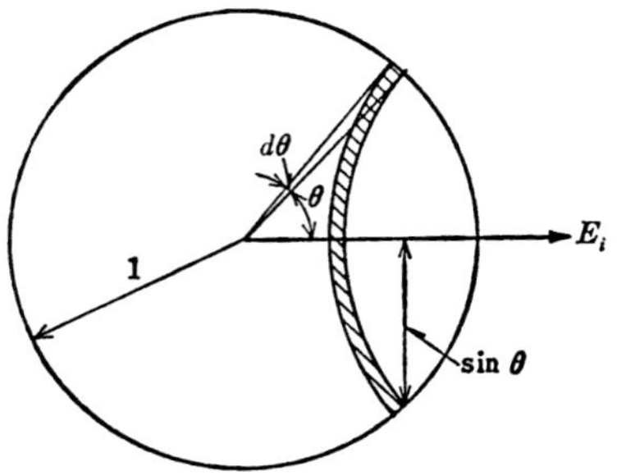

図 5・7　双極子の分布の計算

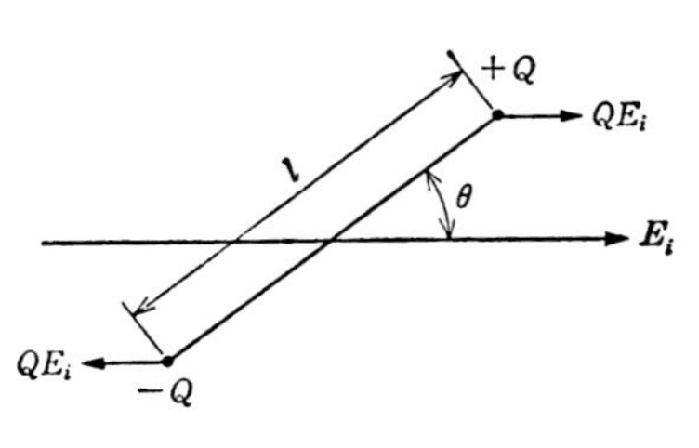

図 5・8　電界により双極子の受けるトルク

配向分極 $\boldsymbol{P}_0$ が $\boldsymbol{E}_i$ と同じ方向であることは明らかであるから，P_0 は個々の双極子の $\boldsymbol{E}_i$ の方向への成分の和を求めればよい．各双極子は $\boldsymbol{E}_i$ の方向に $\mu\cos\theta$ の成分をもつから，結局

$$P_0=\int_{\theta=0}^{\pi}\mu\cos\theta\times dN \tag{5・31}$$

を計算すればよいことになる．式 (5・30) を代入し，かつ $N=\int_0^{\pi}dN$ を用いると

$$P_0=\frac{N}{\int_0^{\pi}dN}\int_0^{\pi}\mu\cos\theta\,dN=N\frac{\int_0^{\pi}\mu\cos\theta\exp(\mu E_i\cos\theta/kT)\sin\theta\,d\theta}{\int_0^{\pi}\exp(\mu E_i\cos\theta/kT)\sin\theta\,d\theta} \tag{5・32}$$

ここで $\mu E_i\cos\theta/kT=y$，$\mu E_i/kT=a$ とおくと

$$P_0=\frac{N\mu}{a}\frac{\int_{-a}^{+a}ye^{y}dy}{\int_{-a}^{+a}e^{y}dy}=N\mu\left(\coth a-\frac{1}{a}\right)\equiv N\mu L(a) \tag{5・33}$$

$L(a)$ はランジュバン (Langevin) **関数**と呼ばれ，図 **5・9** のような変化をする．$a=\mu E_i/kT$ が大きいとき，すなわち温度が低いときあるいは電界が強いときは $L(a)$ は1に近づく．これは双極子群が電界方向に完全に整列する場合

に相当する．しかし，ふつうの温度や電界では $a \ll 1$ で，この場合は

$$L(a) \simeq \frac{a}{3} \qquad (5 \cdot 34)$$

となり，したがって

$$P_0 = \frac{N\mu^2 E_i}{3kT} \qquad (5 \cdot 35)$$

式（$5 \cdot 13$）と比べて，配向分極に対する分極率は

$$\alpha_0 = \frac{\mu^2}{3kT} \qquad (5 \cdot 36)$$

で与えられることがわかる．電子分極，イオン分極と異なり，配向分極は温度に逆比例して変化するのが特徴である．

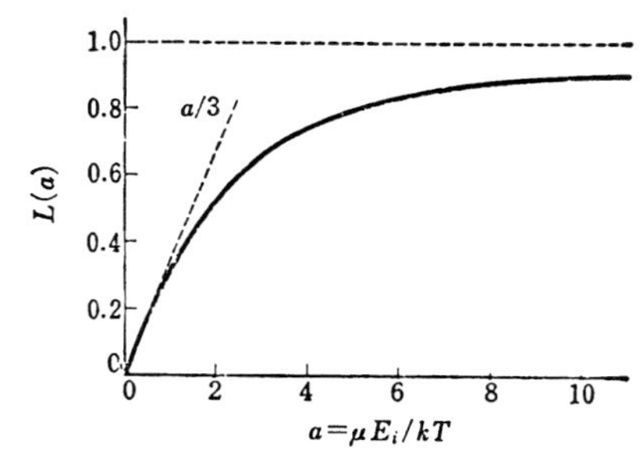

図 5・9　ランジュバン関数 $L(a)$

さて配向分極をもつ物質は当然電子分極，イオン分極をもっているので，全分極 P は

$$P = N\left(\alpha_e + \alpha_i + \frac{\mu^2}{3kT}\right)E_i \qquad (5 \cdot 37)$$

となる．ここでローレンツの内部電界が適用できるとすると，式（$5 \cdot 22$）にならって

$$\frac{\varepsilon_r - 1}{\varepsilon_r + 2} = \frac{N}{3\varepsilon_0}\left(\alpha_e + \alpha_i + \frac{\mu^2}{3kT}\right) \qquad (5 \cdot 38)$$

が得られる．これをデバイ（Debye）の式と呼ぶ．

（5） 界 面 分 極　たとえば図 **5・10** に示すように，誘電率と導電率が異なる誘電体が層状に重なっているとする．これに電圧を加えると，始めはその静電容量に従って分配された電界 E_1，E_2 により $\sigma_1 E_1$，$\sigma_2 E_2$ なる電流が流れるが，ふつうこれらは等しくないので，その差に相当する電荷が境界面にたまってゆくことになる．電荷がたまるに従い各層の電界分布が次第に変り，$\sigma_1 E_1 = \sigma_2 E_2$ を満たすようになると電荷の蓄積はやんで電流は一定となる．すなわち界面分極は誘電体が不均質なために生ずるもので，実用する誘電体は通常不均質なものが多い

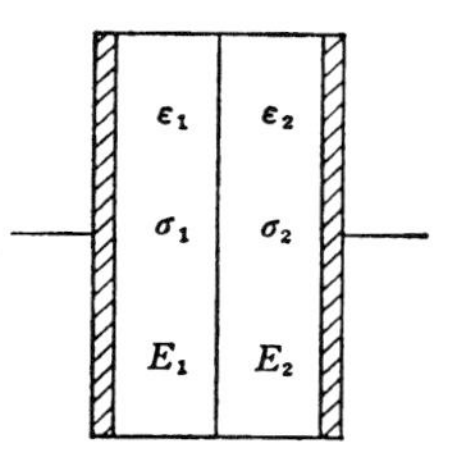

図 5・10　二層誘電体

ことを考えると，大なり小なり界面分極をもつことになる．

5・4 気体の誘電率

これまでに説明した各種の分極が実際の誘電体にどのように寄与しているかを考えよう．まず気体であるが，気体では分子間の距離が大きいので他分子のモーメントによる電界は無視することができ，内部電界 E_i は外部より加えた電界Eに等しいとおける．

気体のうち He や Ar のような単原子気体では，電子分極 P_e のみが存在する．単位体積あたりの原子数をNとすると，式（5・13）より

$$P_e = N\alpha_e E \tag{5・39}$$

式（5・5）と比較して

$$\varepsilon_0(\varepsilon_r - 1) = N\alpha_e \tag{5・40}$$

のように比誘電率 ε_r を分極率 α_e と関係づけることができる．α_e は式（5・27）により $\alpha_e = 4\pi\varepsilon_0 r^3$ であるから，式（5・40）に入れると

$$\varepsilon_r - 1 = 4\pi N r^3 \tag{5・41}$$

ここで理論がどの程度正確であるかを検討してみよう．たとえば，0℃，1気圧の He の ε_r の実測値は 1.0000684 であり，一方，この条件では $N=2.7\times10^{25}$ ゆえ，これらを式（5・41）に入れると $r\simeq0.6\times10^{-10}$m となり，実際の原子の半径によく合っていることがわかる．

次に永久双極子をもつ分子よりなる気体では，電子分極 P_e，イオン分極 P_i，配向分極 P_0 のすべてが生じ

$$P = P_e + P_i + P_0 = N\left(\alpha_e + \alpha_i + \frac{\mu^2}{3kT}\right)E \tag{5・42}$$

この式を式（5・5）と比べて，比誘電率と分極率の関係は

$$\varepsilon_0(\varepsilon_r - 1) = N\left(\alpha_e + \alpha_i + \frac{\mu^2}{3kT}\right) \tag{5・43}$$

式（5・43）は ε_r と温度の逆数 $1/T$ の間に直線関係が成り立つことを示す．

そこでTを変えて ε_r を測れば，**図 5・11** に示すように，直線の傾斜から永久双極子モーメント μ の大きさが得られ，また縦軸との交点から分極率 $\alpha_e+\alpha_i$ を求めることができる．**表 5・2** はこのような実験から得られた気体分子の μ の例である．μ の大きさを表すのによく用いられる単位デバイは次のような値であ

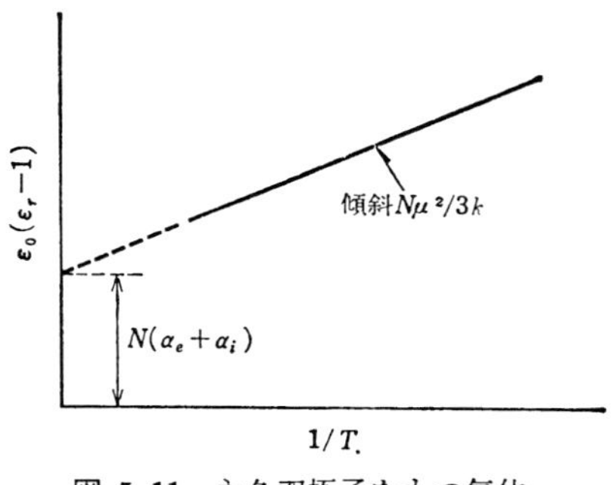

図 5・11 永久双極子をもつ気体の誘電率と温度の関係

表 5・2 気体分子の永久双極子モーメント
(単位はデバイ)

分子	μ	分子	μ
NO	0.1	CO_2	0
CO	0.11	CS_2	0
HCl	1.04	H_2O	1.84
HBr	0.79	H_2S	0.93
HI	0.38	CH_4	0
NO_2	0.4	CH_3Cl	1.15

る.

$$1\text{デバイ}=10^{-10}\text{esu}\times10\text{Å}=3.33\times10^{-30}\ \text{〔Cm〕} \tag{5・44}$$

永久双極子モーメントは分子の立体構造に関係しており，対称構造では 0，非対称なものほど大きい．μ の実験値から逆に分子の立体構造を推定することができ，たとえば表 5・2 の CO_2 や CH_4 は分子が対称的な構造をもつことを示している.

5・5 固体の誘電率

(1) 元素状誘電体 たとえばダイヤモンド，シリコンのように 1 種類の原子から構成されている物質では電子分極 P_e のみが存在する．内部電界として一般式 (5・20) を用いれば

$$P=N\alpha_e\left(E+\frac{\gamma}{\varepsilon_0}P\right) \tag{5・45}$$

これより

$$P=\frac{N\alpha_e E}{1-(\gamma N\alpha_e/\varepsilon_0)} \tag{5・46}$$

式 (5・5) を用いて

$$\varepsilon_0(\varepsilon_r-1)=\frac{N\alpha_e}{1-(\gamma N\alpha_e/\varepsilon_0)} \tag{5・47}$$

ここで $\gamma=1/3$，すなわちローレンツの内部電界を用いれば，この式は式 (5・22) と同じ形となる．誘電率はしたがって N, α_e, γ により決まる．α_e は固

体でも自由原子の場合とあまり変らない．また α_e, γ は温度により変らず N の変化も固体では僅かであるから，ε_r も温度にほぼ無関係となる．固体の ε_r-1 が 1〜10で気体が 10^{-3}〜10^{-4} であるのは N の差による．

（2）イオン的な誘電体　アルカリハロゲンのようなイオン結晶などでは電子分極 P_e に正負イオンの相対的変位によるイオン分極 P_i が加わる．ある物質の分極に P_e と P_i がどれ位の割合で寄与しているかは次のようにすればわかる．まず静電界で測定した比誘電率 ε_{rs} には，P_e, P_i の両方が寄与するから

$$\varepsilon_0(\varepsilon_{rs}-1)E_i=P_e+P_i \tag{5・48}$$

次に後で示すように（**5・6（3）**）光の周波数で測定した比誘電率 ε_{re} には，重いイオンは電界の速い変化に追随できないため P_e のみしか残らず

$$\varepsilon_0(\varepsilon_{re}-1)E_i=P_e \tag{5・49}$$

したがって ε_{rs} と ε_{re} を比較すれば P_e と P_i の大体の割合がわかることになる．

ε_{re} は電磁波の理論から透磁率が真空のそれに等しいとすると，物質内での光の速度は $v=c/\sqrt{\varepsilon_{re}}$ であり，一方，屈折率 $n=c/v$ であるから，$\varepsilon_{re}=n^2$ となり n を測定すればわかる．**表 5・3** にアルカリハロゲン化合物の ε_{rs} と ε_{re} を示す．このようなイオン結晶では P_i の寄与が極めて大きいことがわかる．

表 5・3　アルカリハロゲン化合物の ε_{rs} と ε_{re}

化合物	ε_{rs}	$\varepsilon_{re}=n^2$
LiCl	11.05	2.75
LiBr	12.1	3.16
NaCl	5.62	2.25
NaBr	5.99	2.62
KCl	4.68	2.13
KBr	4.78	2.33

（3）永久双極子をもつ固体　分極は電子分極，イオン分極，配向分極のすべてを含むが，固体中での永久双極子の回転は気体や液体中ほど自由でないため，いろいろ複雑な変化をする．一例として **図 5・12** にニトロベンゼンの比誘電率の温度特性を示す．この変化は次のように説明される．すなわち液体の状態では電子，イオン，配向の 3分極がいずれも ε_r に寄与し，デバイの式 (*5・38*) に従って温度が下がるとともに ε_r は増す．しかし凝固すると永久双極子は凍結され配向分極が寄与しなくなって ε_r は急激に下がる．ついで固体状態では電子分極，イオン分極のみとなるので，温度によらず一定の値を示すことになる．

図 5・13 は固体状態でもなお配向分極が寄与する例である．すなわち HCl

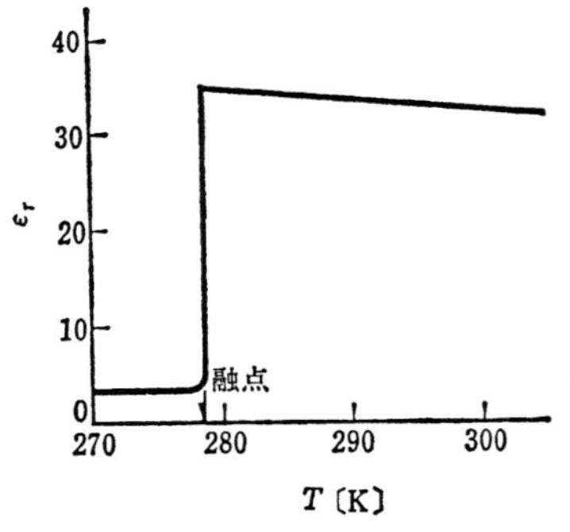

図 5·12 ニトロベンゼンの ε_r の温度特性

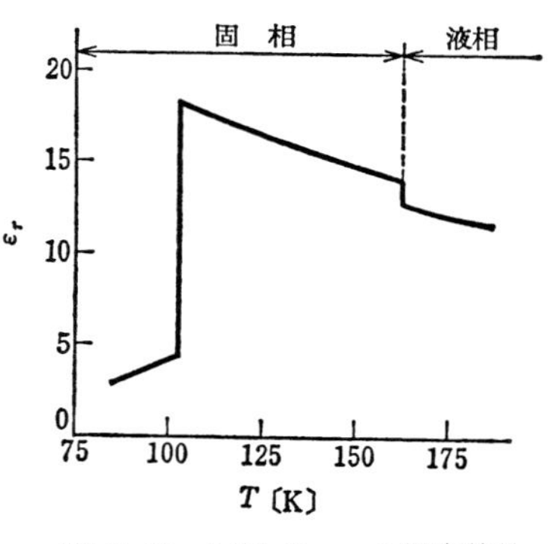

図 5·13 HCl の ε_r の温度特性

の ε_r は液相から冷却すると，凝固点で密度の変化によるわずかだが急激な増加を示したのち，固体状態でもなお増加をつづける．約 100 K になって始めて永久双極子が凍結状態となり，ε_r の急激な大きい低下がおこる．

5·6 交流電界における誘電体

（1） 誘 電 分 散 これまで述べてきたのは静電界の場合で，誘電体に加える電界が時間的に変化すると分極の様子は大分変ってくる．たとえば交流電界を加えてその周波数を高くしてゆくと，**図 5·14** に示すように，ある周波数 f_τ の付近で誘電率が減少する．これは各分極はそれぞれその成立にある時間を必要とするので，電界の変化がおそい間はその変化についてゆけるが，ある程度以上速くなるとついてゆけなくなるためである．このように誘電率が周波数によって変化する現象を**誘電分散**（dielectric dispersion）と呼ぶ．

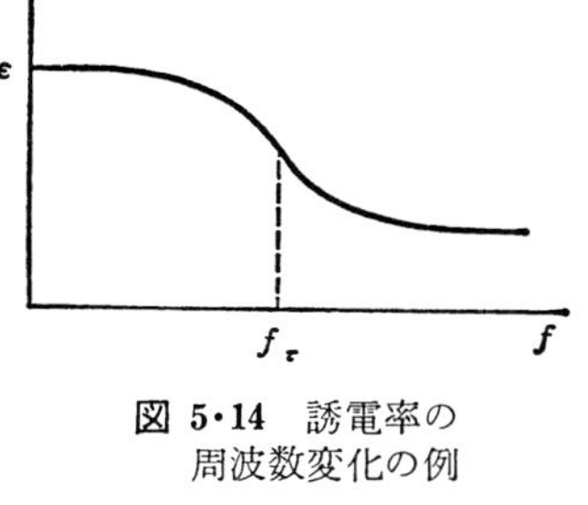

図 5·14 誘電率の周波数変化の例

どの程度の周波数で分散を生ずるかは分極の速さによるが，**5·3** で述べた各種の分極について大体のところを述べると，自由イオンの移動による界面分極がまず可聴周波の領域で分散を生じ，ついで双極子の回転による配向分極が無線周波数の領域で分散をおこす．イオンや電子の振動によるイオン分極，電子分極はより高い周波数まで追随でき，それぞれ赤外および紫外領域において分散する．

（2） **複素誘電率と誘電損**　各分極の交流電界におけるふるまいを考える前に，交流電界における誘電体の巨視的な取扱いを述べておく．いま誘電体に周期的に変化する電界$\boldsymbol{E}$を加えると，これによって生ずる分極$\boldsymbol{P}$もまた同じ周期で変化するものと考えてよかろう．しかし先に述べたように分極の成立には時間が必要であるから，$\boldsymbol{P}$は$\boldsymbol{E}$より遅れて変化することになる．いま，電界が$\boldsymbol{E}=E_0e^{j\omega t}$で変化し，$\boldsymbol{P}$，したがって電束密度$\boldsymbol{D}$が位相角$\delta$だけ遅れるとすると

$$\boldsymbol{D}=D_0e^{j(\omega t-\delta)} \tag{5·50}$$

と書くことができる．この場合の誘電率を静電界の場合にならって表すとすれば

$$\text{誘電率}=\frac{\boldsymbol{D}}{\boldsymbol{E}}=\frac{D_0}{E_0}e^{-j\delta}=\frac{D_0}{E_0}\cos\delta-j\frac{D_0}{E_0}\sin\delta \tag{5·51}$$

すなわち誘電率は複素数となるので

$$\varepsilon^*=\varepsilon'-j\varepsilon'' \tag{5·52}$$

とおいて，ε^*を**複素誘電率**（complex dielectric constant）と呼び，交流電界における誘電率とする．なおε'，ε''，δの間には

$$\tan\delta=\frac{\varepsilon''}{\varepsilon'} \tag{5·53}$$

の関係がある．

さて誘電体に交流電界を加えるとき一般にエネルギー損失を生じ，これを誘

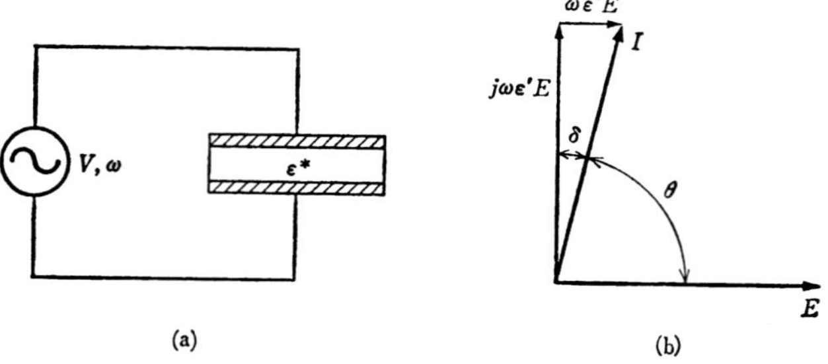

図 5·15　誘電損の説明

電損（dielectric loss）と呼ぶ．ε^* なる複素誘電率をもつ誘電体中に発生する誘電損を導こう．いま **図 5•15** に示すように複素誘電率 ε^* の誘電体を満たした平行板コンデンサに，角周波数 ω の正弦波交流電圧 V を加えるとする．誘電体中の電界をE，電束密度をDとすると，電極に流れこむ電流Iは

$$I=\frac{dD}{dt}=j\omega D=j\omega\varepsilon^* E=j\omega\varepsilon' E+\omega\varepsilon'' E \tag{5•54}$$

すなわち図に示すように，電流は電界Eより 90° 進んだ成分 $j\omega\varepsilon' E$ と，同相の成分 $\omega\varepsilon'' E$ よりなることがわかる．したがって誘電体の単位体積あたりに消費されるエネルギーは

$$W=E\times\omega\varepsilon'' E=\omega E^2\varepsilon'\tan\delta \tag{5•55}$$

$\tan\delta$ は誘電損を表す目安となるもので**誘電正接**（dielectric loss tangent または dielectric dissipation factor）と呼ばれ，またδは**誘電損角**（dielectric loss angle）と呼ばれる．一般には $\varepsilon'\gg\varepsilon''$ でδは小さい．式（5•55）より，誘電損は ε'，$\tan\delta$，ω に比例し，かつ E^2 に比例して増加することがわかる．

（３） **電子分極の誘電分散**　電子分極は電界により電子雲の重心が原子核から変位することによって生ずるものであり，電子雲はクーロン力により原子核に弾性的に結びつけられている．したがって E_l なる電界を加えるときの運動は

$$m\frac{d^2x}{dt^2}+2b\frac{dx}{dt}+ax=-eE_l \tag{5•56}$$

のように表すことができる．ここで m，$-e$ はそれぞれ電子の質量および電荷，x は電子雲の重心の原子核よりの変位である．左辺の第１項は慣性項，第２項は制動項で，電子雲が運動するとき電磁波を放射するために生ずる．また第３項はクーロン力による復元力である．電界および制動がないときは電子雲の運動は調和振動子のそれと同じで，共振角周波数は $\omega_0=(a/m)^{1/2}$ で与えられる．

さて単位体積あたりの原子数をNとすると，変位xにより生ずる分極は

$$P=-Nex \tag{5•57}$$

また内部電界がローレンツの電界 $E_l=E+P/3\varepsilon_0$ で与えられるとし，式（5•57）とともに式（5•56）に代入すると

$$\frac{d^2P}{dt^2}+\frac{2b}{m}\frac{dP}{dt}+\left(\frac{a}{m}-\frac{Ne^2}{3\varepsilon_0 m}\right)P=\frac{Ne^2}{m}E \tag{5•58}$$

いま $E=E_0e^{j\omega t}$ なる交流電界が加わるとし，これより遅れて変化する分極が $P=P_ee^{j\omega t}$ で与えられるとして，式 (5・58) に代入すると

$$P_e=\frac{\dfrac{Ne^2}{m}}{\omega_0'^2-\omega^2+j\dfrac{2b\omega}{m}}E_0 \tag{5・59}$$

となる．ただし

$$\omega_0'^2=\frac{a}{m}-\frac{Ne^2}{3\varepsilon_0 m}=\omega_0^2-\frac{Ne^2}{3\varepsilon_0 m} \tag{5・60}$$

とおいた．さて複素比誘電率を ε_r^* とすると，交流では式 (5・5) のかわりに

$$P=\varepsilon_0(\varepsilon_r^*-1)E \tag{5・61}$$

となるので，これを用いて

$$\varepsilon_r^*=1+\frac{P}{\varepsilon_0 E}=1+\frac{\dfrac{Ne^2}{m\varepsilon_0}}{\omega_0'^2-\omega^2+j\dfrac{2b\omega}{m}} \tag{5・62}$$

が得られる．さらに式 (5・52) にならって

$$\varepsilon_r^*=\varepsilon_r'-j\varepsilon_r'' \tag{5・63}$$

により，式 (5・62) を実部と虚部に分けると

$$\varepsilon_r'=1+\frac{Ne^2}{\varepsilon_0 m}\frac{\omega_0'^2-\omega^2}{(\omega_0'^2-\omega^2)^2+\dfrac{4b^2\omega^2}{m^2}} \tag{5・64}$$

$$\varepsilon_r''=\frac{Ne^2}{\varepsilon_0 m}\frac{\dfrac{2b\omega}{m}}{(\omega_0'^2-\omega^2)^2+\dfrac{4b^2\omega^2}{m^2}} \tag{5・65}$$

が得られる．

これら両式により誘電分散の様子を調べることができる．まず実部 ε_r' は $\omega=0$，すなわち静電界では

$$\varepsilon_r'{}_{(\omega=0)}=1+\frac{Ne^2}{\varepsilon_0 m\omega_0'^2} \tag{5・66}$$

なる一定値をもつ．また $\omega<\omega_0'$ では $\varepsilon_r'>1$，$\omega>\omega_0'$ では $\varepsilon_r'<1$，$\omega=\omega_0'$ で 1 となる．さらに実際は $2b/m\ll\omega_0'$ で分母の第2項の値は小さく，ε_r' は ω が 0 から ω_0' に近い角周波数までの間はほとんど一定となる．次に ω_0' 付近の

ようすを調べよう．いま

$$\varDelta\omega=\omega_0'-\omega \qquad |\varDelta\omega|\ll\omega_0' \tag{5・67}$$

とおくと

$$\omega_0'^2-\omega^2=(\omega_0'+\omega)(\omega_0'-\omega)\simeq 2\omega_0'\varDelta\omega \tag{5・68}$$

となり，式 (*5・64*) は

$$\varepsilon_r'\simeq 1+\frac{Ne^2}{\varepsilon_0 m}\frac{2\omega_0'\varDelta\omega}{4\omega_0'^2(\varDelta\omega)^2+\dfrac{4b^2\omega_0'^2}{m^2}}=1+\frac{Ne^2}{\varepsilon_0 m}\frac{\dfrac{(\varDelta\omega)}{2\omega_0'}}{(\varDelta\omega)^2+\dfrac{b^2}{m^2}} \tag{5・69}$$

となる．これは図 **5・16** に示すように $\varDelta\omega=b/m$ で極大，$\varDelta\omega=-b/m$ で極小，$\varDelta\omega=0$ で 1 となる．次に虚部 ε_r'' は式 (*5・65*) より，$\omega=0$ ならびに $\omega\to\infty$ で 0 となる．$\omega-\omega_0'$ の付近では $\varDelta\omega$ を用いて

$$\varepsilon_r''=\frac{Ne^2}{\varepsilon_0 m}\frac{\dfrac{b}{2m\omega_0'}}{(\varDelta\omega)^2+\dfrac{b^2}{m^2}} \tag{5・70}$$

となるので，$\varDelta\omega=0$，すなわち $\omega=\omega_0'$ で，図 5・16 に示すように極大となる．

すなわち，電子分極は ω_0' の付近で極大極小を示して分散を生じ，また式 (*5・55*) よりわかるように，エネルギー吸収が極大になる．このような誘電分散は**共鳴形**と呼ばれる．さて一般には，力係数 a ならびに制動係数 b の異なる何種類もの電子が含まれるので，ω_0' に相当する点が何点も現れることなる．なお ω_0' は紫外領域となる．

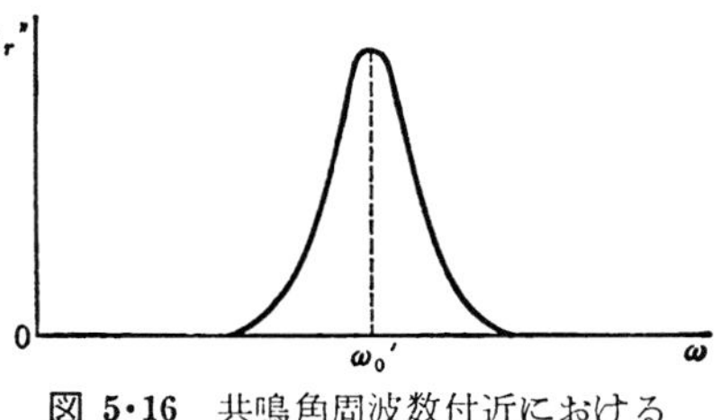

図 5・16　共鳴角周波数付近における ε_r' および ε_r'' の変化

（4）　イオン分極の誘電分散　　イオン分極におけるイオン核の変位をもとに戻そうとする復元力は，その変位に近似的に比例すると考えられるので，そ

の運動は電子分極と全く同様に取り扱うことができる．ただ質量mが電子よりはるかに大きいため，ω_0' は赤外領域に存在することとなる．

（5） **配向分極の誘電分散**　単位体積にN個の μ なる永久双極子をもつ誘電体の静電界 E_t における配向分極は，$(N\mu^2/3kT)E_t$ で与えられることが **5・3（4）**で示された．さて配向分極は電界による力と熱的擾乱とが平衡を保っている状態であるから，いま，ある静電界により P_s なる分極が生じているとき，急に電界を取り除いたとすると，分極は **図 5・17**（a）に示すように指数関数的に減少するものと考えてよいであろう．すなわち

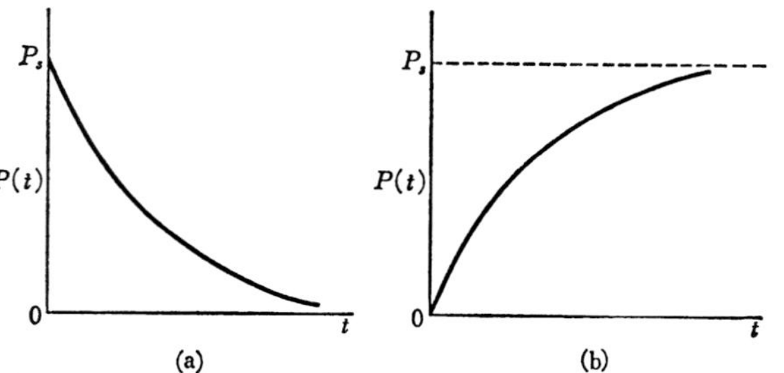

図 5・17　電界を取除いたとき（a）および加えたとき（b）の分極の時間的変化

$$P(t)=P_s e^{-t/\tau_0} \tag{5・71}$$

のように表せるとする．ここで τ_0 は**緩和時間**（relaxation time）と呼ばれるものである．式（5・71）を t について微分すると

$$\frac{dP(t)}{dt}=-\frac{P_s}{\tau_0}e^{-t/\tau_0}=-\frac{P(t)}{\tau_0} \tag{5・72}$$

ここで時間無限大における分極 $P(\infty)=0$ であるから，式（5・72）はまた

$$\frac{dP(t)}{dt}=\frac{1}{\tau_0}[P(\infty)-P(t)] \tag{5・73}$$

と書くことができる．次に静電界を加えた場合を考える．図（b）を参照して平衡値を P_s とするとき，時刻 t における分極は

$$P(t)=P_s(1-e^{-t/\tau_0}) \tag{5・74}$$

のように表すことができる．この式を t について微分すれば

$$\frac{dP(t)}{dt}=\frac{P_s}{\tau_0}e^{-t/\tau_0}=\frac{1}{\tau_0}[P_s-P(t)] \tag{5・75}$$

すなわち，ある時刻における分極の時間的変化は，分極が減少するときも増加するときも，$1/\tau_0$ と（分極の 最終値－分極の瞬時値）に 比例することが わかる．

さて以上の静電界の場合の関係は $E_t e^{j\omega t}$ なる交流電界を加えた場合にも同様にあてはまるものと考える．そのとき印加電界 $E_t e^{j\omega t}$ のある瞬時における分極 $P(t)$ は，その大きさの電界が加わった場合の分極の最終値

$$P_s' = \frac{N\mu^2}{3kT} E_t e^{j\omega t} \tag{5·76}$$

に向かって，式（5·75）に従って時間的に変化しつつあることになる．分極は電界と同じ周波数で，かつそれより位相が遅れて変化しているものと考えられるから，$P(t) = P_0 e^{j\omega t}$ として式（5·75）に 代入し，P_s のかわりに P_s' を用いると

$$P_0 = \frac{P_s'}{(1 + j\omega\tau_0) e^{j\omega t}} = \frac{1}{1 + j\omega\tau_0} \frac{N\mu^2}{3kT} E_t \tag{5·77}$$

この式は式（5·35），（5·36）と比べて，交流電界における分極率は静電界の分極率に $1/(1 + j\omega\tau_0)$ を乗じたものであることを示す．さて一般に配向分極があれば電子分極，イオン分極があるが，これらの分極は考えている周波数領域では周波数による変化はないものとして，その分極率をまとめて α とし，さらにローレンツの内部電界を仮定すると，式（5·38）の静電界のデバイの式に対して

$$\frac{\varepsilon_r^* - 1}{\varepsilon_r^* + 2} = \frac{N}{3\varepsilon_0}\left(\alpha + \frac{1}{1 + j\omega\tau_0} \frac{\mu^2}{3kT}\right) \tag{5·78}$$

が得られる．これを**デバイの分散式**という．

式（5·78）をもとにして，複素比誘電率 ε_r^* の ω による変化を検討する．ここで少し工夫をする．まず，$\omega = 0$，すなわち静電界に対する比誘電率を ε_{rj} とすると，式（5·78）より

$$\frac{\varepsilon_{rj} - 1}{\varepsilon_{rj} + 2} = \frac{N}{3\varepsilon_0}\left(\alpha + \frac{\mu^2}{3kT}\right) \tag{5·79}$$

となる．また $\omega\tau_0 \gg 1$，すなわち配向分極の 現れないような 高い 周波数に対する比誘電率を ε_{rt} とおくと

$$\frac{\varepsilon_{rt} - 1}{\varepsilon_{rt} + 2} = \frac{N\alpha}{3\varepsilon_0} \tag{5·80}$$

この ε_{rj}, ε_{rt} を用いて，式 (5・78)，(5・79) および式 (5・80) より α, μ を消去すると

$$\varepsilon_r{}^* = \varepsilon_{rt} + \frac{\varepsilon_{rj} - \varepsilon_{rt}}{1 + j\omega\tau} = \varepsilon_{rt} + \frac{\varepsilon_{rj} - \varepsilon_{rt}}{1 + \omega^2\tau^2} - j\frac{(\varepsilon_{rj} - \varepsilon_{rt})\,\omega\tau}{1 + \omega^2\tau^2} \tag{5・81}$$

ただし

$$\tau \equiv \frac{\varepsilon_{rj} + 2}{\varepsilon_{rt} + 2}\tau_0 \tag{5・82}$$

のように，実部と虚部に分けることができる．すなわち

$$\varepsilon_r{}' = \varepsilon_{rt} + \frac{\varepsilon_{rj} - \varepsilon_{rt}}{1 + \omega^2\tau^2} \tag{5・83}$$

$$\varepsilon_r{}'' = \frac{(\varepsilon_{rj} - \varepsilon_{rt})\,\omega\tau}{1 + \omega^2\tau^2} \tag{5・84}$$

また誘電正接は

$$\tan\delta = \frac{\varepsilon_r{}''}{\varepsilon_r{}'} = \frac{(\varepsilon_{rj} - \varepsilon_{rt})\,\omega\tau}{\varepsilon_{rj} + \varepsilon_{rt}\omega^2\tau^2} \tag{5・85}$$

となる．

まず $\varepsilon_r{}'$ は $\omega=0$ で ε_{rj}, $\omega\to\infty$ で ε_{rt}, この途中では ε_{rj} から ε_{rt} に ω とともに単調に減少する．次に $\varepsilon_r{}''$ は $\omega=0$ で 0, $\omega\to\infty$ でやはり 0 となり

$$\omega_{\mathrm{m}} = \frac{1}{\tau} \tag{5・86}$$

で極大を示す．$\omega=\omega_{\mathrm{m}}$ における $\varepsilon_r{}'$, $\varepsilon_r{}''$ の値は

$$(\varepsilon_r{}')_{\omega=\omega_{\mathrm{m}}} = \varepsilon_{rt} + \frac{\varepsilon_{rj} - \varepsilon_{rt}}{2} \tag{5・87}$$

$$(\varepsilon_r{}'')_{\omega=\omega_{\mathrm{m}}} = \frac{\varepsilon_{rj} - \varepsilon_{rt}}{2} \tag{5・88}$$

となり，これらの関係は図 5・18 に示すようになる．なお $\tan\delta$ は $\omega=0$ で 0, $\omega\to\infty$ で 0 で

$$\omega_{\mathrm{m}}{}' = \frac{1}{\tau}\sqrt{\frac{\varepsilon_{rj}}{\varepsilon_{rt}}} \tag{5・89}$$

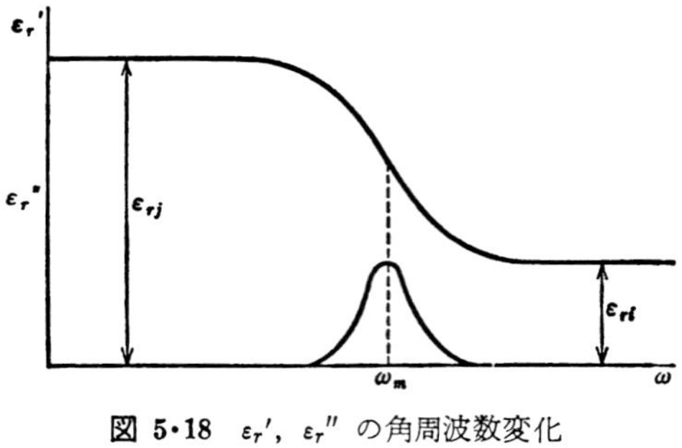

図 5・18　$\varepsilon_r{}'$, $\varepsilon_r{}''$ の角周波数変化

で極大となる．この形の分散を**緩和形**の分散と呼ぶ．

つぎに式（5·83），（5·84）より $\omega\tau$ を消去すると

$$\left(\varepsilon_r'-\frac{\varepsilon_{rj}+\varepsilon_{ri}}{2}\right)^2+(\varepsilon_r'')^2=\left(\frac{\varepsilon_{rj}-\varepsilon_{ri}}{2}\right)^2 \qquad (5·90)$$

この式は ε_r', ε_r'' を直交軸上にとった場合，周波数によって変化するこれらの量の間の関係が，図 5·19 の実線で与えられるような半円になることを示している．すなわちデバイの式で示される現象では半円関係が成立するはずである．ところが実際の誘電体について測定した結果は，多くの場合同図の破線で示されるような劣円弧になることがわかった．これに対する式は

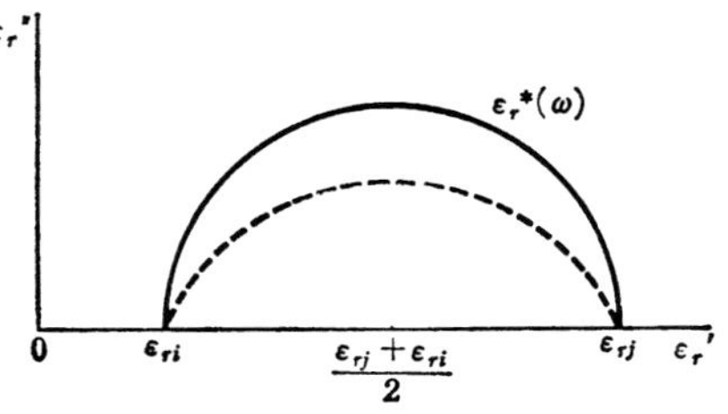

図 5·19 ε_r', ε_r'' の間のデバイの関係（実線）およびコール－コールの関係（破線）

$$\varepsilon_r^*=\varepsilon_{ri}+\frac{\varepsilon_{rj}-\varepsilon_{ri}}{1+(j\omega\tau)^{\beta}} \qquad (0<\beta<1) \qquad (5·91)$$

で，これを**コール-コールの円弧則**という．この関係は緩和時間 τ_0 がいろいろな値に分布しているものとして説明される．

（6） **界面分極の誘電分散** 図 5·20 に示すような，誘電率が ε_1, ε_2，導電率が σ_1, σ_2，厚さが等しく $d/2$ である二層誘電体を考える．それぞれにかかる電界を E_1, E_2 とするとき，電極の単位面積に流れる電流 I は導電電流 $\sigma_1 E_1$ と変位電流 dD_1/dt の和で，複素数を用いて

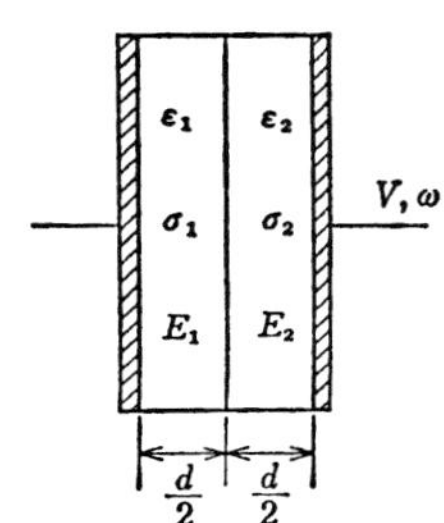

図 5·20 交流電圧を加えた二層誘電体

$$I=(\sigma_1+j\omega\varepsilon_1)E_1=(\sigma_2+j\omega\varepsilon_2)E_2 \qquad (5·92)$$

いま

$$Y_1=\sigma_1+j\omega\varepsilon_1 \qquad Y_2=\sigma_2+j\omega\varepsilon_2 \qquad (5·93)$$

とおけば

$$I=Y_1E_1=Y_2E_2 \qquad (5·94)$$

また電極にかかる電圧 V は

$$V=\frac{d}{2}(E_1+E_2) \tag{5・95}$$

式 (5・94), (5・95) より E_1 または E_2 を求め，ふたたび，式 (5・94) に入れれば

$$I=\frac{2}{d}\left(\frac{Y_1Y_2}{Y_1+Y_2}\right)V \tag{5・96}$$

が得られる．Y_1, Y_2 に式 (5・93) を入れて整理すれば

$$I=\left\{\sigma_0+\frac{k\varepsilon_\infty\omega^2\tau}{1+\omega^2\tau^2}+j\omega\varepsilon_\infty\left(1+\frac{k}{1+\omega^2\tau^2}\right)\right\}\frac{2V}{d} \tag{5・97}$$

ただし，以下の記号を用いてある．

$$\left.\begin{aligned}\sigma_0&\equiv\frac{\sigma_1\sigma_2}{\sigma_1+\sigma_2}, & \varepsilon_\infty&\equiv\frac{\varepsilon_1\varepsilon_2}{\varepsilon_1+\varepsilon_2}\\ k&\equiv\frac{(\varepsilon_1\sigma_2-\varepsilon_2\sigma_1)^2}{\varepsilon_1\varepsilon_2(\sigma_1+\sigma_2)^2}, & \tau&\equiv\frac{\varepsilon_1+\varepsilon_2}{\sigma_1+\sigma_2}\end{aligned}\right\} \tag{5・98}$$

一方，この二層誘電体の等価的な複素誘電率を $\varepsilon^*=\varepsilon'-j\varepsilon''$ で表すと，これに流れる電流は

$$I=j\omega\varepsilon^*E=j\omega(\varepsilon'-j\varepsilon'')\frac{V}{d}=(\omega\varepsilon''+j\omega\varepsilon')\frac{V}{d} \tag{5・99}$$

となる．式 (5・97), (5・99) を比較して

$$\varepsilon'=2\varepsilon_\infty\left(1+\frac{k}{1+\omega^2\tau^2}\right) \tag{5・100}$$

$$\varepsilon''=2\left(\frac{\sigma_0}{\omega}+\frac{k\varepsilon_\infty\omega\tau}{1+\omega^2\tau^2}\right) \tag{5・101}$$

いま $\omega=0$ のときの ε' を ε_s, $\omega\tau\gg1$ なる ω に対する ε' を ε_t とすると，式 (5・100) より

$$\varepsilon_\infty=\frac{\varepsilon_t}{2} \quad \text{および} \quad k=\frac{\varepsilon_s}{\varepsilon_t}-1 \tag{5・102}$$

が得られる．これらの関係を式 (5・100), (5・101) に入れると

$$\varepsilon'=\varepsilon_t+\frac{\varepsilon_s-\varepsilon_t}{1+\omega^2\tau^2} \tag{5・103}$$

$$\varepsilon''=\frac{2\sigma_0}{\omega}+\frac{(\varepsilon_s-\varepsilon_t)\omega\tau}{1+\omega^2\tau^2} \tag{5・104}$$

これら両式を式 (5·83), (5·84) と比べてみると，ε' のほうは全く同じ形であり，ε'' のほうは $2\sigma_0/\omega$ なる項が付け加わっただけであることがわかる．したがって交流電界における界面分極のふるまいは配向分極のそれとほとんど同様である．ただ分散周波数はさらに低く可聴周波の領域になる．

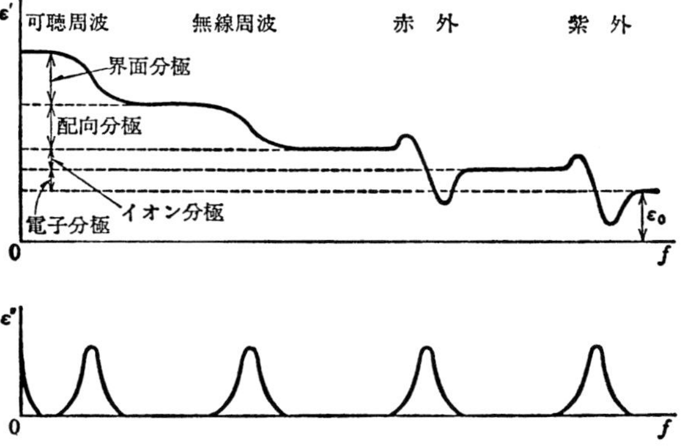

図 5·21　ε' および ε'' の周波数変化

（7） **複素誘電率の周波数変化**　以上述べた4種類の分極がすべて含まれている誘電体の誘電率の周波数変化を，模型的に描いたのが **図 5·21** である．ふつう電子分極，イオン分極の分散は明りょうに現れるが，その他の分散は比較的だらだらとしたものになる．また ε'' は分散周波数の付近で極大を示す．

5·7 強 誘 電 体

（1） **強誘電体の性質**　これまでの誘電体の議論では，分極率 α は電界の大きさには関係しない，すなわち $P=N\alpha E$ により分極 P は電界 E に比例するものとしてきた．これらいわゆる常誘電体に対して，分極が電界に比例しない**強誘電体** (ferroelectric matelial) と呼ばれる物質がある．すなわち**図 5·22** に示すように，強誘電体に電界を加えると，P は OABC のように非直線的に増加してBでほぼ飽和に達し，次に E をへらすとヒステリシスを示して CBP_r のようにもとの径路を通らずに減少し，E が 0 になっても**残留分極** (remanent polarization) P_r が残る．P を 0 にするには逆方向に E_c なる電界を加えねばならず，これを**抗電界** (coercive force) と呼ぶ．さらに逆方向に電界を増すと分極も逆方向に増して飽和に達し，以後図に示すように同じ経過をくり返す．これは強磁性体の B-H 曲線に類似の関係である．

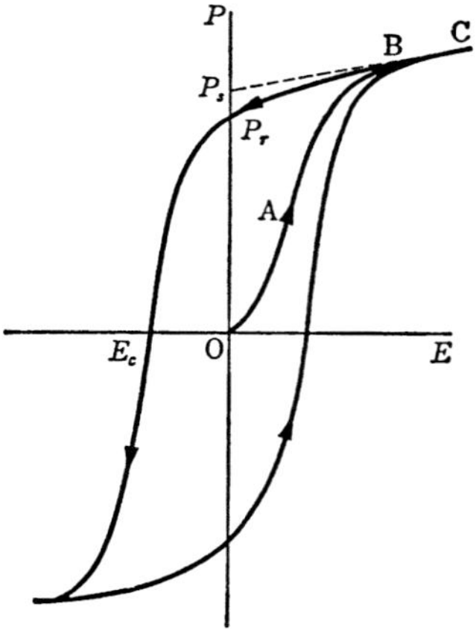

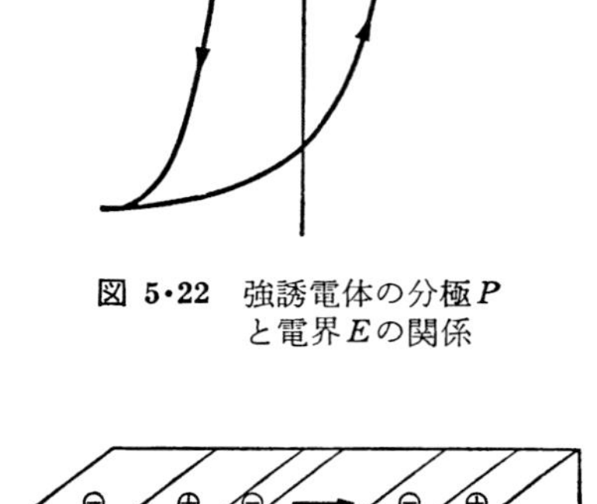

図 5・22　強誘電体の分極 P と電界 E の関係

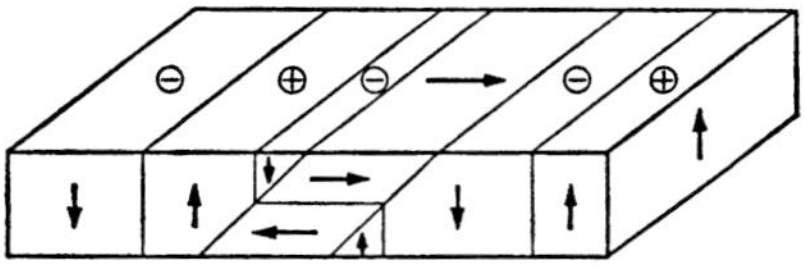

強誘電体のこのような性質は，**6** 章で説明する強磁性体の磁区と同様な構造を強誘電体がもつことによる．すなわち強誘電体の結晶は，たとえば **図 5・23** に示すように**分域**（domain）と呼ばれる細かい領域に分かれ，それぞれの分域の中では永久双極子が全部同じ方向を向いて電界を加えなくても分極を生じている．この分極を**自発分極**（spontaneus polarization）と呼ぶ．処女試料の状態では個々の分域の分極が勝手な方向を向いているので結晶全体としては分極をもたない．電界を加えて双極子が回転すると，電界の方向を向いた分極をもつ分域の体積が増してゆき，ついには全体が一つの分域となって大きな分極値を示す．次に電界を取り去っても，分域の構造はほぼそのままの状態にとどまり残留分極 P_r を示すことになる．

図 5・23　チタン酸バリウム結晶の分域構造の例

強誘電体の結晶が実際にこのような分域構造をもつことは，目で確かめることができる．すなわち強誘電体結晶は一般に光をよく透過し，しかも分極の方向により屈折率が異なるので，偏光顕微鏡を用いると明暗の模様として直接分域構造を見ることができる．**図 5・23** はチタン酸バリウムの板状結晶の例を模型的に示したものである．分域と分域の境である分域壁は，両側の分極の向きが 180° の場合と 90° の場合がふつうである．これは境界で電束の法線成分が連続になるための条件で，この場合に境界面に電荷が蓄積せず結晶の静電エネルギーが小さくなる．

自発分極の大きさは，図 5・22 において直線 BC の外そう値 P_s によって与えられる．これは直線 BC にそう分極の増加は，電子分極，イオン分極などの通常の分極によるものであり，全分極から，その分を差し引くことに相当する．自発分極 P_s は，たとえば，リン酸二水素カリウム KH_2PO_4 の場合，**図 5・24** に示すように 123 K において急激に消失する．この自発分極の消失する温度 T_C を**キュリー温度**（Curie temperature）と呼ぶ．T_C 以上では結晶は常誘電体となり，P-E 曲線も直線となる．

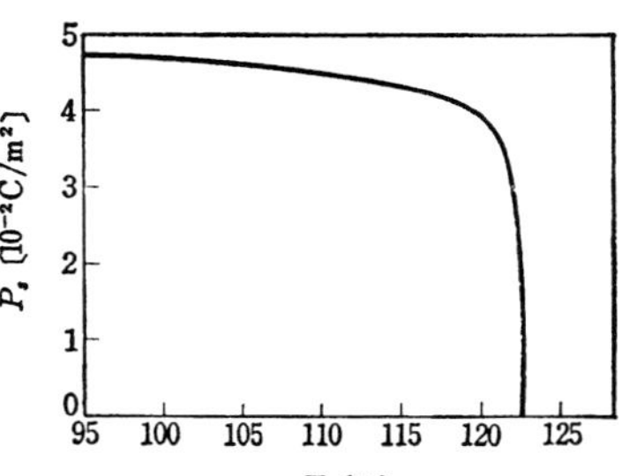

図 5・24 リン酸二水素カリウム KH_2PO_4 の自発分極の温度変化

強誘電体の誘電率は，強誘電領域では分極が電界の大きさや試料の履歴によって異なるので，一義的に定めることができない．ふつう

$$\varepsilon=\varepsilon_0+\frac{dP}{dE} \qquad (5\cdot105)$$

によって微分誘電率を定義し，P-E 曲線の原点付近における値をその物質の誘電率とする．一般に常誘電体に比べて大きな値（たとえばチタン酸バリウムでは比誘電率 1000 以上）を示すのが特徴である．キュリー温度以上の常誘電領域では，**キュリー・ワイスの法則**（Curie-Weiss law）と呼ばれる次式に従う温度変化をする．

$$\varepsilon=\frac{C}{T-\theta} \qquad (5\cdot106)$$

C はキュリー定数，θ は特性温度で，ふつう T_C より若干低い．

（2） 強誘電体の分類と例　強誘電体は自発分極の発生機構に注目すると，1）変位形，2）秩序無秩序形　の二つに分類することができる．変位形は結晶内のイオンが平衡位置から少し変位することによって自発分極を生じているもので，たとえばチタン酸バリウム $BaTiO_3$ がその代表例である．秩序無秩序形は結晶内に回転あるいは反転できる永久双極子があって，これらが整列することによって自発分極が現れるものである．リン酸二水素カリウム KH_2PO_4，ロッシェル塩（酒石酸カリウムナトリウム）$KNaC_4H_4O_6\cdot4H_2O$ などがこの例である．この形の強誘電体はしばしば **1・4** で述べた O-H‥‥O のような水素結合をふくみ，常誘電相では無秩序な配列にある水素が，強誘電相では秩序配列をして自発分極を発生させるものと考えられている．

ここで最も多く実用されている $BaTiO_3$ について，その結晶構造，性質などを見てみよう．$BaTiO_3$ の T_C は約 120°C で，T_C 以上の常誘電相では，**図 5·25**（a）に示す結晶構造をもつ．すなわち立方格子の隅を Ba^{2+} が占め，

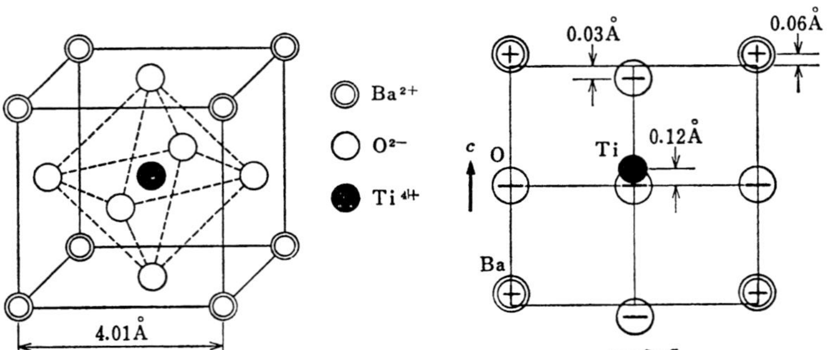

(a) 常誘電相における構造　　(b) 強誘電相におけるイオンの変位

図 **5·25**　$BaTiO_3$ の結晶構造

面心に O^{2-} があり，体心に Ti^{4+} が位置している．したがって Ti イオンは 6 個の O^{2-} でつくられる八面体の中心に存在し，これと同じ構造をもつものに強誘電性を示すものが多く，酸素八面体グループと呼ばれる．この構造は $4e$ という大きな電荷をもった比較的小さな Ti イオンが，かなり広い空間にあって動きやすく，イオン分極率が大きいと見られることが $BaTiO_3$ の強誘電性に密接な関係をもつと考えられている．

次に 120℃ 以下では，図（b）に示すように Ti イオンは立方格子のいずれかの軸の方向に変位し自発分極が生ずる．P_s の値は室温で約 $26\times10^{-2}C/m^2$ である．Ti イオン以外の他のイオンも変位し，これと同時に結晶は分極軸(図の c 軸) の方向にすこし伸び，これと直角の方向には縮んで正方晶となる．軸比は室温で $c/a\simeq1.01$ である．$BaTiO_3$ はさらに二つの転移点をもっている．その一つは 5℃ で Ti イオンは面対角線の方向に変位して，自発分極がその方向に向くとともに，結晶は斜方晶となる．他の一つは −90℃ で自発分極は体対角線の方向に向き，結晶はりょう面体晶となる．図 **5·26** は $BaTiO_3$ 単結

晶の比誘電率の温度特性を示すが，軸方向により異なること，またその値が極めて大きいことがわかる．

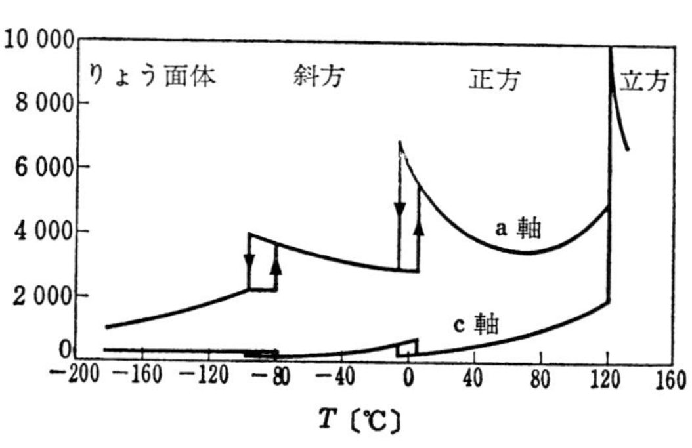

図 5·26 $BaTiO_3$ 単結晶の比誘電率の温度変化

強誘電体の内部では永久双極子が **図 5·27** (a) に示すように同じ向きに整列し自発分極を生じている．これに対し，図 (b) に示すように永久双極子が反平行に配列する物質があり，これを**反強誘電体** (antiferroelectric material) と呼ぶ．すなわち反強誘電体では永久双極子は整列状態にはあるが，自発分極は存在しない．

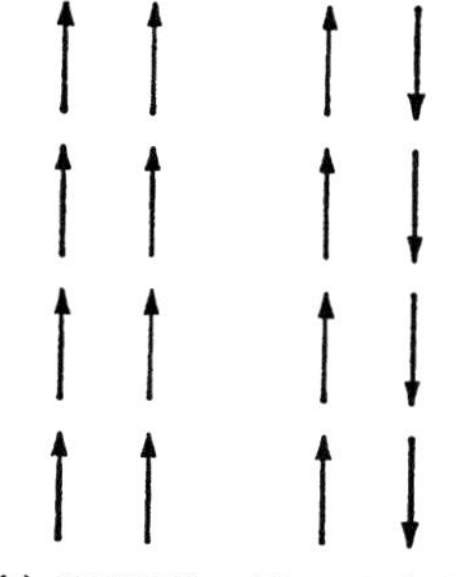

図 5·27 強誘電体および反強誘電体の永久双極子の配置

（3） **自発分極の出現**　強誘電体が自発分極をもつということは，外部電界を加えなくても分極が存在するということで，このようなことが可能かどうか考えてみよう．いま単位体積中の分子数をN，分子の分極率をαとすると，電界Eを加えるとき分極Pは式 (5·46) と同様に

$$P=\frac{N\alpha E}{1-(N\alpha\gamma/\varepsilon_0)} \qquad (5\cdot107)$$

によって与えられる．この式で若し分母が 0 であれば，$E=0$ でもPは有限な値をもつことができる．すなわち

$$\frac{N\alpha\gamma}{\varepsilon_0}=1 \qquad (5\cdot108)$$

が成り立てば自発分極が出現することになる．ふつうの誘電体では式 (5·107) の分母は正，したがって $N\alpha\gamma/\varepsilon_0$ は 1 よりかなり小さいものと考えられるが，強誘電体では分極率αや内部電界の定数γ（これは分子間の相互作用を意味する）が適当に大きくて $N\alpha\gamma/\varepsilon_0=1$ になる状態がおきるものと考えられる．そ

の意味で先に述べたように，$BaTiO_3$ 結晶では Ti イオンが動きやすく α が大きいと考えられ，自発分極が出現しやすい条件にある．

またキュリー温度の存在は次のように説明される．$N\alpha\gamma/\varepsilon_0$ のうち，たとえば N は熱ぼう張のため温度によりわずかに変化し，温度が下がるとともに増加する．いま，かりに T_c の上で $N\alpha\gamma/\varepsilon_0$ が 1 に極めて近くなっているとすれば，温度が下がり N が増して $N\alpha\gamma/\varepsilon_0=1$ になる条件が丁度満たされる温度が，すなわちキュリー温度であると考えることができる．

5・8 圧 電 効 果

結晶に電界を加えると原子やイオンに双極子モーメントを誘起すると同時にイオンを変位させる．したがって結晶はわずかであるが機械的にひずむことになる．これを**電気ひずみ**（electrostriction）と呼ぶ．電気ひずみはすべての物質に共通に存在し，また電界の向きを変えてもひずみの符号も大きさも変ることはない．

一方，これと逆に結晶に機械的ひずみを加えてイオンを変位させる場合には，分極を生じる場合と生じない場合がある．分極を生ずる場合を**圧電効果**（piezoelectric effect）という．圧電性の結晶はまた電界を加えると機械的ひずみを生じ，これを逆圧電効果ともいう．逆圧電効果によるひずみは前述の電気ひずみと異なり，電界の向きを逆にすればひずみの符号も変る．結晶が圧電性であるかどうかは結晶の対称性によるもので，図 5・28 はこれを模型的に示し

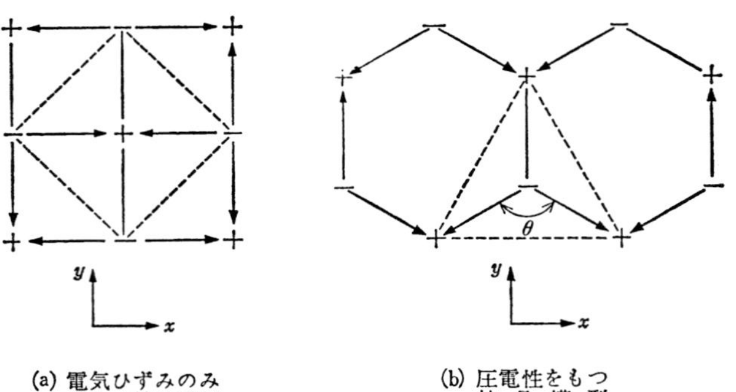

図 5・28　圧電性と結晶の対称性

たものである．すなわち図（a）のように破線でかこまれた結晶の基本単位が対称性をもっていると，この結晶を引張っても圧縮しても，イオンの配置の対称性は失われないので分極を生じないが，図（b）のように対称の中心を欠くものでは，たとえば x 方向に引張るときは θ が増して y 軸の正方向に分極を生じ，圧縮するときは θ が減少して y 軸の負方向に分極を生じることになる．

圧電効果における分極と応力の関係は次式で示される．いま電界は加えていないとすると $D=P$ で

$$D_i=d_{ij}T_j{}^{1)},\quad i=1,\ 2,\ 3;\ j=1,\ 2,\cdots,6 \tag{5·109}$$

ここで D_i は電束ベクトルの各成分，T_j は応力テンソルの各成分である．d_{ij} は**圧電定数**（piezoelectric costant）と呼ばれ総計 18 個あるが，結晶の対称性に応じて独立なものの数は減り，たとえば三方晶系の水晶では d_{11} と d_{14} の 2 個のみが独立で

$$\begin{pmatrix} d_{11} & -d_{11} & 0 & d_{14} & 0 & 0 \\ 0 & 0 & 0 & 0 & -d_{14} & -2d_{11} \\ 0 & 0 & 0 & 0 & 0 & 0 \end{pmatrix} \tag{5·110}$$

のようなマトリクスで表示される．次に電界を加えた場合に生ずるひずみは

$$S_j=d_{ij}E_i,\quad i=1,\ 2,\ 3;\ j=1,\ 2,\cdots,6 \tag{5·111}$$

のように表される．S_j は ひずみの成分である．比例定数 d_{ij} は先の圧電定数 d_{ij} に等しいことが熱力学的に証明される．圧電効果は 電気エネルギーを機械エネルギーに変換し，またはその逆の変換を行うのに実用上重要である．

さて圧電効果は結晶が対称の中心を欠く場合におきることを図 5·28 で示したが，結晶をその対称性から分類すると，**1·5**（**3**）で述べた七つの晶系がさらにいくつかに分けられ，総計 32 種の結晶族に分類される．そのうち圧電効果を示す可能性をもつのは 20 種の結晶族である．さらに，この 20種の中の 10種の結晶族は対称の中心を欠いている上に永久双極子をもっている．たとえば電気石はその例で，加熱すると両端に電荷が現れる**パイロ電気**（pyroelectricity）を示す．これは電気石の結晶自体が電気モーメントをもっているが，自然の状態では空気中の電荷が表面に付着して分極をうち消しているので外部からは分

1) $d_{ij}T_j$ は $\sum_j d_{ij}T_j$ のことで和の記号はふつう省略される．式（5·111）も同様である．

極は観測されない．しかし加熱すると，表面電荷の変化はゆるやかで内部の変化に追随できないため，その差に相当する電荷が観測されるようになるためである．このようにパイロ電気を示す結晶は電気モーメント，すなわち自発分極をもっているが，通常は逆方向に電圧を加えても自発分極の向きは変らず，電圧を無理に大きくすると絶縁破壊をおこす．しかし，これらの中絶縁破壊にいたらない電界で自発分極の向きが反転するものがあり，これが先に述べた強誘電体である．

5・9　誘電体の電気伝導

（1）　固体誘電体における電気伝導　　誘電体は本来絶縁体であり電界を加えても流れる電流は極めてわずかである．電流の大きさはキャリアの数とその移動度によるのであるから，このことはキャリアの数が少なく，またその移動度も小さいことを示している．誘電体におけるキャリアの発生や移動は複雑で一般的に述べることはできないが，ここでは固体誘電体について誘電体の電気伝導の特徴的な点のあらましを述べることにする．

誘電体においても熱励起や不純物にもとづき電子と正孔が発生するが，誘電体はふつう無定形のものが多いので，半導体のように完全な帯構造をつくるとは考えられず，簡単に帯理論を用いて計算するわけにはゆかない．その他電極からショットキー効果やトンネル効果によって注入される電子が重要となる場合もある．さらに，イオンの移動も無視できなくなってくる．これらの種々のキャリアが電流に寄与することになるが，大別すれば電子性伝導とイオン性伝導に分けられる．

次に誘電体は絶縁体として用いられ，高い電圧のかかることも多い．この場合電圧と電流の関係は，電圧が高くなると**図 5・29** に示すようにオームの法則からはずれる．V_H 以下のオームの法則の成立する領域を低電界領域，V_H 以上の非直線領域を高電界領域という．領域Ⅲでは絶縁破壊につながる電流が重なって流

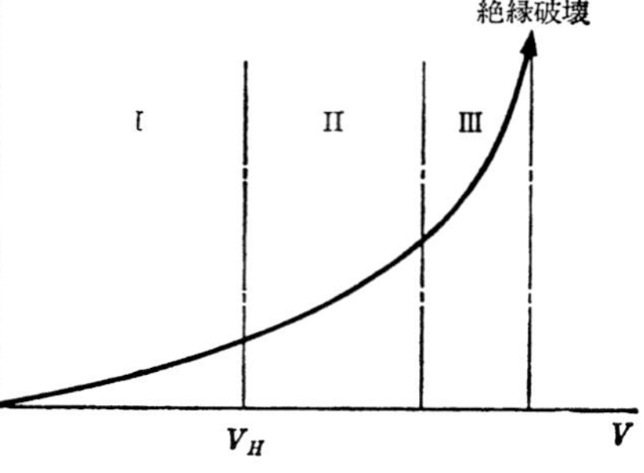

図 5・29　固体誘電体の電圧-電流特性

れている．その他温度や湿度の影響を受けることも大きく，また内部に対し表面を流れる電流が支配的になる場合もある．

（2）**電　子　伝　導**　電子の移動は結晶性のよい場合は自由電子としてバンド内を，そうでないときは分子から分子へホッピングによって移動していると考えられるが，低電界の場合はいずれにしてもオームの法則が成立する．ここでは，誘電体に特徴的な高電界領域の場合について考えてみよう．この場合，誘電体内の電子電流 I_b と電極から注入される電流 I_c との大小関係で二つの場合ができる．

まず $I_b < I_c$ とすると，陰極より注入された電子は陰極前面にたまって空間電荷を形成し，これが電流を制限することになる．電界を E とすると電流はドリフト電流と拡散電流の和で

$$I = ne\mu E + De\frac{dn}{dx} \qquad (5\cdot112)$$

簡単のために拡散電流を無視して

$$I = ne\mu E \qquad (5\cdot113)$$

ポアソンの式より

$$\frac{dE}{dx} = \frac{ne}{\varepsilon} \qquad (5\cdot114)$$

式 (5・113)，(5・114) より

$$\frac{dE}{dx} = \frac{I}{\varepsilon\mu E} \qquad (5\cdot115)$$

これを積分して

$$E = \left\{\frac{2I}{\varepsilon\mu}(x + x_0)\right\}^{1/2} \qquad (5\cdot116)$$

x_0 は積分定数である．電極間電圧は電極間隔を d として

$$V = \int_0^d E\,dx = \frac{2}{3}\left[\frac{2I}{\varepsilon\mu}\right]^{1/2}\{(d + x_0)^{3/2} - x_0^{3/2}\} \qquad (5\cdot117)$$

この式において $d \gg x_0$ とすると電流の式として

$$I = \frac{9}{8}\varepsilon\mu\frac{V^2}{d^3} \qquad (5\cdot118)$$

が得られる．すなわち電流は電圧の二乗に比例して増加する．これを**空間電荷**

制限電流 (space charge limited current) という.

一方, $I_b > I_c$ のときは陰極前面では電子が不足するので正の空間電荷ができ, 電極からの電子放出を盛んにしようとする. この場合は電流は電極からの電子放出によって支配されることになる. したがって電流は電子放出の機構により異なり, トンネル効果によるときは

$$I = AE^2 e^{-B/E} \tag{5・119}$$

ショットキー効果によるときは

$$I = AT^2 e^{(\beta_s E^{1/2} - \phi)/kT}, \quad \beta_s = \sqrt{\frac{e^3}{4\pi\varepsilon}} \tag{5・120}$$

のような形で電界Eに依存する. ϕは電界のないときの電極金属からみた障壁の高さである. これらについてはすでに**3・6**で説明した. どちらの場合においても電流は電圧に対し非直線的に増加する.

図5・29の領域 III は絶縁破壊につながる電子なだれ電流が加わる部分で, これについては **5・10** で述べる.

(3) イ オ ン 伝 導　誘電体の中には種々な理由でイオンが存在しており, これが移動して電気伝導を生ずる. たとえば, イオン結晶について考えると, 結晶内には **1・5** (**8**) で述べたように, フレンケルあるいはショットキー形の格子欠陥により格子点のところが抜けている. 一方, イオンは絶えず熱振動をしているので隣の格子点からポテンシャルの山を越えて空の格子点に移ることができる. 空いた後には, またその隣のイオンが移るというふうに次々とイオンの移動がおこる. このような機構で流れる電流を考えてみよう.

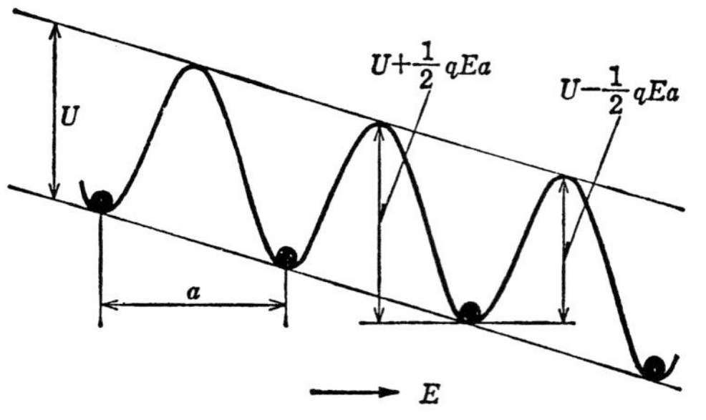

図5・30 イオンの移動に対するポテンシャルの模型

イオンが毎秒ポテンシャル障壁をこえる確率は, イオンが障壁にぶつかる回数, すなわち振動数 ν と, イオンが障壁以上のエネルギーをもつ確率 $e^{-U/kT}$ の積に比例する. Uはポテンシャル障壁の高さである. さてイオンが山を一つ

こえると格子間隔 a だけ移動するから，イオンの移動速度は

$$v = a\nu e^{-\frac{U}{kT}} \tag{5·121}$$

で表される．いま結晶に電界を加えると，図 **5·30** に示すように電界方向にはポテンシャルの高さが $qEa/2$ だけ下がり，逆方向には $qEa/2$ だけ上昇する．q はイオンの電荷である．その結果，電界方向に移動するイオンの数は反対方向に移動する数より増し，イオンの流れが生ずる．この場合のイオンの平均速度は

$$v = a\nu\left\{e^{-\left(U-\frac{qEa}{2}\right)/kT} - e^{-\left(U+\frac{qEa}{2}\right)/kT}\right\}$$

$$= 2a\nu e^{-U/kT}\sinh\frac{qEa}{2kT} \tag{5·122}$$

空格子点の密度を N とすると，電流密度は

$$I = 2qNa\nu e^{-U/kT}\sinh\frac{qEa}{2kT} \tag{5·123}$$

となり，電界に対して双曲線的に変化することがわかる．

いま電界が低くて $qEa \ll kT$ とすると，$\sinh(qEa/2kT) \simeq qEa/2kT$ より

$$I \simeq qNa\nu e^{-U/kT}\cdot qEa/kT \tag{5·124}$$

すなわちオームの法則が成立する．次に高電界で $qEa \gg kT$ のときは $\sinh(qEa/2kT) \simeq \frac{1}{2}e^{qEa/2kT}$ より

$$I \simeq qNa\nu e^{-U/kT}e^{qEa/2kT} \tag{5·125}$$

となり，電流は電界に対し指数関数的に増大する．また温度については式（5·124）より

$$\sigma = \frac{I}{E} = \frac{q^2Na^2\nu}{kT}e^{-U/kT} \backsim e^{-U/kT} \tag{5·126}$$

すなわち半導体の場合と同じように $\ln\sigma$ と $1/T$ の間にはほぼ直線関係が成立する．

固体誘電体の電気伝導が電子伝導かイオン伝導かはそれぞれの場合で異なると考えられるが，おおよそのところでは電界の低いうちはイオン伝導が主体を占め，電界が高くなると電子伝導が増してゆく場合が比較的多い．

5・10 絶 縁 破 壊

誘電体に加える電界を高くしてゆくと，ある値以上で急に大電流が流れて導体のようになる．これが絶縁破壊でこのときの電界をその物質の**絶縁破壊の強さ** (dielectric breakdown strength) と呼ぶ．液体や固体では一たん絶縁破壊をおこすと，物質の構造そのものまで破壊されてしまって，電界を除いても絶縁が回復しないことが多い．絶縁破壊の強さは物質の種類だけでなく，材料の厚さ，温度，圧力，印加電圧波形，電極の形状などによっても変化する．

ここでは固体の場合だけについて考えることにする．固体の絶縁破壊の機構には種々な形式があるが，主なものは電子的破壊と熱破壊である．まず**電子的破壊**は電界の上昇により伝導電子が電界より貰うエネルギーが増し，これが電子から格子に与えられるエネルギーを上まわると，平衡が破れて電子の数と速度が急激に増大し破壊に至るとする．すなわち電子が毎秒電界から貰うエネルギーは，電子の移動度を μ，緩和時間を τ とすると

$$A=\left(\frac{\partial \varepsilon}{\partial t}\right)_E=e\mu E^2=\left(\frac{e^2}{m}\right)\tau E^2 \tag{5・127}$$

一方，毎秒失うエネルギーは

$$B=\left(\frac{\partial \varepsilon}{\partial t}\right)_L=\frac{\Delta\varepsilon}{\tau} \tag{5・128}$$

である．$\Delta\varepsilon$ は1回の衝突で失うエネルギーである．平衡状態では

$$A(E)=B \tag{5・129}$$

が成立している．この式が成立しなくなる限界のEで破壊が生ずるとし，これを**真性破壊**と呼ぶ．一方，電子の一部が，式 (5・129) のエネルギーを上まわると加速されて，その固体の電離エネルギーに達し，格子と衝突して電離を行ない，電離によって生じた電子が加速されて，また電離を行うというように，ねずみ算的に電子が増して電子なだれを生じ破壊に至る形式を**電子なだれ破壊**と呼ぶ．これは4・2 (3) で述べた半導体の場合と同様である．

次に，**熱破壊**の機構を考える．誘電体の導電率は，たとえば式 (5・126) $\sigma \propto e^{-U/kT}$ により温度Tとともに増す．いま誘電体に電界Eを加えると，ジュール熱 $W_1=\sigma E^2$ が発生してTが上がり，さらに σ が増して W_1 が増すというようにTはどんどん上昇しようとするが，最終的には周囲への熱放散 $W_2=K(T-T_0)$ とつりあうところで平衡する．ここでKは熱放散係数，T_0 は周囲温

度である．W_1 と W_2 の温度特性は図 **5·31** のようになる．W_1 は E とともに増し，ある E_B 以上では W_1 は W_2 と交わらなくなるので，熱発生が熱放散を上まわり T がどんどん上がって破壊に至る．周囲温度 T_0 が上がると，直線 W_2 は右にずれて絶縁破壊の強さ E_B は低下することになる．これに対し電子的破壊では E_B は温度に依存しないか，あるいは温度上昇とともに格子振動が増して τ が減るのでやや上昇することになる．

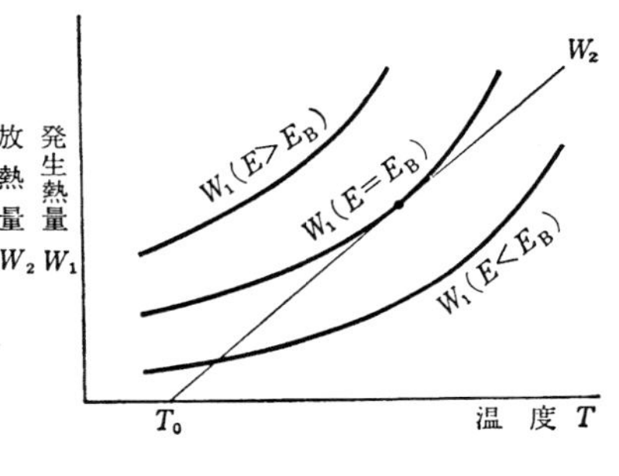

図 **5·31**　固体の熱破壊

問　　題

5·1　立方晶系の結晶では $\boldsymbol{E}_3=0$ となることを示せ．

5·2　分極率 α の二つの等しい原子が距離 a へだてて存在する．一様な電界 E が二つの原子の中心を結ぶ方向に加えられるとき，各原子の位置における内部電界 E_i を求めよ．また $\alpha=2\times10^{-40}\,\mathrm{Fm^2}$, $a=5\times10^{-10}\,\mathrm{m}$ とすれば E_i と E との比はいくらになるか．

5·3　水素原子が基底状態にあるときの電子分極率をボーアの模型により計算せよ．ただし電界は軌道面に直角に加わるものとする．

5·4　室温において配向分極を飽和させるに必要な電界の大きさを概算せよ．

5·5　表 5·1 の値を用いて 0℃，1 気圧におけるアルゴンの比誘電率を求めよ．

5·6　Si 結晶は比誘電率が 12 である．内部電界がローレンツ電界で与えられるとして，その分極率を求めよ．

5·7　電子分極の共鳴を生ずる電磁波の波長を概算せよ．ただし $\omega'_0\simeq\omega_0$ とせよ．

5·8　永久双極子を含む誘電体について温度が変化した場合，誘電率の実部および虚部の周波数特性がどのように変るかを定性的に図示せよ．

5·9　オシロスコープを用いる簡単な回路で強誘電体のヒステリシス曲線を観測できる．どうすればよいか．

5·10　$BaTiO_3$ の分極がイオン分極のみによるとして自発分極の大きさを求めよ．ただし格子定数は 4Å とする．

6章 磁　性　体

6・1 磁　　化

すでに，電磁気学で学んだのであるが，一応磁気的な諸量の間の関係を復習しておこう．まず真空中においては**磁界の強さ** (magnetic field strength) を $\boldsymbol{H}$ とするとき，**磁束密度** (magnetic flux density) $\boldsymbol{B}$ は

$$\boldsymbol{B}=\mu_0\boldsymbol{H} \tag{6・1}$$

で与えられる．$\boldsymbol{H}$ の単位は A/m，$\boldsymbol{B}$ の単位は T（テスラ，tesla）[1] である．μ_0 は真空の透磁率で $\mu_0=4\pi\times10^{-7}$ H/m（ヘンリー/メートル）なる値である．つぎに磁界中に物質をおくと磁化され**磁気モーメント** (magnetic moment) ができる．物質の単位体積あたりに生じた磁気モーメントの大きさをもって，その程度を表し，これを**磁化** (magnetization) と呼び，$\boldsymbol{M}$ で示すこととする．そうすると物質内の磁束密度はこの磁気モーメントによる分だけ増すことになり，誘電分極における関係にならって

$$\boldsymbol{B}=\mu_0(\boldsymbol{H}+\boldsymbol{M}) \tag{6・2}$$

のように表されることは直ちに了解されよう．ただし，誘電分極では $\boldsymbol{D}=\varepsilon_0\boldsymbol{E}+\boldsymbol{P}$ で分極 $\boldsymbol{P}$ は電束密度 $\boldsymbol{D}$ と同じ次元であるが，いまの場合は磁化 $\boldsymbol{M}$ は磁界 $\boldsymbol{H}$ と同じ次元にとってある．これは $\boldsymbol{P}$ は実際に正負の電荷よりなるモーメントであるが，$\boldsymbol{M}$ のほうは後で述べるように原子内の電流による磁界から生じているので $\boldsymbol{H}$ に対応させるほうが合理的であるし，また実用上の取扱いで便利なことが多いからである．ただし誘電分極との対応が異なる点だけは不便で注意する必要がある[2]．$\boldsymbol{M}$ の単位は，したがって A/m となる．また，かりに $\boldsymbol{\mu}_m$ なる磁気モーメントをもつ原子が単位体積に N 個あると，定義から

$$\boldsymbol{M}=N\boldsymbol{\mu}_m \tag{6・3}$$

となる．

---

1) これまで磁束密度の単位には Wb（ウェーバ)/m² が用いられてきたが，近年国際単位系として T と決められた．なお磁束の単位は従来どおり W_b である．

2) $\boldsymbol{B}=\mu_0\boldsymbol{H}+\boldsymbol{M}$ として扱っている場合も多いので，注意する必要がある．

次に

$$\boldsymbol{B}=\mu\boldsymbol{H} \tag{6・4}$$

$$\boldsymbol{M}=\chi_m\boldsymbol{H} \tag{6・5}$$

で定義される μ をその物質の**透磁率**（magnetic permeability），χ_m を**磁化率**（magnetic susceptibility）という．式（6・4），（6・5）を式（6・2）に入れれば

$$\mu=\mu_0(1+\chi_m) \tag{6・6}$$

の関係にある．さらに

$$\mu_r=\frac{\mu}{\mu_0}=1+\chi_m \tag{6・7}$$

なる μ_r を**比透磁率**（relative permeability）と呼び，実用上はこれを用いることが多い．

6・2 磁性体の分類

物質はその磁性により，次のようにいくつかに分けることができる．まず物質を構成する原子が**永久磁気双極子**（permanent magnetic dipole）をもつものと，もたないものに大別される．永久磁気双極子とは誘電体の永久双極子に相応するもので，磁界のない場合にも原子自体が磁気モーメントをもつものである．ついで，永久磁気双極子をもつものは，双極子の間の相互作用の性質によっていくつかに分けられる．

（1）**反磁性**（diamagnetism）　永久磁気双極子をもたないもので，磁界と逆方向に弱い磁化を示す．$\chi_m=-10^{-(5\sim6)}$ である．

（2）**常磁性**（paramagnetism）　永久磁気双極子をもつが双極子間の相互作用が無視できるほど弱い場合で，磁界を加えない状態では無秩序な配列をしている．磁界を加えると双極子が配向して弱い磁化を示す．$\chi_m\simeq10^{-(4\sim5)}$ で，かつ温度によって変る．

（3）**強磁性**（ferromagnetism）　双極子が互いに平行に整列するように作用するもので，磁界中で強い磁化を示し磁界を除いても磁化が残る．Fe, Co Ni などが代表例である．

（4）**反強磁性**（antiferromagnetism）　双極子が互いに反平行に整列しようとするもので，磁界のないときは磁気モーメントは打消し合い磁化はない．磁界を加えると弱い磁化を示す．

(5)　フェリ磁性（ferrimagnetism）　双極子の配列は反強磁性と同じであるが，反平行の磁気モーメントの大きさが異なるため，その差に相当する大きな磁化を示す．強磁性物質にほぼ似た性質を示す．

図 6･1 に常磁性以下の各種の磁性における永久磁気双極子の配列を模型的に示した．6･4 で述べるように，反磁性はすべての物質がもっている性質であるが，永久磁気双極子をもつ物質では，そのほうの効果が大きいため見かけ上あらわれないだけである．実用の磁性材料として主として役に立つのは強磁性およびフェリ磁性をもつ物質である．

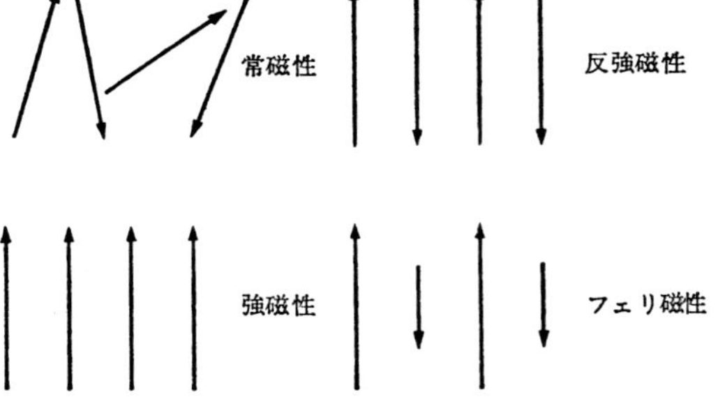

図 6･1　各種磁性における永久磁気双極子の配列

6･3　原子の磁気モーメント

(1)　原子内における電流ループ　物質の磁性は主に物質を構成する原子がもっている永久磁気双極子にもとづいているので，まず原子がどのような磁気モーメントをもつかを考えねばならない．すでに電磁気学で学んだように，電流が流れるとそのまわりに磁界ができる．電流が閉回路を流れているとすると，この電流のつくるループは等価的に磁石となり，電流の大きさを I，ループの面積を S とするとき，磁気モーメントの大きさ μ_m は

$$\mu_m = IS \tag{6·8}$$

によって与えられる．この式は外部磁界が電流ループに作用する力と μ_m に作用する力が等しいとおいて導くことができる．すなわち磁性のもとは電流で，原子の磁気モーメントは原子内の電流，すなわち電荷の運動より生じているものである．いま原子は静止しているものとすると，原子内の電流としては原子内の電荷の角運動について調べればよいことになる．これには

1)　電子の軌道運動
2)　電子のスピン
3)　原子核のスピン

の三つが考えられ，以下それぞれについて検討する．

（2） **電子の軌道運動の磁気モーメント** いま，電子が**図 6・2** に示すように，半径 r の円軌道を速度 v で運動しているとする．電流はある点を毎秒通過する電荷の量であるから

$$I=ef=\frac{e\omega}{2\pi} \qquad (6\cdot9)$$

ここで f は回転の周波数，ω は同じく角周波数である．円軌道の面積は πr^2 であるから，この電流ループの磁気モーメントの大きさは式（6・8）より

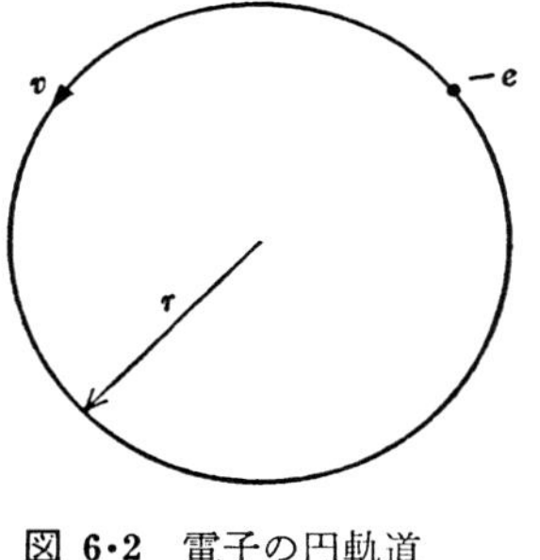

図 6・2 電子の円軌道

$$\mu_m=\frac{e\omega}{2\pi}\pi r^2=\frac{1}{2}e\omega r^2 \qquad (6\cdot10)$$

である．一方，この軌道運動の角運動量を P とすると

$$P=r\times mv=m\omega r^2 \qquad (6\cdot11)$$

m は電子の質量である．この P を用いると μ_m は

$$\boldsymbol{\mu}_m=-\frac{e}{2m}\boldsymbol{P} \qquad (6\cdot12)$$

のように，軌道角運動量との間の一般的関係として示すことができる．式（6・12）で負の符号がつくのは電子のもつ電荷が負であるため，角運動量の向きと磁気モーメントの向きは逆になるからである．この電子の軌道運動による磁気モーメントを**軌道磁気モーメント**(orbital magnetic dipole moment)と呼ぶ．

さて **1** 章で学んだように核外電子のとり得る軌道は主量子数 $\boldsymbol{n}$，方位量子数 l，磁気量子数 m_l によって次のように指定される．

$$n=1,\ 2,\ 3,\cdots,\ n$$

$$l=0,\ 1,\ 2,\cdots,n-1$$

$$m_l=l,\ l-1,\cdots,\ 1,\ 0,\ -1,\cdots,-l+1,\ -l$$

角運動量の大きさは l によって決まり，l なる量子状態の電子は

$$[l(l+1)]^{1/2}\hbar \qquad (6\cdot13)$$

なる大きさの角運動量，したがって式（6・12）より

$$\mu_m = \frac{e}{2m}[l(l+1)]^{1/2}\hbar \qquad (6\cdot14)$$

の大きさの磁気モーメントをもつことになる．さらに磁界Hが加わるとき，その電子軌道は角運動量のH方向の成分が $\hbar$ の m_l 倍の値をとるような傾きをもつもののみが許される．たとえば $l=2$，すなわちd軌道の電子は，図6・3に示すように，H方向の成分が $2\hbar$, $\hbar$, 0, $-\hbar$, $-2\hbar$ の五つの値のみをとることができる．これに相当する磁気モーメントは

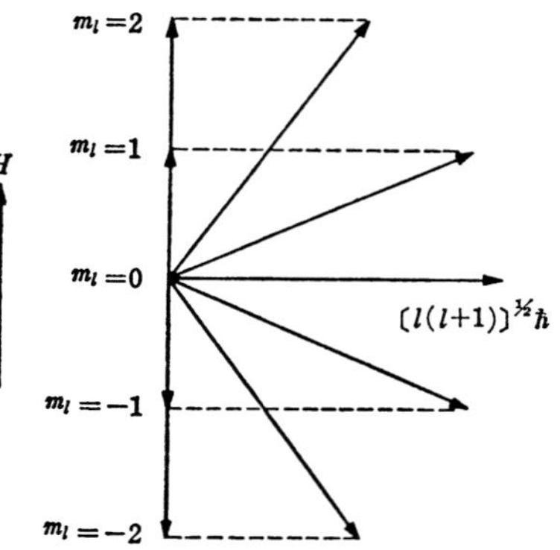

図 6・3　$l=2$ の軌道運動が磁界 H の方向にとり得る角運動量の五つの成分

$$\mu_z = -\frac{e\hbar}{2m}m_l \qquad (6\cdot15)$$

となる．すなわち軌道磁気モーメントはつねに

$$\mu_B = \frac{e\hbar}{2m} = 9.273\times10^{-24}\ [\mathrm{Am^2}] \qquad (6\cdot16)$$

の整数倍の値を示すことになり，μ_B が最小単位となる．この μ_B を**ボーア磁子**（Bohr magneton）と呼び，原子の磁気モーメントの大きさなどを表すのによく用いる．

（3）**電子スピンの磁気モーメント**　電子は軌道運動のほかに，そのスピン運動による角運動量をもっており，スピン量子数

$$s = +\frac{1}{2},\ -\frac{1}{2}$$

で与えられる二つの状態をとることができる．この場合の角運動量の大きさは

$$[s(s+1)]^{1/2}\hbar \qquad (6\cdot17)$$

であるが，磁界方向の成分は

$$-\frac{\hbar}{2},\ +\frac{\hbar}{2} \qquad (6\cdot18)$$

のいずれかの値のみをとることができる．また，これに相当する磁気モーメントは

$$\boldsymbol{\mu}_m = -\frac{e}{m}\boldsymbol{P} \qquad (6\cdot19)$$

で与えられる．これを**スピン磁気モーメント**（spin magnetic moment）という．式（6・12）と比べると右辺は2倍になっており，電子スピンの角運動量と磁気モーメントの関係は，電荷の回転という古典的な考えでは説明できない．しかし磁気モーメントの大きさそのものものは，角運動量が 1/2 になっているため軌道磁気モーメントの最小単位 μ_B に丁度一致し，$+\mu_B$ または $-\mu_B$ のどちらかの値をとることとなる．

式（6・12）と式（6・19）を合わせると，磁気モーメントと角運動量の間の関係を

$$\boldsymbol{\mu}_m = -g\frac{e}{2m}\boldsymbol{P} \qquad (6\cdot20)$$

のように書くことができる．軌道に対しては $g=1$，スピンに対しては $g=2$ である．この係数 g を**ジャイロ磁気係数**（gyromagnetic ratio）または g **係数**（g factor）という．後でわかるように磁気モーメントの主たるにない手は電子の軌道およびスピン運動なので，g の値を測定すれば軌道とスピンがそれぞれどの程度の割合で，その物質の磁性に寄与しているかを知ることができる．

（4） **原子核スピンの磁気モーメント**　原子核もまたスピン角運動量をもつが，その大きさが電子の軌道あるいはスピンのそれと同程度であるのに質量は 10^3 倍以上であるから，磁気モーメントの大きさは $10^{-3}\mu_B$ の程度になる．したがって特別の場合を除いて考える必要はない．

（5） **原子の全磁気モーメント**　これまで述べたことから原子の磁気モーメントに主として寄与するのは電子の軌道磁気モーメントとスピン磁気モーメントであり，原子の全磁気モーメントはこれらがある規則に従って合成されたものとなる．電子が1個しかない場合は簡単で，全角運動量が

$$j = l + s = l \pm \frac{1}{2}$$

のいずれかの量子数をとる．さて多数の電子を含む場合は**ラッセル・ソンダース結合**（***LS*** **結合**ともいう）と呼ばれる方法で，ふつう合成される．すなわち各電子の l はそれぞれベクトル的に結合して合成ベクトル L をつくり，s もそれぞれベクトル的に結合して S をつくる．ついで L と S が合成されて全角運動量量子数 J をつくることになる．

さらに原子が基底状態，すなわちエネルギー最低の状態にあるときは，L，S および J は**フントの規則**（Hund's rule）によりつぎのように定められる．

1）電子スピンはパウリの原理の許すかぎり，S が最大になるように配置する．

2）軌道角運動量は規則1）を満足し，かつ，L が最大になるように配置する．

3）不完全殻において，電子が許容状態の半分以下を占めているときは $J=L-S$，半分以上を占めているときは $L+S$ となる．

以上のようにして合成された J に対して原子は

$$[J(J+1)]^{1/2}\hbar \tag{6・21}$$

なる角運動量をもち

$$\mu_m=g\frac{e}{2m}[J(J+1)]^{1/2}\hbar=g[J(J+1)]^{1/2}\mu_B \tag{6・22}$$ [1]

で与えられる全磁気モーメントをもつことになる．また磁界中においては，磁界方向への成分として，式（6・15）と同様に

$$\mu_z=-gM_J\mu_B,\ \ M_J=,\ J, J-1, \cdots, -J+1, -J \tag{6・23}$$

なる $2J+1$ とおりの値をとることができる．

さて1章で述べたように，基底状態では核外電子はパウリの原理に従ってエネルギーの低いほうから順次軌道をうずめてゆく．いま電子が完全につまっている殻を考えると，ある l に対して必ず $-l$ の状態にも電子があり，スピンも同様に正負同数が存在し L, S ともに0になるので，このような殻は磁気モーメントには寄与しないことになる．したがって磁気モーメントをもつ可能性のあるのは，電子が全部はつまっていない不完全殻をもつ原子である．そのうちでも内側の殻が完全に満たされないうちに外側の殻に電子の入る遷移元素が磁性に深い関係がある．これには原子番号が21番から28番までの鉄族元素，39番から45番までの元素，57番から71番までの希土類元素などがあるが，その中に Fe, Co, Ni の強磁性金属をふくむ鉄族元素がとくに重要である．

さらに，これらの原子が固体状態になると問題はより複雑となる．たとえば

1）この場合の g は $g=3/2+\{S(S+1)-L(L+1)\}/2J(J+1)$ で与えられる．この式の誘導は省略するが，$S=0$ とすると $g=1$，$L=0$ とすると $g=2$ となり，1と2の間の値をとる．

鉄族元素では磁性を測定すると $L \simeq 0$ で，磁気モーメントにはスピンのみが寄与し軌道磁気モーメントはほとんど寄与していないことがわかる．これは鉄族元素の不完全殻である $3d$ 殻が原子の外側に近いところにあるため，隣接原子からの相互作用を受けて電子軌道はその向きを自由に変えられず，軌道磁気モーメントはいわゆる凍結状態にあるからである．このように鉄族元素の磁気モーメントはほとんど電子スピンのみから成り立っていることから，一般に，永久磁気双極子のことを単にスピンと呼ぶことが多い．鉄族にたいして希土類元素では不完全殻の $4f$ 殻がかなり深いところにあるため，ほぼ L と S が結合して磁性に寄与している．

表 6・1 鉄族元素の $3d$ 電子数，合成磁気モーメントおよびスピン配置（この表は原子と2価のイオンに適用できる．ただし Cr については2価イオンのみ）

原子番号	元素	3d電子数	合成磁気モーメント〔μ_B〕	スピン配置
20	Ca	0	0	
21	Sc	1	1	↑
22	Ti	2	2	↑↑
23	V	3	3	↑↑↑
24	Cr	5	4	↑↑↑↑
25	Mn	5	5	↑↑↑↑↑
26	Fe	6	4	↑↑↑↑↑↓
27	Co	7	3	↑↑↑↑↑↓↓
28	Ni	8	2	↑↑↑↑↑↓↓↓
29	Cu	10	0	↑↑↑↑↑↓↓↓↓↓

最後に鉄族元素について，不完全殻の $3d$ 電子数，電子スピンのみを考えた合成磁気モーメントの大きさおよびスピンの配置を**表 6・1** に示す．スピンの配置はフントの規則（1）に従っている．なお，これらの値はこれらの元素をふくむ化合物については実測値にかなりよく合うが，金属状態ではさらに複雑となり一致しなくなる．これについては **6・6**（3）で述べる．

6・4 反 磁 性

これから **6・2** で分類した各磁性について順に考えてゆくことにする．まず反磁性は磁界を加えると逆向きに弱い磁化を生ずる現象で，これは電子の軌道運動が磁界により変化し，そのため軌道電子の角運動量が変化することによって生ずる．電磁気学で学んだように，レンツの法則により閉回路を貫いている磁束が変化すると，閉回路にはこの変化を妨げるような電流を流す起電力が生ずる．この現象が電子軌道に現れたのが反磁性で，電子の軌道運動は抵抗 0 であるから生じた電流は磁界のある間は流れつづけ，加えた磁界と逆向きの磁界，すなわち逆向きの磁化を生ずることになる．

いま図 6·4 のような簡単な模型で考える．すなわち $+e$ なる電荷の原子核のまわりを，電子が半径 r の円軌道を描いて回転しているとする．軌道面に垂直に磁束 B が加えられたとし，電子が速度 v となって平衡したとすると，電子に働く遠心力，原子核によるクーロン力および磁界によるローレンツ力のつり合より

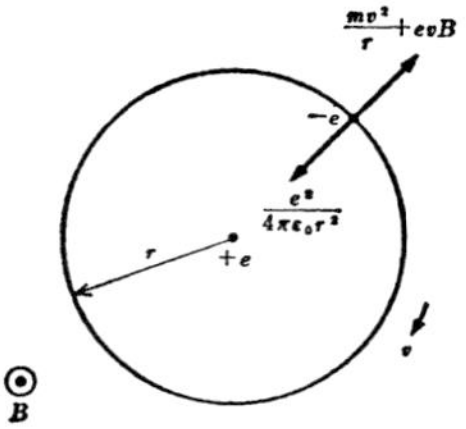

図 6·4　磁界が存在するときの軌道電子に加わる力のつり合

$$\frac{mv^2}{r}+evB=\frac{e^2}{4\pi\varepsilon_0 r^2} \qquad (6\cdot 24)$$

$v=r\omega$ を用いて書き直すと

$$\omega^2+\frac{eB}{m}\omega=\frac{e^2}{4\pi\varepsilon_0 mr^3} \qquad (6\cdot 25)$$

磁束が存在しないときの ω を ω_0 とすると

$$\omega_0{}^2=\frac{e^2}{4\pi\varepsilon_0 mr^3} \qquad (6\cdot 26)$$

ω_0 を用いて式（6·25）は

$$\omega^2+\frac{eB}{m}\omega-\omega_0{}^2=0 \qquad (6\cdot 27)$$

数値を入れてみると，eB/m は ω_0 に比べてはるかに小さいことがわかるので，式（6·27）より ω は近似的に

$$\omega\simeq\omega_0-\frac{e}{2m}B\equiv\omega_0-\omega_L \qquad (6\cdot 28)$$

で与えられる．すなわち磁界により ω_L なる角周波数の変化が生じたわけで，これを**ラーモアの角周波数**という．この ω_L に対応する磁気モーメントの大きさは，式（6·11），（6·12）より

$$\mu_m=\frac{e}{2m}m\omega_L r^2=\frac{e^2r^2}{4m}B \qquad (6\cdot 29)$$

すなわち B に比例し，その向きは図 6·4 を参照して ω_L が負で電子の電荷も負

であるから電流は右まわりとなり，Bと逆向となることが簡単に了解されよう．

式（6・29）より μ_m の大きさ，したがって反磁性の磁化率 χ_m は r，すなわち原子の電子構造によって決まることがわかる．簡単な模型を用いて計算すると χ_m は 10^{-5} の程度になり，実測にほぼ合う結果が得られる．原子の電子構造は通常の温度範囲では温度により変化しないので，反磁性体の χ_m は温度に依存しない．また反磁性は電子の軌道運動の変化にもとづくものであるから，すべての物質に存在することになるが，その値が小さいので，永久磁気双極子があれば，その作用におおわれて表面には現れてこない．

6・5 常 磁 性

この節以下で述べる磁性はすべて原子のもつ永久磁気双極子にもとづくものである．まず常磁性は双極子間の相互作用が無視できる場合である．磁界のないときは双極子は熱運動により，それぞれ勝手な方向を向いていて，磁気モーメントは打消し合い，磁化は0であるが，磁界を加えるとトルクが働いて双極子は磁界の方向に向くようになり磁化を生ずる．磁化の大きさは双極子の整列の程度に依存し，これは磁界によるトルクの大きさと熱運動によるじょう乱との相対関係で決まることになる．この関係は**5・3**（**4**）で述べた配向分極の場合と全く同様であるが，磁気双極子の場合は磁界に対してとりうる方向が量子化され，ある制限された方向しかとれない点が異なる．

さて単位体積中にJなる角運動量量子数をもつ原子がN個あるとし，これに温度Tにおいて磁界Hを加えるとする．**6・3**（**5**）で述べたようにこの原子のもつ磁気モーメントは $\mu_m=g[J(J+1)]^{1/2}\mu_B$ であり，これが磁界の方向となす角は式（6・23）により量子化されて，磁界方向の成分が

$$\mu_z=-gM_J\mu_B,\ \ M_J=J,\ J-1,\cdots,\ -J+1,\ -J$$

の $2J+1$ とおりの場合だけである．磁気双極子の方向の分布がボルツマン統計に従うものとすると，ある方向をとる双極子の数は

$$n=Ae^{-\frac{U}{kT}} \tag{6・30}$$

ここでポテンシャルエネルギーUは量子数が M_J のとき式（5・29）にならって

$$U=-\mu_z\mu_0H=gM_J\mu_B\mu_0H \tag{6・31}$$

である．磁化 M はそれぞれの量子状態に相当する μ_z と n の積を全量子状態

について足したもので

$$M=\sum_{M_J=-J}^{+J} n\mu_z=\sum_{M_J=-J}^{+J}(-gM_J\mu_B)Ae^{-\frac{gM_J\mu_B\mu_0H}{kT}} \tag{6•32}$$

また

$$N=\sum_{M_J=-J}^{+J} n=\sum_{M_J=-J}^{+J} Ae^{-\frac{gM_J\mu_B\mu_0H}{kT}} \tag{6•33}$$

の関係からAを求めて式 (6•32) に入れると，磁化Mは

$$M=\frac{N\sum_{M_J=-J}^{+J}(-gM_J\mu_B)\exp[-gM_J\mu_B\mu_0H/kT]}{\sum_{M_J=-J}^{+J}\exp[-gM_J\mu_B\mu_0H/kT]}$$

$$=NgJ\mu_BB_J(x) \tag{6•34}$$

となる．ただし

$$x=gJ\mu_B\mu_0H/kT \tag{6•35}$$

とおいた．また

$$B_J(x)=\frac{2J+1}{2J}\coth\left(\frac{2J+1}{2J}\right)x-\frac{1}{2J}\coth\left(\frac{x}{2J}\right) \tag{6•36}$$

である．途中の計算は長くなるので省略した．$B_J(x)$は**ブリルアン**(Brillouin)**関数**と呼ばれ，**図 6•5** に示すような曲線である．$J=1/2$は，電子スピンのみが磁気モーメントに寄与している場合で$B_J(x)=\tanh x$となり，$J=\infty$は双極子があらゆる方向をとり得ると考える場合で$B_J(x)=\coth x-1/x$となり，誘電体の配向分極の場合に一致する．

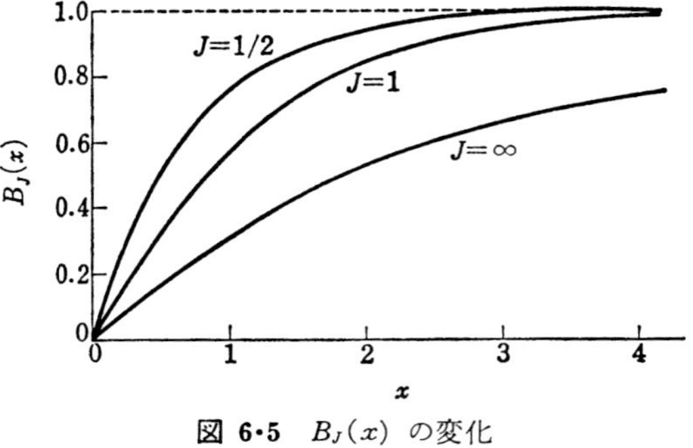

図 6•5　$B_J(x)$ の変化

さて $x\to\infty$，すなわち式 (6•35) において，磁界が極めて大きいか温度が極めて低い場合は $B_J(x)\to1$ で，磁化は $NgJ\mu_B$ に近づく．これはすべての双極子が最大の磁気モーメントをもって整列した場合で，すなわち磁気飽和の状態である．しかし，ふつうの磁界，温度では，数値を入れてみると $x\ll1$ で図6•

5 の原点のごく近傍の状態にある．そこで $B_J(x)$ を展開して第1項のみをとると

$$B_J(x) \simeq \frac{J+1}{3J} x \qquad (6\cdot37)$$

で，これを式 (*6・34*) に入れて

$$M = \frac{Ng^2J(J+1)\mu_B{}^2\mu_0}{3kT} H \qquad (6\cdot38)$$

となる．これから磁化率 χ_m は

$$\chi_m = \frac{M}{H} = \frac{Ng^2J(J+1)\mu_B{}^2\mu_0}{3kT} \equiv \frac{C}{T} \qquad (6\cdot39)$$

$$C = \frac{Ng^2J(J+1)\mu_B{}^2\mu_0}{3k} \qquad (6\cdot40)$$

すなわち磁化率 χ_m は温度 T に逆比例する．これを常磁性の**キュリー法則**(Curie law) と呼び，C を**キュリー定数** (Curie constant) という．

いま，これを $1/\chi_m$ と T との関係として示すと **図 6・6** のような直線関係となる．また $\mu_m = g[J(J+1)]^{1/2}\mu_B$ を用いると式 (*6・38*) は

$$M = \frac{N\mu_m{}^2\mu_0 H}{3kT} \qquad (6\cdot41)$$

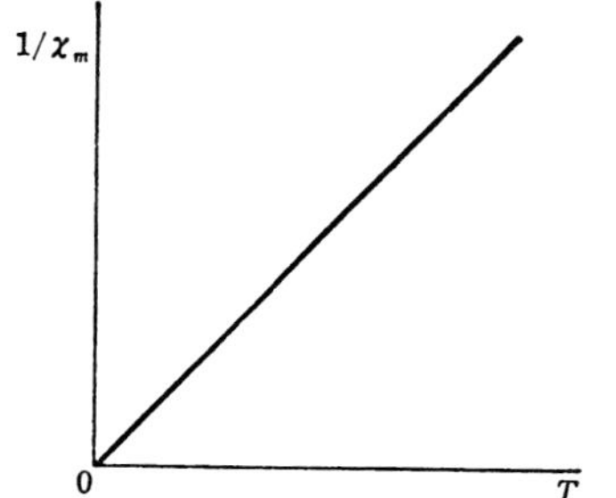

図 6・6　常磁性体の磁化率の温度変化

となり，誘電体の配向分極の式 (*5・35*) と比べるとき，μ_m なる双極子が古典論的に配向しているものとみなすこともできる．ここで

$$p = g[J(J+1)]^{1/2} \qquad (6\cdot42)$$

とおくと $\mu_m = p\mu_B$ で，これは μ_m をボーア磁子を単位として勘定していることに相当し，p を有効ボーア磁子数と呼ぶ．χ_m の実験から図 6・6 を用いて，μ_m ひいては p の値を定めることができ，軌道運動およびスピンの磁気モーメントへの寄与の如何についての知識を得ることができる．常磁性体の χ_m は室温で大体 10^{-3} の程度で式 (*6・39*) より計算した値もほぼこの程度となる．

6･6 強　磁　性

（1） 強磁性体の性質のあらまし　磁気双極子が互いに平行に整列しようとするのが強磁性であるが，この議論に入る前に強磁性体の性質のあらましについて述べておこう．われわれになじみの深い強磁性体は Fe, Co および Ni などであるが，これらの物質にはすべて**強磁性キュリー温度**（ferromagnetic Curie temperature）と呼ばれる物質により決まった転移温度 θ_f があり，この温度を境にして性質が異なる．

まず $T>\theta_f$，すなわちキュリー温度以上の温度では，**6･5** で述べた常磁性とほぼ同じ性質を示す．M と H，B と H とは比例し，磁化率 χ_m，透磁率 μ などは一義的に定まる．また χ_m は温度が変ると常磁性のキュリー法則の式（*6･39*）に類似の次式に従って変化する．

$$\chi_m=\frac{C}{T-\theta}\qquad T>\theta_f \tag{6･43}$$

これを**キュリー・ワイスの法則**（Curie Weiss law）と呼ぶ．C は**キュリー定数**（Curie constant），θ は**常磁性キュリー温度**（paramagnetic Curie temperature）と呼ばれる．この式は**図 6･7** に示すように，θ_f に近いところでやや実験と合わない．ふつう θ は θ_f よりやや高く，たとえば，次表のような値である．

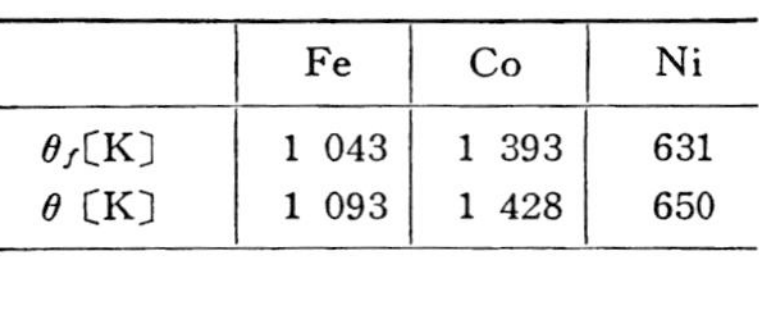

	Fe	Co	Ni
θ_f〔K〕	1 043	1 393	631
θ〔K〕	1 093	1 428	650

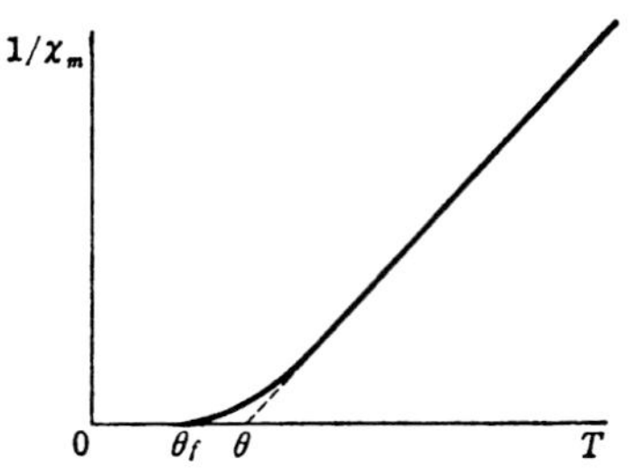

図 6･7　θ_f 以上における強磁性体の χ_m の温度変化

図 6･8　強磁性体の磁化曲線と磁気ヒステリシス曲線

次に $T<\theta_f$，すなわちキュリー温度以下の温度では，強磁性としての特徴的な性質を示す．まずBとHの関係は図**6・8**に示すように，Hを0より増すときBはHに比例せず**磁化曲線**（magnetization curve）と呼ばれる曲線に沿って増加し，ついで飽和する．したがって種々の透磁率が考えられ，Hが小さくBが可逆的に変化する範囲を**初透磁率**，曲線上の各点における dB/dH を**微分透磁率**，あるいは B/H の最大値を**最大透磁率**などと定義する．

次に飽和状態からHを減少させるとBはもとの道を通らないでヒステリシスを示し，$H=0$ でも B_r なる磁束密度が残る．これを**残留磁束密度**（remanent magnetic flux density）と呼ぶ．B を0にするには逆方向に H_c なる磁界を加えることが必要で，H_c を**保磁力**（coercire force）と呼ぶ．さて $H=0$ でもBが0でないということは，強誘電体の場合と同じように，物質が自発的な磁化をもっていることを示し，これを**自発磁化**（spontaneous magnetization）と呼ぶ．その大きさ M_s は磁化の飽和値に等しく，図 **6・9** に示すように温度上昇とともに始めはあまり変らないが，θ_f において急激に0となる．

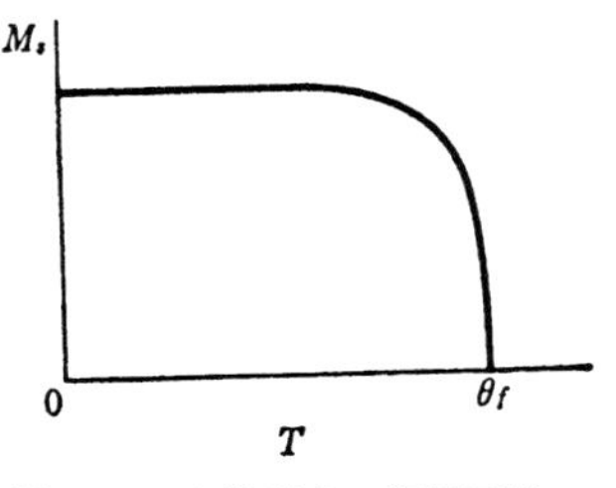

図 6・9　自発磁化の温度変化

（2）　強磁性の分子磁界理論　強磁性は磁気双極子の間になんらかの力が働いて双極子を同じ方向に整列させるために生ずるものであるが，ワイスはこれを磁化に比例する磁界が作用するという簡単な形で導入するだけで，（**1**）に述べた強磁性体の性質の大部分を見事に説明した．ここではワイスの理論を量子化した形で述べることにする．

いま着目している双極子に加わる磁界 H_i は，外部磁界に双極子を同じ方向に整列させようとする隣接双極子からの磁界 γM が加わるものとし

$$H_i=H+\gamma M \qquad (6\cdot 44)$$

と仮定する．γM がすでに存在している磁化に平行に整列させようとする周囲の傾向の程度を表し，比例定数γを**内部磁界定数**（internal field constant）または**分子磁界定数**（molecular field constant）などと呼ぶ．この考え方は誘電体の内部電界の場合と同様である．さて単位体積中にJなる角運動量量子数をもつ原子がN個あり，温度Tにおいて磁界Hを加えるとすると，磁化は形式的には常磁性の式（$6\cdot 34$），（$6\cdot 35$）において，Hを H_i でおきかえるだけで

直ちに表すことができる.

$$M=NgJ\mu_B\cdot B_J\left\{\frac{gJ\mu_B\mu_0}{kT}(H+\gamma M)\right\} \tag{6·45}$$

この式を解いてMとHの関係を求めるのであるが，ここでキュリー温度を境とする上下二つの温度領域に分けて解くことにする.

（**a**）**キュリー温度以上の領域**　この領域では温度が十分高く，ブリルアン関数 $B_J(x)$ は $x\ll 1$ で式（6·37）で近似できるとして，式（6·45）は

$$M=\frac{Ng^2J(J+1)\mu_B{}^2\mu_0}{3kT}(H+\gamma M) \tag{6·46}$$

これから簡単に

$$\chi_m=\frac{M}{H}=\frac{Ng^2J(J+1)\mu_B{}^2\mu_0/3k}{T-\gamma Ng^2J(J+1)\mu_B{}^2\mu_0/3k}\equiv\frac{C}{T-\theta} \tag{6·47}$$

が導かれる．ただし

$$C=\frac{Ng^2J(J+1)\mu_B{}^2\mu_0}{3k}, \qquad \theta=\gamma C \tag{6·48}$$

すなわちキュリー・ワイスの法則が得られたわけである.

（**b**）**キュリー温度以下の領域**　キュリー温度以下では自発磁化が存在するはずである．すなわち $H=0$ でも M は有限の値をもつが，これを確かめるには式（6·45）において $H=0$ とした場合に M が0でない解をもつかどうかを確かめればよい．さて $H=0$ とおいて

$$x=\frac{gJ\mu_B\mu_0\gamma M}{kT} \tag{6·49}$$

とすると，式（6·45）は少し書きかえて

$$\frac{M}{NgJ\mu_B}\equiv\frac{M}{M_s}=B_J(x) \tag{6·50}$$

$M_s\equiv NgJ\mu_B$ は磁化の飽和値である．一方，式（6·49）を用いて M/M_s をつくると

$$\frac{M}{M_s}=\frac{M}{NgJ\mu_B}=\frac{kT}{Ng^2J^2\mu_B{}^2\mu_0\gamma}x=\frac{T}{\theta}\frac{J+1}{3J}x \tag{6·51}$$

最後の等式は式（6·48）の関係を用いてある．M/M_s は式（6·50）と（6·51）の両方を満足せねばならないが，式（6·50）はいうまでもなくブリルアン関数

で，xに対して **図 6・10** の曲線になる．一方，式（*6・51*）はxのほか温度Tによっても変るが，Tを固定するとxについては直線となり，Tをパラメータとする 図 6・10 の示す直線群となる．したがって式（*6・50*）の曲線と式（*6・51*）の直線が交れば両式が同時に満足され，Mが解をもち自発磁化が存在することになる．直線の傾斜$T/\theta\cdot(J+1)/3J$はTにより変り，$B_J(x)$の原点における傾斜$(J+1)/3J$（式(*6・37*)参照）に等しい場合，すなわち$T=\theta$を境として，$T<\theta$の場合は交るが，$T>\theta$では原点以外では交らなくなる．θがすなわちキュリー温度となる．

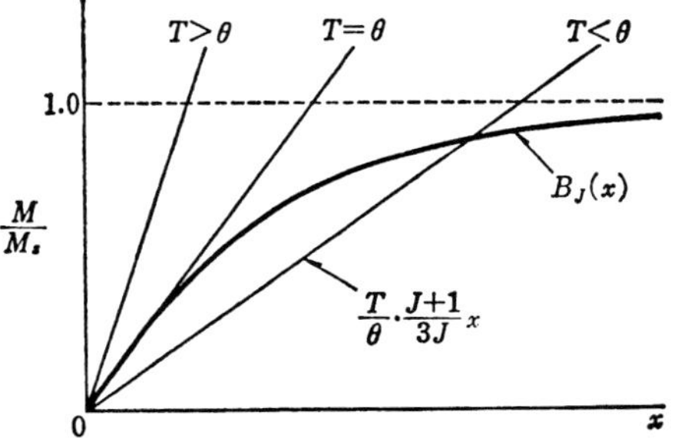

図 6・10　M/M_s のグラフによる解法

Tをいろいろ変えて交点のM/M_s，すなわち自発磁化の値を求め，T/θの関数として描くと **図 6・11** のようになる．図中には実測値も示したが，$J=1/2$の曲線は実測値と極めてよく一致し，ワイスの理論がその仮定の単純さにかかわらず現象の本質をよく表しているものといえる．また$J=1/2$が実測に近いことは，鉄グループの金属ではスピンの寄与が支配的であることを示すものである．なお，ここで述べた理論では強磁性キュリー温度θ_fは常磁性キュリー温度θに一致するが，キュリー点近傍では磁気双極子の配向がかなり乱れてくることを考慮すると，θ_fがθより低くなることも説明できる．

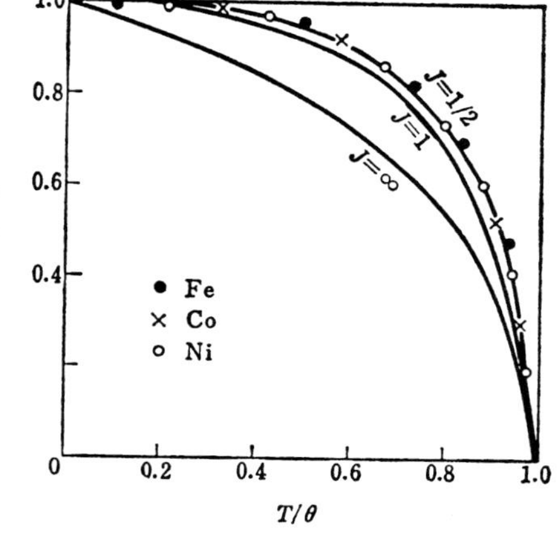

図 6・11　自発磁化の温度変化

（3）　強磁性のバンド理論　　磁化の飽和値，すなわち$T=0\,\mathrm{K}$における

$M=M_s$ を単位体積あたりの原子数 N で割れば，その物質の 1 原子あたりの平均磁気モーメントが求まる．いま，これを μ_B で割ってボーア磁子を単位として表してみると，Fe, Co, Ni については次のような値となる．

Fe＝2.221，Co＝1.716，Ni＝0.606

一方，これらの磁気モーメントが電子スピンのみによるとしたときの磁気モーメントは，表6・1より同じく μ_B を単位として

Fe＝4，Co＝3，Ni＝2

である．すなわち実測値のほうがかなり小さい上に整数値になっていない．

このくいちがいはエネルギーの帯構造を考えることによって説明される．すなわち，これらの金属では磁気モーメントをもつ $3d$ 殻の外側に $4s$ 殻があるが，**図 6・12** に示すように $4s$ 帯がかなり広くて $3d$ 帯と重なっている．またスピンの向きにより $3d$ と $4s$ 帯をそれぞれ二つに分けると，磁界の向きにあるものは逆向きのものよりエネルギーが低いので，両 $3d$ 帯は図のようにこのエネルギー差だけずれることになる．$4s$ 帯のほうは自由電子であるからこのようなずれはないと考えてよい．そこで電子の配置は $4s$ 電子の一部が空いている $3d$ 帯に入ることになり，$3d$ と $4s$ を合わせたものがこの帯構造を下から順に埋めることになると考えてよい．したがって Fe, Co および Ni では図に示したところがフェルミ準位となり，この準位まで電子がつまることになる．たとえば Ni では $3d^+$ 帯は完全につまり，$3d^-$ 帯には 4.4 個の電子があり，差引き 0.6 個の電子に相等する磁気モーメントをもつことになり，実測値をうまく説明できる．Fe, Co についても同様な結果が得られる．

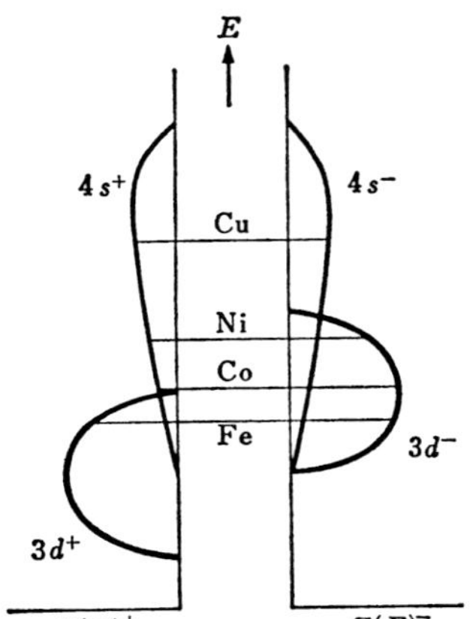

図 6・12　$3d$ および $4s$ 帯への電子の配置

（4）交　換　力　ワイスの理論は内部磁界を仮定して導いたもので，内部磁界がどのようなものかについてはなにもふれていない．内部磁界の大きさは，キューリ温度において，この磁界による力と熱運動のエネルギーが

大体等しいとおいて概算すると Fe で約 10^9 A/m となる．一方，古典的な磁気双極子間に働く磁界としてはたかだか 10^5 A/m 位のものである．すなわち内部磁界は古典的な力ではなく，**交換力** (exchange force) と呼ばれる量子力学的な力にもとづくものである．ここでは詳しい説明はしないが，隣接する原子の電子の波動関数が重なると，スピンが同じ方向を向くか，逆向になるかで波動関数，すなわち電荷の分布が変化し，したがって，その間のクーロン力による静電エネルギーが変化することになる．このことは，また逆に静電エネルギーがスピンの向きを規制することになる．これはもともと一つの量子状態には1個の電子しか入れないとするパウリの原理からきているものである．

交換力はこのように本質は静電的なものであるが，見かけ上は二つのスピン S_i と S_j の間に

$$E=-2J_eS_iS_j\cos\theta \tag{6・52}$$

で表される交換エネルギーと呼ばれるエネルギーが存在するとして扱うことができる．θ は二つのスピン間の角度，また J_e は**交換積分** (exchange integral) と呼ばれる．この式から J_e が + であれば $\theta=0$，すなわちスピンが平行なとき E は極小，逆に J_e が − であると $\theta=\pi$，すなわちスピンが反平行のとき E は極小となる．計算によると原子間の距離を a，d 電子の軌道半径を r とするとき，J_e は a/r に対して 図 6・13 のような変化をすることが示されており，Fe, Co, Ni では J_e が + でスピンは平行，すなわち強磁性となることが説明される．

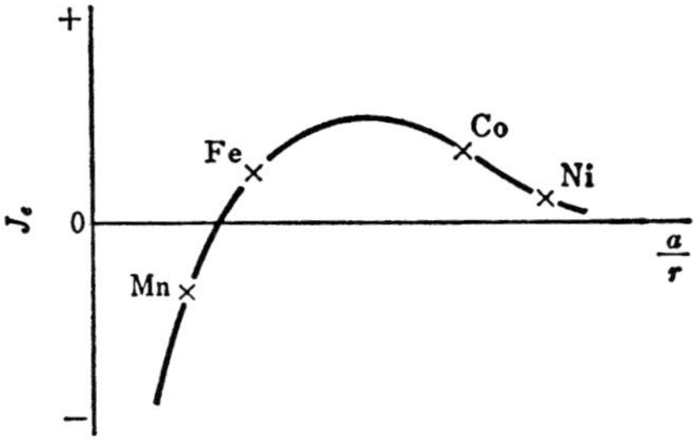

図 6・13 J_e の a/r による変化

6・7 反 強 磁 性

式 (6・52) において，J_e が − であれば $\theta=\pi$，すなわちスピンは反平行となり反強磁性が生ずることとなる．したがって強磁性の理論からこのような物質の存在が予見され，これに対する理論もたてられたが，実際には，かなり後に

なって MnO において始めて反強磁性が発見された．反強磁性体には強磁性体のキュリー温度に対応する転移温度 T_N があり，これを**ネール温度** (Néel temperature) という．T_N 以下では磁気モーメントは反強磁性配列をなすが，もちろん自発磁化は 0 である．磁化率は**図6・14**のような温度変化を示し，T_N で極大となり，T_N 以上では

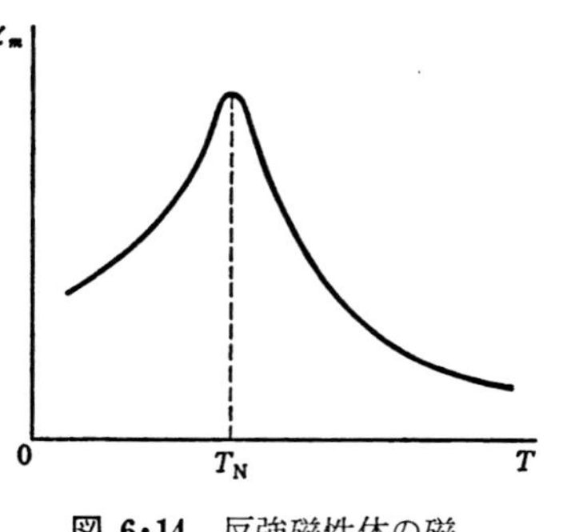

図 6・14　反強磁性体の磁化率の温度特性

$$\chi_m=\frac{C}{T+\theta} \qquad (6\cdot53)$$

なる式に従って変化する．ここでCはキュリー定数，θ は常磁性キュリー温度である．これまで同じような式が出てきたので，ここで，まとめてみると

常磁性	強磁性	反強磁性	
$\chi_m=\dfrac{C}{T}$	$\chi_m=\dfrac{C}{T-\theta}$	$\chi_m=\dfrac{C}{T+\theta}$	$(6\cdot54)$
	ただし $T>\theta_f$	ただし $T>T_N$	

また，これらを $1/\chi_m$ とTの関係として比べたのが **図 6・15** である．

反強磁性の理論は強磁性のワイスの理論にならって立てられる．もっとも単純な模型について考えよう．**図 6・16** に示す体心立方格子において，格子点AとBを区別すると，Aの最隣接原子はすべてBであり，Bの最隣接原子はすべ

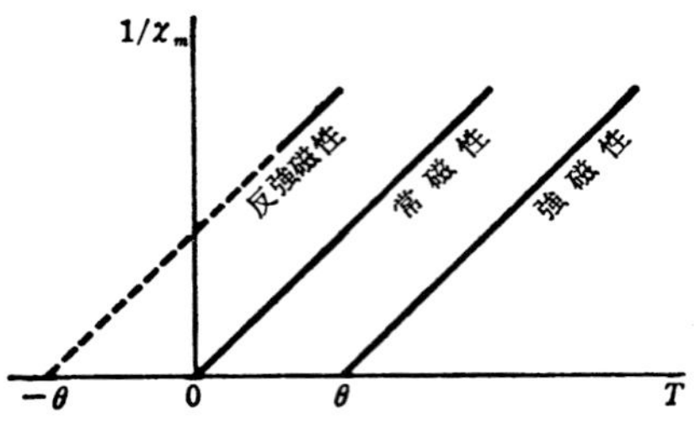

図 6・15　常磁性，強磁性および反強磁性の磁化率の温度特性の比較

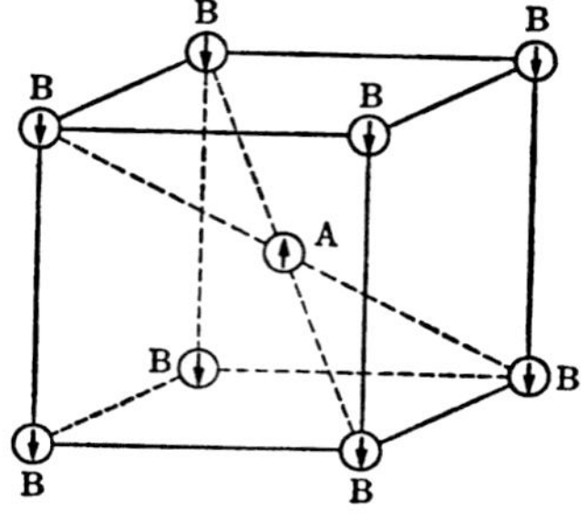

図 6・16　反強磁性の模型

てAである．このAとBが図に示すように互いに反平行に配列して反強磁性になろうとするものとする．また交換力による相互作用は最隣接の原子間にのみ働くものとする．強磁性の場合の式（*6・44*）にならって，A原子に対する内部磁界 $\boldsymbol{H}_a$, B原子に対する内部磁界 $\boldsymbol{H}_b$ はそれぞれ次式のように書くことができる．

$$\left.\begin{aligned}\boldsymbol{H}_a&=\boldsymbol{H}-\gamma\boldsymbol{M}_b\\ \boldsymbol{H}_b&=\boldsymbol{H}-\gamma\boldsymbol{M}_a\end{aligned}\right\}\tag{6・55}$$

$\boldsymbol{M}_a$, $\boldsymbol{M}_b$ はそれぞれ副格子AおよびBの磁化である．負の符号がAとBの磁気モーメントが逆向きになろうとすることを表しており，γ はその作用の強さを決める．また向きを考えるためにベクトルを用いてある．いまAとBが単位体積中にそれぞれ N 個あり，いずれも J なる角運動量量子数をもつものとすると，式（*6・45*）と同様に

$$\left.\begin{aligned}\boldsymbol{M}_a&=NgJ\mu_B\cdot B_J\left\{\frac{gJ\mu_B\mu_0}{kT}(\boldsymbol{H}-\gamma\boldsymbol{M}_b)\right\}\\ \boldsymbol{M}_b&=NgJ\mu_B\cdot B_J\left\{\frac{gJ\mu_B\mu_0}{kT}(\boldsymbol{H}-\gamma\boldsymbol{M}_a)\right\}\end{aligned}\right\}\tag{6・56}$$

ここでもまた温度領域を二つに分けて考えよう．

（1） **ネール温度以上の領域**　十分高い温度では $B_J(x)\simeq(J+1)x/3J$ となることを利用して，式（*6・56*）は

$$\left.\begin{aligned}\boldsymbol{M}_a&=\frac{Ng^2J(J+1)\mu_B{}^2\mu_0}{3kT}(\boldsymbol{H}-\gamma\boldsymbol{M}_b)\\ \boldsymbol{M}_b&=\frac{Ng^2J(J+1)\mu_B{}^2\mu_0}{3kT}(\boldsymbol{H}-\gamma\boldsymbol{M}_a)\end{aligned}\right\}\tag{6・57}$$

磁化 $\boldsymbol{M}$ は

$$\boldsymbol{M}=\boldsymbol{M}_a+\boldsymbol{M}_b=\frac{Ng^2J(J+1)\mu_B{}^2\mu_0}{3kT}(2\boldsymbol{H}-\gamma\boldsymbol{M})\tag{6・58}$$

$\boldsymbol{M}$ と $\boldsymbol{H}$ は同じ向きとなるはずであるから，式（*6・58*）はスカラー式と見ることができ，M/H を求めると

$$\left.\begin{aligned}\chi_m&=\frac{M}{H}=\frac{2C}{T+\gamma C}=\frac{2C}{T+\theta}\\ C&=\frac{Ng^2J(J+1)\mu_B{}^2\mu_0}{3k},\quad \theta=\gamma C\end{aligned}\right\}\tag{6・59}$$

となる．すなわち式（*6・53*）の関係が得られる．係数2は単位体積にA，Bが

それぞれN個あるとしたために現れたものである．

（2） **ネール温度における副格子の自発磁化の発生**　次に T_N 以下の温度領域を考えると，$T=0$ K では磁気双極子は完全に整列状態にあり，A原子の双極子は平行に整列し，B原子のそれも平行に整列している．すなわち$\boldsymbol{M}_a$, $\boldsymbol{M}_b$ は大きな値をもち，かつ反対方向に向いている．温度が上昇するにつれて，強磁性の場合と同じように熱じょう乱により双極子の配列は乱れるようになり，$\boldsymbol{M}_a$, $\boldsymbol{M}_b$ は減少してネール温度でいずれも0になる．したがって磁化率は，低温では双極子が動きにくいため小さく，温度の上昇とともに動きやすくなって増し，ネール温度で極大に達すると考えると，図6•14の変化は了解される．

さて，ネール温度の値，すなわち，どのような温度で副格子の自発磁化が発生するかは簡単に示すことができる．いま式（6•57）は高温度で成立するものであるが，ネール温度 T_N においてもなお成立すると考える．この式において $\boldsymbol{H}=0$ とおき，かつ書き直すと

$$\left.\begin{aligned} M_a+\frac{C}{T}\gamma M_b&=0 \\ \frac{C}{T}\gamma M_a+M_b&=0 \end{aligned}\right\} \qquad (6\cdot60)$$

$T=T_N$ において M_a, M_b が0でない解をもつためには，式（6•60）の M_a, M_b の係数の行列式が0になることが必要で

$$\left(\frac{C}{T_N}\gamma\right)^2=1 \quad \text{または} \quad T_N=C\gamma=\theta \qquad (6\cdot61)$$

すなわち T_N は θ となる．実際の反強磁性体について T_N と θ を調べてみると，**表6•2** に示すように一般に $T_N<\theta$ で，しかも両者の間にはかなりのちがいがある．このちがいは，図6•16の模型において，AA，BB などの AB の次に近い原子間の相互作用を無視したためで，これら副格子内部の原子間の相互作用も考慮して計算すると，T_N と θ の

表 6•2　反強磁性体のネール温度 T_N と常磁性キュリー温度 θ の例

物　質	T_N〔K〕	θ〔K〕
MnF_2	72	113
FeF_2	79	117
CoF_2	38	53
NiF_2	73	116
MnO_2	84	316
MnO	122	610
MnS	165	528
FeO	198	570
CoO	292	280

間にはちがいのできること，また $T_N<\theta$ はこれらの相互作用が AB 同様反強磁性的であることを示すことができる．

さて反強磁性体において，磁気双極子が実際に反平行の整列状態にあることは，中性子回折の実験によって示される．すなわち中性子は磁気モーメントをもっているので，原子の磁気モーメントと相互作用をして，丁度X線による結晶の回折と同じように，磁気的な整列状態があると，これに対応する回折像を示す．図6・17は MnO における磁気双極子の配列を示したものである．O^{-2} イオンはもちろん磁気双極子をもたず，また Mn^{2+} イオンの双極子はいずれも（111）面内にある．ところで図の磁気モーメントの向きを見ると，Mn^{2+} イオンの間の最も強い反強磁性相互作用は，最隣接原子間ではなく，むしろ，その次に近い O^{2-} イオンによりへだてられた Mn^{2+} イオンの間に働いていると考えねばならない[1]．このように反強磁性体および次に述べるフェリ磁性体における交換相互作用は

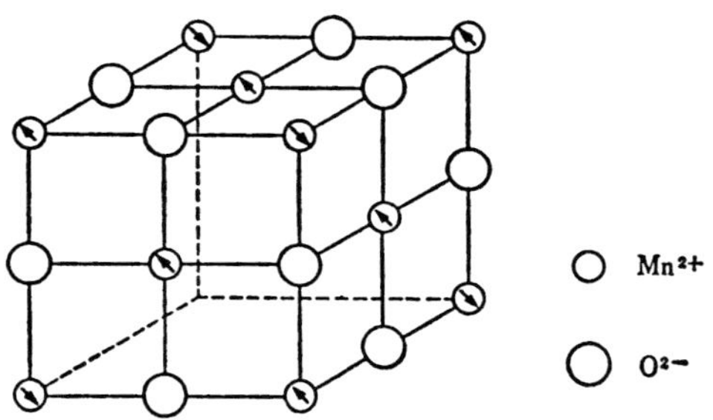

図 6・17 MnO の磁気双極子の配列

$$Mn^{2+}-O^{2-}-Mn^{2+}$$

のようにふつう陰イオン（この場合は O^{2-} イオン）を介して行われており，**超交換相互作用**（super exchange interaction）と呼ばれる．超交換相互作用は一般に，両側の磁気双極子を反平行にするように働き，また陰イオンをはさむ角度が 180° に近いほど強いという性質がある．

6・8 フェリ磁性

反強磁性の二つの副格子の磁化 $\boldsymbol{M}_a$ と $\boldsymbol{M}_b$ の大きさが異なるとフェリ磁性になる．したがってフェリ磁性の理論は反強磁性の理論にならって立てることができるが，ここでは具体的な例についてフェリ磁性の機構を考えてみることにする．マグネタイト（Fe_3O_4）は古くから磁鉄鉱として磁性をもつことが知ら

1）最隣接原子では向きは一定せず，むしろ，その次に近い O^{2-} イオンをへだてた2原子では必ず逆になっている．

れている．これは $Fe^{2+}Fe^{3+}{}_2O^{2-}{}_4$ なる化学式で表すことができるが，このうち Fe^{2+} のイオンを他の金属イオンでおきかえた

$$M^{2+}Fe^{3+}{}_2O^{2-}{}_4$$

の一般式で表される一群の物質は磁性をもつものが多く，鉱物のスピネル($MgAl_2O_4$) と結晶構造が同じで**スピネル** (spinel) 形フェライトと呼び，フェリ磁性体のうち工業的にもっとも重要な物質である．M^{2+} には Fe^{2+} のほか，Mn^{2+}，Co^{2+}，Ni^{2+}，Cu^{2+}，Mg^{2+} などが入ることができる．これらはいずれも化合物でイオンにより構成されているので，その磁性はイオンの磁気双極子をもとにして考えねばならない．この場合は，O^{2-} イオンは磁気双極子をもたないから金属イオンのみが問題になる．

さてスピネル形フェライトは MFe_2O_4 8分子で単位胞をつくっており，**図 6・18** に示す単位胞の 1/8 の各ブロックのうち，斜線をほどこした部分とほどこさない部分がそれぞれ **図 6・19** のような結晶構造をもっている．この構造は酸素イオンのつくる面心立方格子のすき間に金属イオンが入りこんだものであるが，金属イオンの占める位置に2種類ある．一つは4個の O^{2-} イオンによって四面体的にかこまれた位置で，**四面体位置** (tetrahedral site) またはA位置と呼ぶ．他は6個の O^{2-} イオンによって八面体的にかこまれた位置で，**八面体位置** (octahedral site) または B位置という．これらのうち8個のA位置と16個のB位置が金属イオンによってしめられるが，この場合金属イオンの入り方に三つの方法がある．一つは M^{2+} イオンが全部 Aに入り，Fe^{3+}

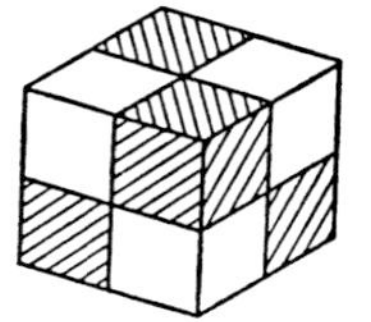

図 6・18　スピネルの単位胞

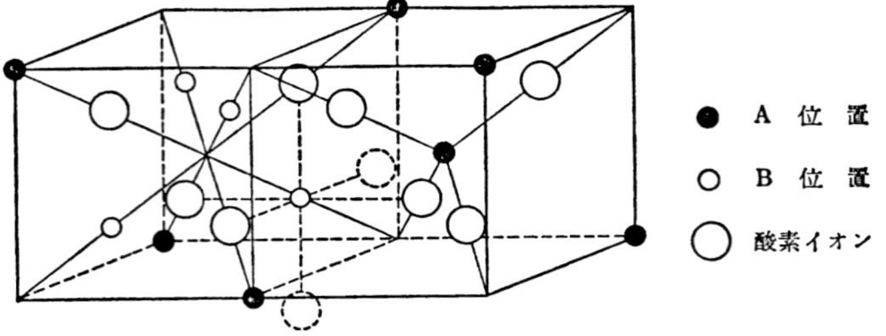

図 6・19　スピネル構造において金属イオンの占める2種の位置

イオンが全B部に入るもので**正スピネル** (normal spinel) という．2番目は M^{2+} イオンが全部Bに入り，Fe^{3+} イオンがAとBに半分ずつ入る場合で**逆スピネル** (inverse spinel) と呼ぶ．3番目は両者の中間である．これらは

正スピネル　　$M^{2+}[Fe^{3+}{}_2]O_4$

逆スピネル　　$Fe^{3+}[Fe^{3+}M^{2+}]O_4$

中間の場合　　$Fe_x^{3+}M_{1-x}^{2+}[Fe_{2-x}^{3+}M_x^{2+}]O_4$

のように表され，〔　〕がB位置を示す．

フェリ磁性を示すフェライトはふつう逆スピネル形で，このこととA位置にあるイオンの磁気双極子とB位置にあるイオンのそれとが反強磁性的な相互作用をすると仮定すると，フェライトの飽和磁化の値をうまく説明できる．たとえばマグネタイト $Fe^{2+}Fe_2{}^{3+}O_4$ について考えてみよう．それぞれのイオンの磁気モーメントは，スピンのみが磁気モーメントに寄与するとして（鉄族の元素ではほぼ正しい），表6·1より Fe^{2+} が $4\mu_B$，Fe^{3+} は電子がさらに1個減って $5\mu_B$ である．これらのイオンが**図 6·20** に示すような配置をとるとすると，Fe^{3+} の磁気モーメントは打消し合い，Fe^{2+} の磁気モーメントのみが残って結局 $Fe^{2+}Fe_2{}^{3+}O_4$ 1分子あたり $4\mu_B$ の磁気モーメントとなるが，これは**表 6·3** に見られるように実測値とよく合う．他の種類のスピネル形フェライトも理論と実測の一致はかなりよいことが表よりわかる．

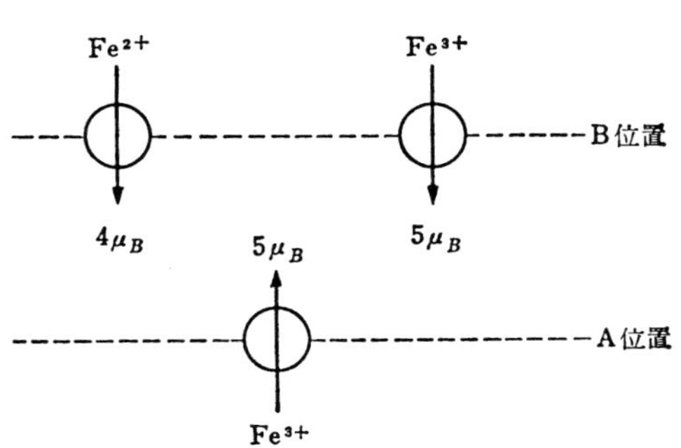

図 6·20　マグネタイト ($Fe^{2+}Fe_2{}^{3+}O_4$) における磁気双極子の配置

表 6·3　スピネル形フェライトの飽和磁化（単位は1分子あたりのボーア磁子数）

フェライト	理論値			実測値
	A位置	B位置	合計	
$MnFe_2O_4$	5	5 + 5	5	5.0
$FeFe_2O_4$	5	4 + 5	4	4.2
$CoFe_2O_4$	5	3 + 5	3	3.7
$NiFe_2O_4$	5	2 + 5	2	2.3
$CuFe_2O_4$	5	1 + 5	1	1.3

さらにフェライトの興味のある性質として，Zn^{2+} イオンのような磁気モー

メントをもたない反磁性イオンで M^{2+} イオンの一部をおきかえると，全体の磁気モーメントが増加するという現象がある．これは次のように説明される．すなわち $ZnFe_2O_4$ は正スピネルで Zn^{2+} はA位置に好んで入ろうとする．そのためA位置の Fe^{3+} の一部はB位置に無理に移されることになり，その結果差引きの磁気モーメントは増すことになる．たとえば**図 6・21** は Fe^{2+} の半分

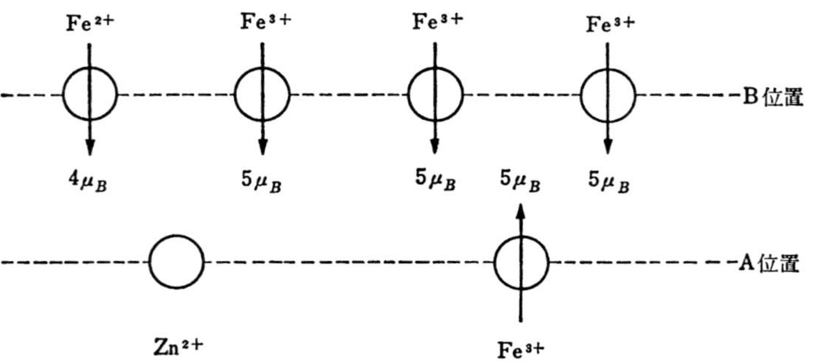

図 6・21　反磁性イオンによる M^{2+} イオンのおきかえによる全磁気モーメントの増加

を Zn^{2+} でおきかえた場合で，1分子あたりの磁気モーメントは $(2\times5+4)\div2=7$ となり，もとの $4\mu_B$ より $7\mu_B$ に増す．この効果は Zn^{2+} の量があまり多くなると減少するが，それはA位置の磁性イオンがあまり減るとAB間の反強磁性相互作用が減少し，一方，B内における反強磁性相互作用が増してABの反強磁性配置が乱れるためである．

フェリ磁性の理論は反強磁性の理論にならって進められるが，ここでは詳細は省略して結果だけをあげる．まずネール温度以上における磁化率は

$$\frac{1}{\chi_m}=\frac{T}{C}+\frac{1}{\chi_0}-\frac{\sigma}{T-\theta} \tag{6・62}$$

で与えられる．C, χ_0, σ, θ は相互作用の定数，各副格子の磁性イオンの数およびその磁気モーメントの大きさにより決まる定数である．これは**図 6・22** に示すように，$T\to\infty$ で

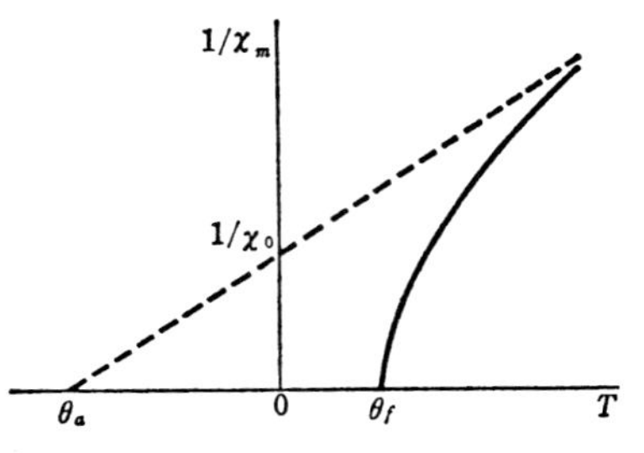

図 6・22　フェリ磁性の磁化率の温度特性

$1/C$ を傾斜とし縦軸を $1/\chi_0$ で切る漸近線に近づく．またTを高温より下げると，次第に漸近線よりはなれ $T=\theta_f$ で０になる．θ_f をキュリー温度，θ_a を漸近キュリー温度という．キュリー温度以下における自発磁化は，それぞれの副格子の自発磁化 M_a，M_b の温度変化によって変る．大体は強磁性と同じような変化を示すが，M_a，M_b の相対的な関係によっては，**図 6・23** のように極大を示したり，方向が反転するような異常な例も見られる．

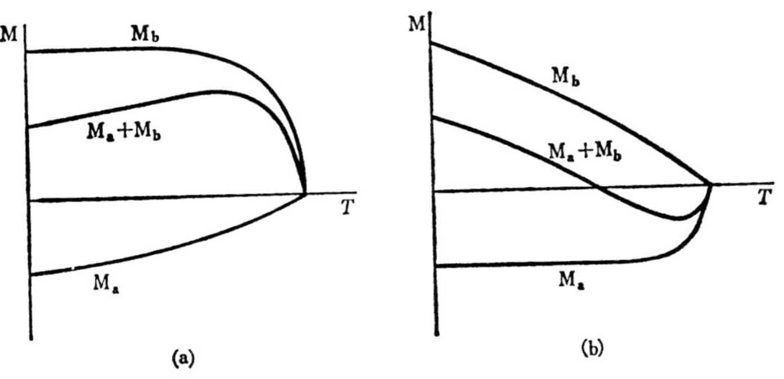

図 6・23　フェリ磁性体の自発磁化の異常な温度特性の例

6・9　磁気異方性と磁気ひずみ

たとえば鉄の単結晶を磁化すると，**図 6・24** に示すように方向により磁化特性がいちじるしく異なる．すなわち〔100〕方向が最も磁化しやすく，ついで〔110〕，〔111〕の順になる．このように結晶の方向によって磁気的性質の異なる現象を**結晶磁気異方性** (crystal magnetic anisotropy) と呼ぶ．最も磁化しやすい方向（この場合は〔100〕）を磁化容易方向，され難い方向（この場合は〔111〕）を磁化困難方向と呼ぶ．これは磁化ベクトルが磁化容易方向を向いている

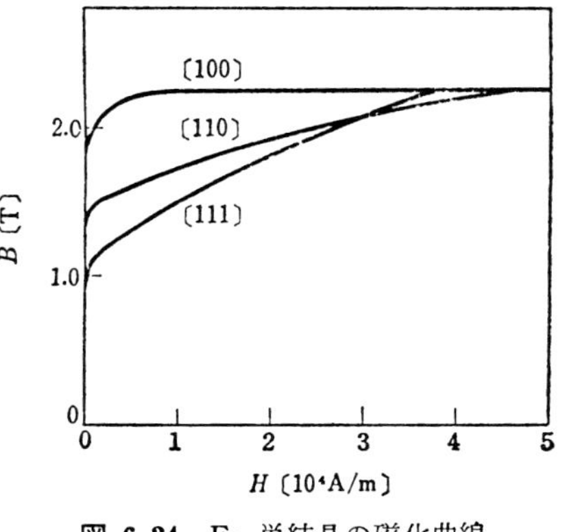

図 6・24　Fe 単結晶の磁化曲線

とき内部エネルギーが最も低いためで，磁界を加えないときは磁化ベクトルはその方向を向いていることになる．この磁化ベクトルを磁化容易方向から任意の方向に向けるにはエネルギーが必要で，これを**結晶磁気異方性エネルギー**と呼ぶ．

結晶磁気異方性エネルギー E_a は結晶の対称性から数学的には比較的簡単に表現できる．たとえば立方晶の結晶では，磁化ベクトルが各結晶軸となす角の方向余弦を α_1，α_2，α_3 とすると

$$E_a = K_1(\alpha_1^2\alpha_2^2 + \alpha_2^2\alpha_3^2 + \alpha_3^2\alpha_1^2) + K_2\alpha_1^2\alpha_2^2\alpha_3^2 + \cdots \qquad (6\cdot63)$$

で与えられる．K_1，K_2 は物質によって決まった定数で異方性定数という．
たとえば Fe，Ni では

$$\text{Fe} \quad K_1 = 4.2\times10^4, \quad K_2 = 1.5\times10^4$$

$$\text{Ni} \quad K_1 = -5.1\times10^3, \quad K_2 = 0 \qquad \text{単位は J/m}^3$$

である．Ni の場合は K_1 が負で磁化容易方向は〔111〕，〔$\bar{1}$11〕，〔1$\bar{1}$1〕，〔11$\bar{1}$〕の4方向である．次に六方晶では容易方向は一方向のみとなり，ふつう，これを c 軸として磁化ベクトルが c 軸となす角を θ とすると

$$E_a = K_1\sin^2\theta + K_2\sin^4\theta + \cdots \qquad (6\cdot64)$$

のように表される．このように容易方向が一方向のみのものを一軸異方性と呼ぶ．Co はこれに属し

$$\text{Co} \quad K_1 = 4.1\times10^5, \quad K_2 = 1.0\times10^5 \qquad \text{単位は J/m}^3$$

である．

結晶磁気異方性の原因は次のように考えられている．すなわち，これまで飽和磁化の値などから，鉄族の原子では $3d$ 電子の軌道角運動量は凍結されているとしてきたが，実際は少し残っていると考える．そうするとスピン磁気モーメントはこの軌道磁気モーメントと相互作用をするが，軌道運動はまわりの原子，すなわち結晶格子のならび方に影響されるので，結局スピン磁気モーメントは軌道運動を介して結晶格子の影響を受け，結晶内で向く方向によりエネルギーが変ることになる．磁性体には結晶磁気異方性のほかに，内部ひずみその他の原因による種々の磁気異方性が存在する．

次に強磁性体を磁化してゆくと一般にその形が変ってゆく．この現象を**磁気ひずみ**（magnetostriction）と呼ぶ．**図6・25**はこの例を示したもので，ひずみ λ は磁化方向に伸びる場合も縮む場合もある．磁化が飽和すると λ も飽和に達

するが，その大きさはせいぜい 10^{-5}～10^{-6} というわずかなものである．また磁化方向に伸びる場合はこれと直角方向には縮んで体積はほぼ一定にとどまる．説明が多少前後するが，磁気ひずみがおこるのは強磁性体が磁区に分かれていて，もともと各磁区が磁化方向にひずんでいるためで，図 6・26 に模型的に示すように，磁界により磁区の磁化の向きが変れば全体として変形することになる．ところで，このようなひずみは結晶内に弾性エネルギーをたくわえることになり，これを**磁気弾性エネルギー**（magnetoelastic energy）という．磁気ひず

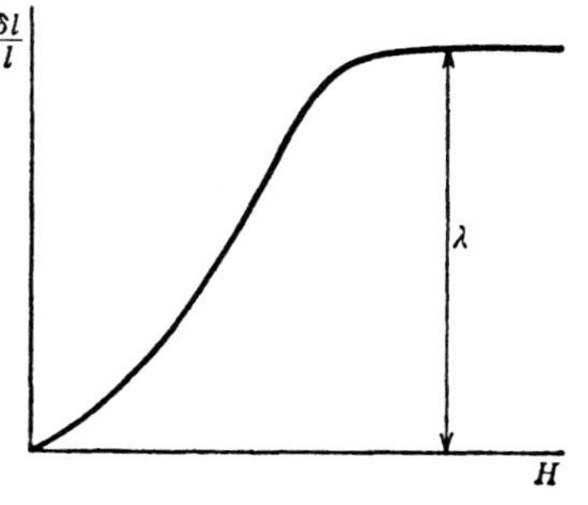

図 6・25 磁気ひずみの例

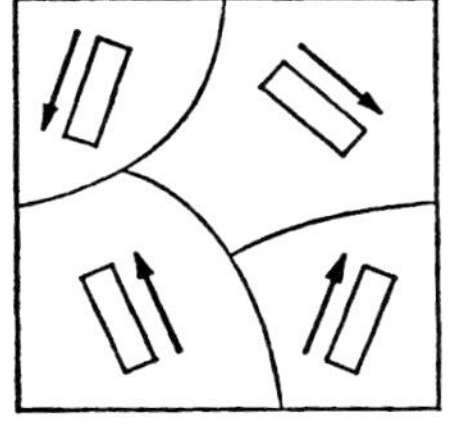
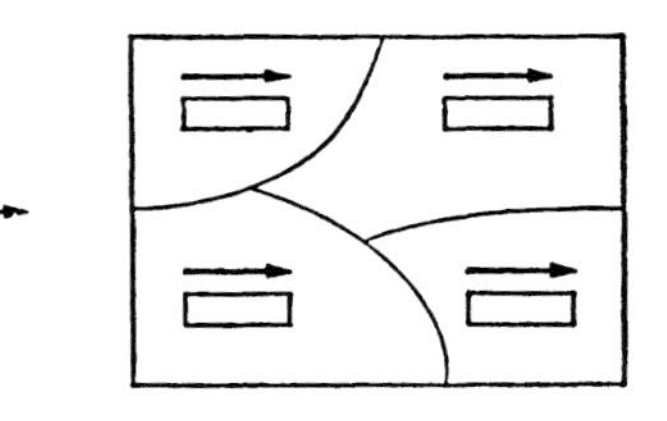

図 6・26 磁気ひずみの説明

みの原因はスピン磁気モーメント間の相互作用のエネルギーがスピン間の距離にも関係し，自発磁化の発生とともにエネルギーを下げるように結晶格子がひずむことによるものとされている．

6・10 強磁性体の磁区構造と磁化機構

（1） **磁区と磁壁**　これまでの議論より強磁性体やフェリ磁性体は，キュリー温度以下では自発磁化をもち磁石となっていることになる．しかし実際は磁界を加えて始めて磁化を示す．この矛盾は強誘電体における分域と同じように，**磁区**（magnetic domain）の考え方を導入することで解決される．すなわち強磁性体の内部は磁区と呼ぶ小区域に分かれ，各磁区はそれぞれ自発磁化をもつが，その方向がばらばらで，全体としては磁化はもたない．磁界を加

えると，各磁区の自発磁化の方向がそろうようになって磁化を生じ，磁界をとり去っても，もとの状態に戻らず残留磁化を生ずると考えれば，ヒステリシスも合わせてうまく説明できる．

実際には強誘電体の分域よりも磁区の概念のほうがはるかに古く，すでにワイスによって仮定として導入されたが，現在では磁区を直接見ることのできる種々の方法がある．**粉末図形法**はその一つで，強磁性体の微粒子を石けん液に懸だくさせたものを強磁性体の結晶の上にたらすと，微粒子は後で述べる磁区の境界にある強い磁極によって引きつけられ境界にそって現れるので，顕微鏡により，たとえば **図 6・27** に示すような磁区構造を見ることができる．矢印は各磁区の自発磁化の向きを示している．

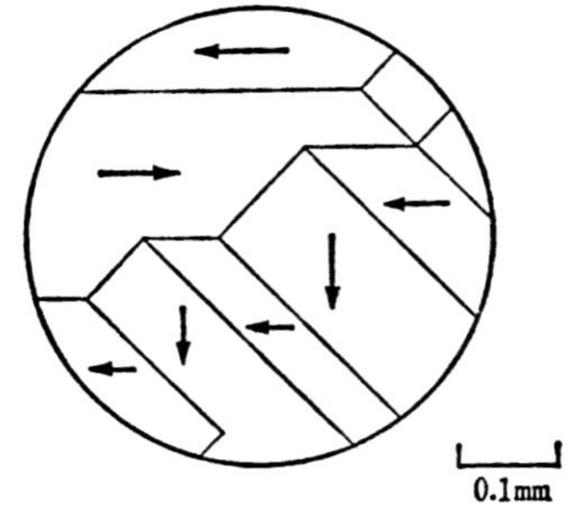

図 6・27　けい素鋼の (100) 面で粉末図形法により観測された磁区構造の例

次に磁区と磁区の境界は**磁壁** (domain wall) と呼ばれるが，図 6・27 をよく見ると，磁壁にはその両側の磁化ベクトルが 180° の角度をなす場合と，90° の角度をなす場合（正確に 90° でない場合もある）の二とおりがある．前者を 180° 磁壁，後者を 90° 磁壁と呼ぶ．このような角度関係をとるのは，磁壁の両側の磁化ベクトルの法線成分が連続し，磁壁の表面に遊離磁気が生じないようにするためである．また磁壁における磁気双極子の向きの変化は急激におこるのではなく，たとえば 180° 磁壁について **図 6・28** に示すように，磁壁の面内で徐々に向きを変える．この変化はほぼ 100～200 原子層にわたって行われ，これが磁壁の厚さである．したがって結晶表面では磁壁の部分がNまたはS極になり，前に述べたように磁性体の微粒子を引きつける．

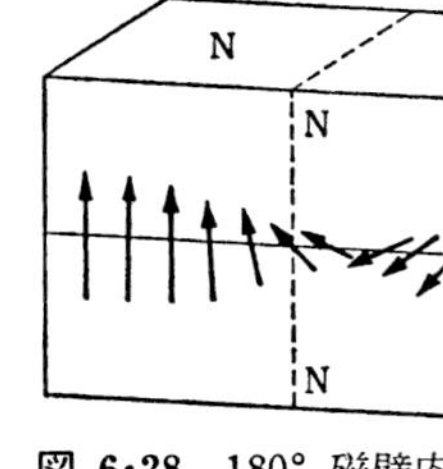

図 6・28　180° 磁壁内での磁気双極子の回転

（2）　磁区構造を決めるもの　　磁性体が磁区に分かれる理由は**静磁気エネ**

ルギー（magnetostatic energy）を減少させようとするためである．たとえば図 6・29（a）のように，全体が一つの磁区になっていると表面に大きな磁極が

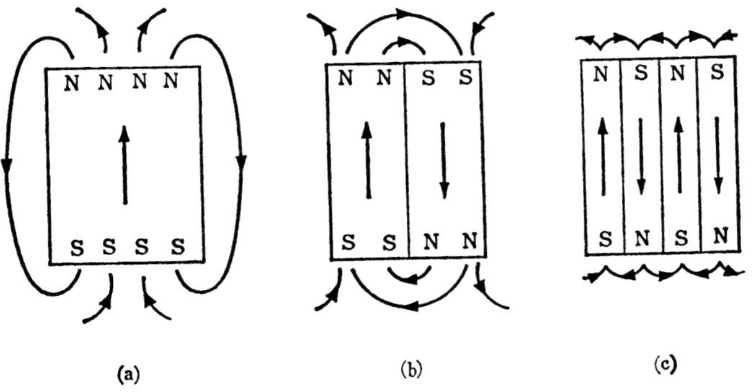

図 6・29　磁区への分割による静磁気エネルギーの減少

でき，これから磁束が出て空間に磁気エネルギーがたくわえられる．これが静磁気エネルギーである．磁区が図（b），（c）のように細かく分かれれば，磁束は減って静磁気エネルギーは減少する．計算によると図のような方法でN分割すると静磁気エネルギーはほぼ $1/N$ に減少する．したがって静磁気エネルギーだけ考えれば磁区は小さいほどよいということになる．

しかし強磁性体内部には，前に述べたように，その他の原因による磁気的なエネルギーがあり，磁気的エネルギーとして結局次の四つのものを考えねばならない．すなわち

1）　静磁気エネルギー
2）　磁気異方性エネルギー
3）　交換エネルギー
4）　磁気弾性エネルギー

である．2）は磁化ベクトルをなるべく磁化容易軸に向けようとし，3）はスピンをなるべく平行に整列させようとし，また 4）もそのエネルギーを減らすような向きに磁化ベクトルを向けようとする．結局これらのエネルギーの和を最小にするような磁区構造が現れることになる．

先に磁壁はある厚さをもつことを述べたが，これも磁壁内のエネルギーを最小にするためである．すなわち計算によると磁気双極子の回転は，交換エネル

ギーの上からはなるべく徐々に向きを変えたほうが有利で，この面からは磁壁はなるべく厚くなろうとする．しかし，それぞれの磁区内では磁化容易軸を向いている磁気双極子も磁壁内ではこれからそれるので，磁気異方性エネルギーをもち，これは磁壁が厚いほど大きくなる．結局両者のかね合いで適当な厚さをもつことになる．このことから磁壁にはエネルギーのたくわえられていることがわかる．

さて磁区構造について考えてみよう．ふつう結晶磁気異方性が強いので磁区内では磁化ベクトルは大体磁化容易軸を向いている．まず図6•29の場合は，磁区が分割されて静磁気エネルギーが減るとともに，磁壁の面積が増し，磁壁のエネルギーが増すので，この両者のかね合いで磁区の大きさが決まることになる．次に図**6•30**のように，結晶表面で磁束の閉路をつくるような三角形状の磁区（閉路磁区）ができると，磁束は外部に全く出ないので静磁気エネルギーは非常に小さくなる．この場合，Co のような一軸異方性のものであると，閉路磁区には異方性エネルギーがたくわえられることになり，これと磁壁のエネルギーにより適当な磁区の大きさが決まる．また Fe のような容易軸が三つあるものでは，この場合異方性エネルギーも生じないことになるが，磁気弾性エネルギーがあるので，これと磁壁のエネルギーとのかね合いにより磁区の大きさが定められる．実際に計算してみると Fe については，図6•29より図6•30のほうがはるかにエネルギーが小さくなる．

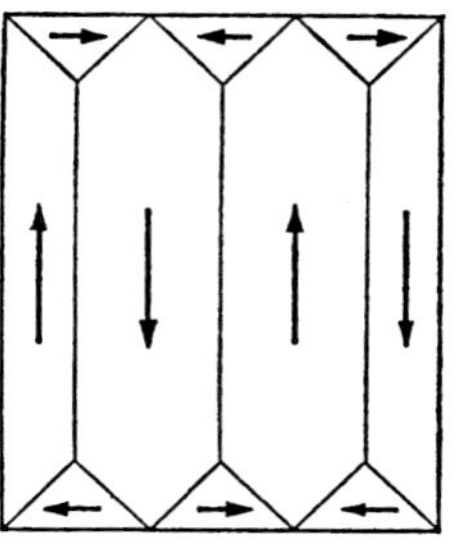

図 6•30　閉路磁区をもつ磁区構造

なお磁性体の形を小さくしてゆくと，静磁気エネルギーは寸法の3乗に比例して減るのに，磁壁のエネルギーは寸法の2乗に比例してしか減らないので，極端に小さくして微粒子にしたとき磁壁がなくなり，全体が一つの磁区になる場合がある．これを**単磁区構造**という．Fe では孤立粒子の場合，その大きさは約 0.002 μm と計算されるが，微粒子の集合状態などでは静磁気エネルギーが小さく，これよりはるかに大きいものでも単磁区構造になる．

（3）　磁　化　機　構　強磁性体に磁界を加えると，磁化は図6•8に示したような過程で飽和に達し，あるいは磁界を減少させると，ヒステリシスを描く．この磁化の変化する過程には二つの機構があり，**図 6・31** はこれを模型的に示したものである．まず磁界のない場合はたとえば図（a）のように閉路磁

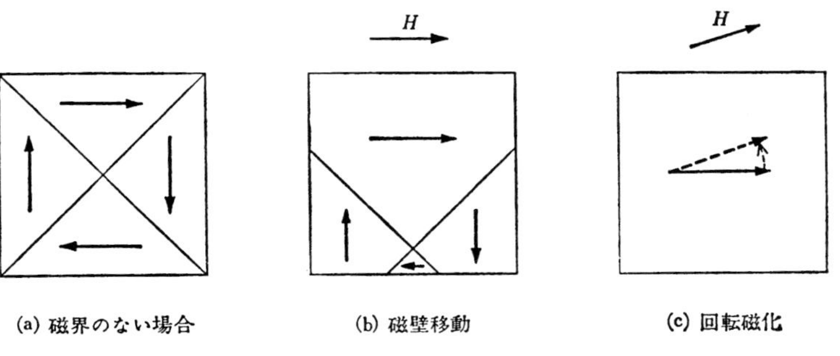

図 6・31　磁化機構の模型

区構造をとり，各磁区の磁化ベクトルはそれぞれ磁化容易方向を向いているとする．磁化機構の一つは図（b）に示すように，磁壁が移動して磁界方向を向く磁化の領域が次第に増すもので**磁壁移動**という．他は図（c）に示すように磁区内の磁気双極子がそろって磁界の方向に回転するもので**回転磁化**という．磁壁移動も細かく見れば磁壁内の磁気双極子が回転して磁化の進むことには変りはない．

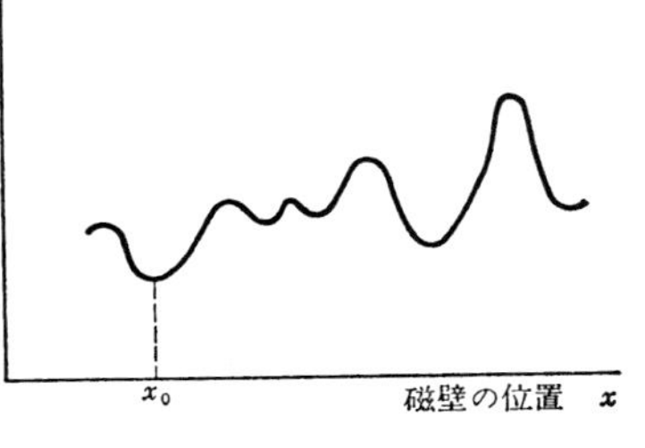

図 6・32　磁壁の位置によるエネルギー変化の模型

さて磁壁移動についてもう少しくわしく考察してみる．一般に磁性体の内部は空孔とか不純物あるいはひずみなどがあって，磁気的に一様ではない．そこで磁壁がどの位置にあるかによって磁性体の磁気的エネルギーは変ると考えられる．たとえば，このエネルギーが磁壁の位置により **図 6・32** に模型的に示すように変化しているとする．磁界を加えない状態では磁壁は x_0 のような安定位置にあると考えられる．磁界を加えて磁壁が x の正の方向に動くとすると，磁壁が最初の山を越えるまでは磁界をとり去れば磁壁はふたたびもとの x_0 に戻ることができる．すなわち可逆的な変化をする．しかし山を越えると，磁界をとり去ってももとには戻らないので，非可逆的な変化となり，ヒステリシスを生ずることになる．

強磁性体の磁化は上の二つの磁化機構が組み合わされて進行するが，ふつう見られる **図 6・33** のような磁化曲線については大体次のように考えられている．０ａはいわゆる初透磁率範囲で変化は可逆的であり，主として可逆的な磁壁移動，ａｂは非可逆的な磁壁移動，ｂｃは可逆的な回転磁化によるものとされる．すなわち図 6・31 を参照して，磁界がある方向に加えられると，まず磁壁移動により，その方向に最も近い向きの容易方向をもつ磁区の領域が増し，その後磁気異方性に抗して磁化ベクトルが磁界方向に回転するというような過程で磁化が行われる．

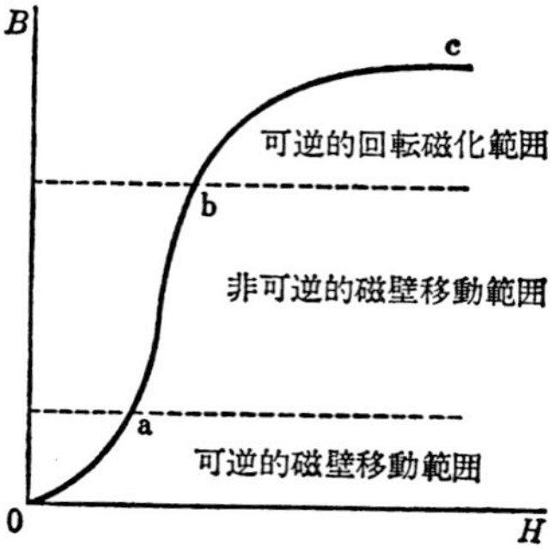

図 6・33　磁化曲線と磁化機構

6・11　磁化の動特性

（１）　**交流による磁化**　　磁性体に交流磁界を加える場合には，丁度交流電界における誘電体の場合と同じように，磁化変化の時間的な速さが問題になってくる．磁化の成立には当然有限の時間を必要とするので，**5・6 (2)** にならって磁界が $H_0e^{j\omega t}$ で変化するとき，磁束密度はこれより遅れて $B_0e^{j(\omega t-\delta)}$ で変るものとすると，透磁率は

$$\mu=\frac{B_0e^{j(\omega t-\delta)}}{H_0e^{j\omega t}}=\frac{B_0}{H_0}e^{-j\delta}=\frac{B_0}{H_0}\cos\delta-j\frac{B_0}{H_0}\sin\delta=\mu'-j\mu'' \qquad (6\cdot65)$$

のように**複素透磁率**で定義することができる．また，この場合は

$$\frac{\mu''}{\mu'}=\tan\delta \qquad (6\cdot66)$$

を**損失係数**と呼ぶ．交流磁界の周波数を高くしてゆくと，誘電体の場合と同じように種々の機構による分散を生じ，μ' は減少してついには μ_0 となり，μ'', $\tan\delta$ は分散周波数の付近で極大を示してエネルギーの吸収が生ずる．以下に分散の機構について考えてゆこう．

（２）　**ヒステリシス損失**　　磁界 H の中で磁束密度 B が dB だけ変化するとき，エネルギー W の変化は $dW=HdB$ で与えられる．したがって **図 6・34** に

示すように磁化曲線上で a_1 から a_2 まで磁化するには

$$W=\int_{B_1}^{B_2} HdB \qquad (6\cdot 67)$$

すなわち，図の斜線の部分に相当するエネルギーを与える必要がある．強磁性体はヒステリシスループを描くから，一つのループについて

$$W_h=\oint HdB \qquad (6\cdot 68)$$

をとると，ループ上のある部分では外部よりエネルギーが与えられ，またある部分では電源のほうにエネルギーが戻されるが，差引きループの面積に相当するだけのエネルギーが外部から与えられることになって，これは結局熱となって失われる．周波数 f では fW_h の電力が毎秒消費されることになり，これを**ヒステリシス損失** (hysteresis loss) という．ヒステリシス損失は周波数に比例して増すが，ヒステリシスの原因が主に非可逆的な磁壁移動にあるので，交流振幅の小さい初透磁率の範囲や，周波数が高くなって磁壁が動きにくくなった場合は，この損失は小さくなる．

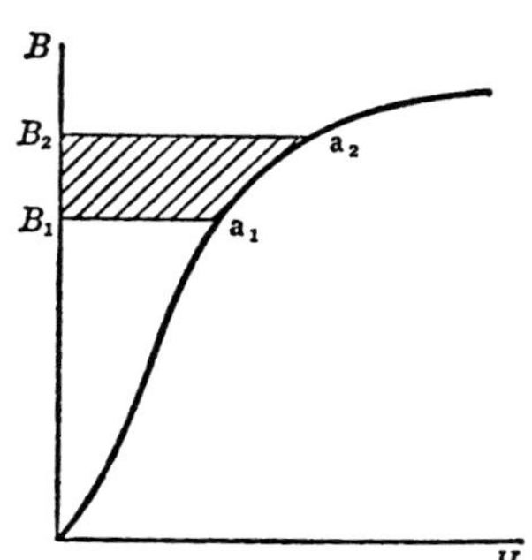

図 6・34　磁化に要するエネルギー

（3） **うず電流損失**　導体に交流磁束が交るとうず電流が流れ**うず電流損失** (eddy current loss) を生ずる．強磁性体では磁束が大きいのでうず電流も大きくなり，損失も大きい．この損失は周波数の 2 乗に比例，また当然ながら抵抗率が高いと小さい．また損失以外に，うず電流による磁界によって磁化の変化がさまたげられる作用，すなわち表皮効果により

$$s \simeq \sqrt{\frac{2\rho}{\omega\mu}} \qquad (6\cdot 69)$$

なる深さ s で磁化の変化は $1/e$ に減衰してしまう．たとえば鉄については $\mu_r=500$, $f=50\,\mathrm{Hz}$, $\rho=10^{-7}\,\Omega\mathrm{m}$ として $s\simeq 1\mathrm{mm}$ となり，それ以上厚い材料を用いても意味がない．そこで電気機器などでは ρ の大きいけい素鋼を薄板の形で使用し，また，より高い周波数では ρ のもっと大きいフェライトなどを用いている．

（4） 磁 気 余 効　強磁性体に加わる磁界を変化させた場合，磁化の変化はたとえば **図 6・35** に示すように，直ちに変化する部分 M_i の他に，時間的に遅れて変化する部分 M_n がある[1]．この現象を**磁気余効** (magnetic aftereffect) と呼ぶ．M_n はうず電流による遅れやや金学的な変化によるものはふくまない．磁気余効の現象は消磁とか飽和まで磁化することにより，いつでも同じ出発点に戻すことができる．磁気余効を生ずる原因には種々のものがあるが，たとえば磁化による磁気ひずみを助けるように，不純物原子が新しい位置に拡散により移ってゆく機構などが考えられている．いずれにしても磁化の遅れは交流磁化においてエネルギー損失を生ずる原因となる．

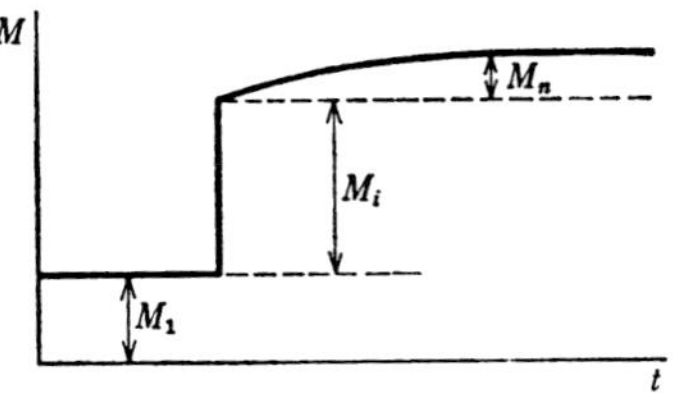

図 6・35　磁気余効

（5） 磁 気 共 鳴　かりにヒステリシスやうず電流による損失がなくても，より高い周波数では誘電体の電子分極やイオン分極が共鳴をおこすのと同じように，磁気双極子の運動も共鳴をおこし，それ以上の周波数では磁性体として利用できなくなってしまう．この問題を検討するために，磁気双極子に磁界が加わるときの運動について考えてみる．いままでは単純に双極子は磁界の方向に回転するものとしてきたが問題はそれほど簡単ではない．それは磁気双極子が電荷の角運動より生じているため，本来磁気モーメントをもつと同時に角運動量をもっていることに関係している．

さて式 (6・20) において磁気モーメント $\boldsymbol{\mu}_m$ と角運動量 $\boldsymbol{P}$ の間の関係は，$ge/2m=\gamma$ とおくと

$$\boldsymbol{\mu}_m=-\gamma\boldsymbol{P} \tag{6・70}$$

によって与えられる．いま，この双極子に $\boldsymbol{H}$ なる磁界を加えると $\boldsymbol{\mu}_m\times\mu_0\boldsymbol{H}$ なるトルクが働き，双極子の角運動量が

$$\frac{d\boldsymbol{P}}{dt}=\boldsymbol{\mu}_m\times\mu_0\boldsymbol{H} \tag{6・71}$$

に従って変ることになる．式 (6・70) を式 (6・71) に入れて

1) もちろん，これは相対的な意味で，M_i の成立も周波数の高いところでは次節で示すように，その速さが問題となる．

$$\frac{d\boldsymbol{\mu}_m}{dt}=-\gamma[\boldsymbol{\mu}_m\times\mu_0\boldsymbol{H}] \tag{6・72}$$

この式が $\boldsymbol{\mu}_m$ の運動を定める基本式である．磁界が z 方向に加えられたとし，式（6・72）を各成分に分けて書くと

$$\left.\begin{aligned}\frac{d\mu_{mx}}{dt}&=-\gamma\mu_{my}\mu_0H\\ \frac{d\mu_{my}}{dt}&=\gamma\mu_{mx}\mu_0H\\ \frac{d\mu_{mz}}{dt}&=0\end{aligned}\right\} \tag{6・73}$$

これを解くと

$$\left.\begin{aligned}\mu_{mx}&=\mu_m\sin\theta\cos\omega_0t\\ \mu_{my}&=\mu_m\sin\theta\sin\omega_0t\\ \mu_{mz}&=\mu_m\cos\theta\\ \omega_0&=\gamma\mu_0H\end{aligned}\right\} \tag{6・74}$$

となる．ただし θ は当初の $\boldsymbol{\mu}_m$ と $\boldsymbol{H}$ との角度である．この解は 図 6・36 に示すように，$\boldsymbol{\mu}_m$ が磁界 $\boldsymbol{H}$ の軸のまわりに，当初の角度 θ を保ちながら ω_0 の角速度で回転していることを表している．すなわち重力場におけるこまの運動と同じ歳差運動をしている．したがって双極子はいつまでたっても磁界の方向に向かないことになるが，実際は運動にエネルギー損失がともなうので，θ が次第に減少して磁界の方向に向いてしまう．

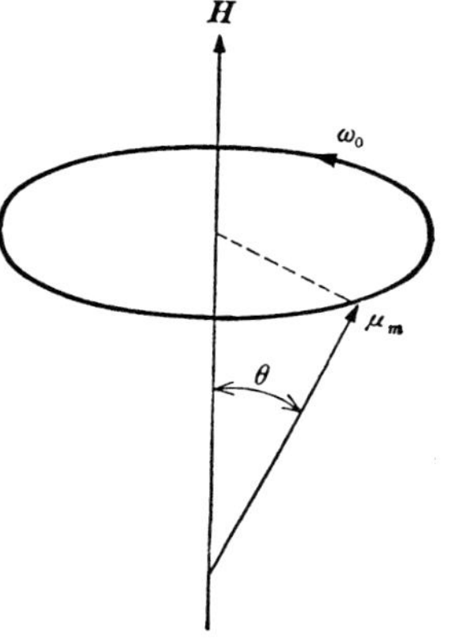

図 6・36 磁気双極子の歳差運動

次に直流磁界 $\boldsymbol{H}$ に重ねて，これに直角に ω_0 の角周波数の交流磁界を加えると，$\boldsymbol{\mu}_m$ の歳差運動は交流磁界からエネルギーを吸収して振幅が次第に大きくなる．これが**磁気共鳴** (magnetic resonance) である．ω_0 が共鳴角周波数となるが，$\omega_0=\gamma\mu_0H$ により，これは静磁界の大きさに依存する．一般に強磁性体の内部には，反磁界，磁気異方性その他の原因による種々の内部磁界が存在するので，外部静磁界が

なくても高周波磁界において磁気共鳴がおこる．共鳴角周波数付近で μ', μ'' は図 6・37 に示すように誘電体の場合の図 5・16 と同じような変化を示す．す

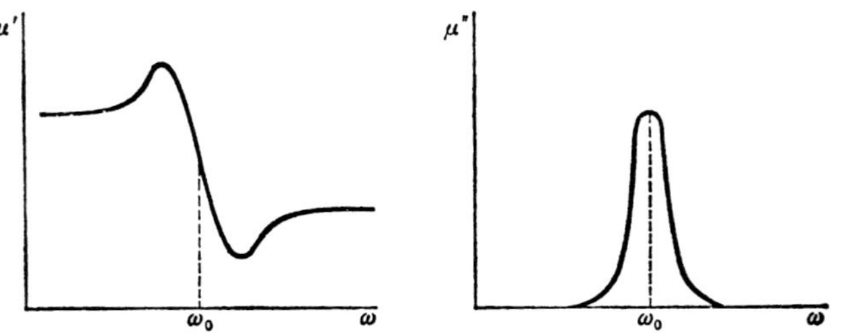

図 6・37　共鳴角周波数の付近における μ', μ'' の変化

なわち透磁率の減少，エネルギーの吸収を生ずる．ω_0 はもちろん材料の性質や状態によって異なるが，高周波で使用されるふつうのフェライトの場合，周波数にして数十 MHz から数百 MHz の程度である．この値は電子分極などの共鳴周波数に比べればはるかに低い．磁気共鳴は磁性材料としての使用周波数の限界を決めるものであるが，この現象を利用して物質の構造を調べたり，マイクロ波の回路素子などとして積極的に利用されることも多い．

問　　題

6・1　自由な Cr の 2 価イオンのもつ全角運動量量子数 J の値を求めよ．

6・2　反磁性の磁化率の大きさが 10^{-5} の程度であることを示せ．

6・3　鉄の磁化の飽和値が 1.75×10^6 A/m であることから，1 原子あたりの平均磁気モーメントが 6・6（3）に示す値となることを示せ．ただし鉄は体心立方格子で格子定数は 2.86 A である．

6・4　強磁性体のキュリー温度 θ と交換積分 J_e の間には

$$J_e=\frac{3k\theta}{2zS(S+1)}$$

の関係があることを示せ．ただし z は隣接原子数で，また $J=S$ とする．

6・5　逆スピネルフェライト MFe_2O_4 に正スピネルフェライト $ZnFe_2O_4$ を $(1-x):x$ の割合でまぜるとき，この物質の 1 分子あたりの磁気モーメントを表す式を示せ．ただし M^{2+} イオンの磁気モーメントを $n\mu_B$ とする．

6・6　鉄の単結晶において，磁化ベクトルを〔100〕から〔111〕方向に向けるのに必要なエネルギーはなにほどか．

6・7　たとえば式 (6・63) において $K_1>0$ なるときは ⟨100⟩ 方向に $2K_1/\mu_0M_S$ なる磁

界（異方性磁界と呼ぶ）が存在するのと同じであることを示せ．ただし M_S は磁化ベクトルの大きさである．

6·8　フェライトはふつう高周波で異方性磁界により磁気共鳴を生ずる．いま，あるスピネル形フェライトが 100 MHz で共鳴したとして，異方性磁界の大きさを求めよ．また異方性定数の大きさを概算してみよ．ただし格子定数を 8A とする．

問 題 解 答

1章

1·1 式 (*1·6*) より $2\pi r=\dfrac{h}{mv}\times n$

1·2 $\int_0^\infty|\psi(r)|^2 4\pi r^2 dr=1$ より $A=\dfrac{1}{\sqrt{\pi r_B{}^2}}$

$f(r)=|\psi(r)|^2 4\pi r^2$ とし，$\dfrac{d}{dr}[f(r)]=0$ より $r=r_B$

1·3 $r=r_0$ において $W(r)$ は極小とならねばならないから

$$\left(\frac{dW}{dr}\right)_{r=r_0}=0 \text{ より } r_0=\left(\frac{m}{n}\frac{\beta}{\alpha}\right)^{n-m} \quad (1)$$

$$\left(\frac{d^2W}{dr^2}\right)_{r=r_0}=-\frac{n(n+1)\alpha}{r_0{}^{n+2}}+\frac{m(m+1)\beta}{r_0{}^{m+2}}>0 \quad (2)$$

（1）の r_0 を（2）に入れて $m>n$ が条件となる．

1·4 Si : $\dfrac{8}{(5.43\times10^{-10})^3}=5.00\times10^{28}$ Ge; $\dfrac{8}{(5.62\times10^{-10})^3}=4.52\times10^{28}$

1·5 原子の半径を R とする．

面心立方では面の対角線方向の原子が触れ合うこととなり

$$\left\{8\times\frac{1}{8}\left(\frac{4}{3}\pi R^3\right)+6\times\frac{1}{2}\left(\frac{4}{3}\pi R^3\right)\right\}\Big/\left(\frac{4R}{\sqrt{2}}\right)^3=\frac{\sqrt{2}}{6}\pi=0.74$$

（∵ 単位格子の1辺は $4R/\sqrt{2}$ となる）

体心立方では立方体の対角線方向の原子が触れ合うこととなり

$$\left\{8\times\frac{1}{8}\left(\frac{4}{3}\pi R^3\right)+\frac{4}{3}\pi R^3\right\}\Big/\left(\frac{4R}{\sqrt{3}}\right)^3=\frac{\sqrt{3}}{8}\pi=0.68$$

（∵ 単位格子の1辺は $4R/\sqrt{3}$ となる）

1·6 中性子の質量および運動量をそれぞれ M_n，p，原子炉の温度を T とすると

$$\frac{p^2}{2M_n}=\frac{3}{2}kT$$

式 (*1·14*) を用いて $\lambda^2=\dfrac{h^2}{3M_nkT}$

数値を入れると $\lambda=1.42$ A となり，回折可能となる．

1·7 ベクトル $\boldsymbol{r}^*$ は空間格子内の3点 $p\boldsymbol{a}$，$q\boldsymbol{b}$，$r\boldsymbol{c}$ を通る面内にあるどのベクトルにも垂直であれば，その面に垂直である．面内にあるベクトルとして，$p\boldsymbol{a}-q\boldsymbol{b}$，$p\boldsymbol{a}-r\boldsymbol{c}$，$q\boldsymbol{b}-r\boldsymbol{c}$ をとると

$$\boldsymbol{r}^*(p\boldsymbol{a}-q\boldsymbol{b})=\boldsymbol{r}^*(p\boldsymbol{a}-r\boldsymbol{c})=\boldsymbol{r}^*(q\boldsymbol{b}-r\boldsymbol{c})=0$$

でなければならない．$\boldsymbol{r}^*(p\boldsymbol{a}-r\boldsymbol{c})=2\pi(hp-kq)=0$ などから，

$$hp=kq,\quad hp=lr,\quad kq=lr$$

となるが，これらは $h=1/p$，$k=1/q$，$l=/r$

であれば満足される．一方，この関係は式（*1·18*）により，$\boldsymbol{pa}$，$\boldsymbol{qb}$，$\boldsymbol{rc}$ を通る面が（hkl）面であることを示している．

1·8　$\boldsymbol{r}$ を原点から（hkl）面への任意のベクトル，$\hat{\boldsymbol{r}}^*$ を $\boldsymbol{r}^*$（hkl）方向の単位ベクトルとすると，前問題により $\boldsymbol{r}^*(hkl)$ は（hkl）面に垂直であるから

$$\boldsymbol{r}\,\hat{\boldsymbol{r}}^* = d(hkl) \qquad (1)$$

いま $\boldsymbol{r}$ として $\boldsymbol{r}=\boldsymbol{a}/h$ をとると，$\hat{\boldsymbol{r}}^*=\boldsymbol{r}^*/|\boldsymbol{r}^*|$ であるから

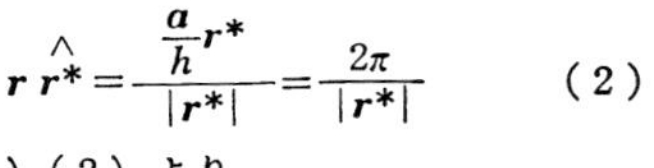

$$\boldsymbol{r}\,\hat{\boldsymbol{r}}^* = \frac{\dfrac{\boldsymbol{a}}{h}\boldsymbol{r}^*}{|\boldsymbol{r}^*|} = \frac{2\pi}{|\boldsymbol{r}^*|} \qquad (2)$$

（1）（2）より

$$d(hkl)=2\pi/|\boldsymbol{r}^*(hkl)|$$

1·9　x，y，z 方向の基本ベクトルを $\boldsymbol{i}$，$\boldsymbol{j}$，$\boldsymbol{k}$ とするとき，体心立方格子の各格子点は図 1 を参照して

$$\boldsymbol{a}=(a/2)(\boldsymbol{i}+\boldsymbol{j}-\boldsymbol{k})$$

$$\boldsymbol{b}=(a/2)(-\boldsymbol{i}+\boldsymbol{j}+\boldsymbol{k})$$

$$\boldsymbol{c}=(a/2)(\boldsymbol{i}-\boldsymbol{j}+\boldsymbol{k})$$

なるベクトルにより $\boldsymbol{r}=n_1\boldsymbol{a}+n_2\boldsymbol{b}+n_3\boldsymbol{c}$ で与えられることがわかる（$\boldsymbol{a}$，$\boldsymbol{b}$，$\boldsymbol{c}$ を基本並進ベクトルと呼ぶ）．逆格子ベクトルは

$$\boldsymbol{a}^*=2\pi\frac{\boldsymbol{b}\times\boldsymbol{c}}{\boldsymbol{a}[\boldsymbol{b}\times\boldsymbol{c}]}=\frac{2\pi}{a}(\boldsymbol{i}+\boldsymbol{j})$$

$$\boldsymbol{b}^*=\frac{2\pi}{a}(\boldsymbol{j}+\boldsymbol{k})$$

$$\boldsymbol{c}^*=\frac{2\pi}{a}(\boldsymbol{i}+\boldsymbol{k})$$

これは図 2 を参照して面心立方格子の格子点を与える基本並進ベクトルとなることがわかる．

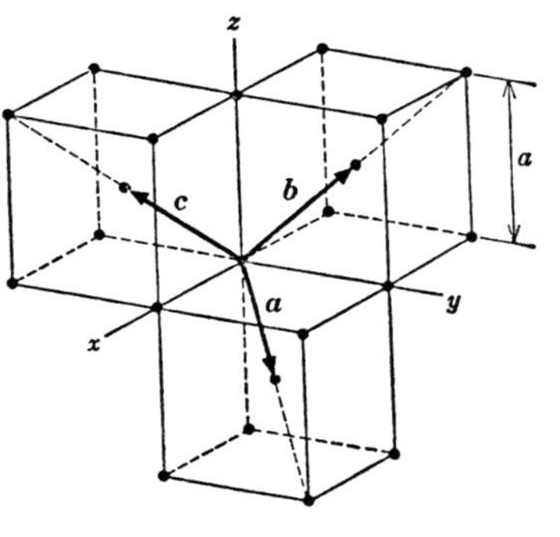
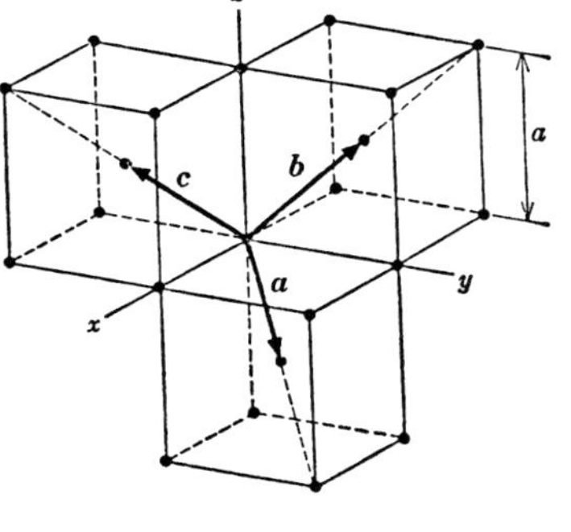

図 1

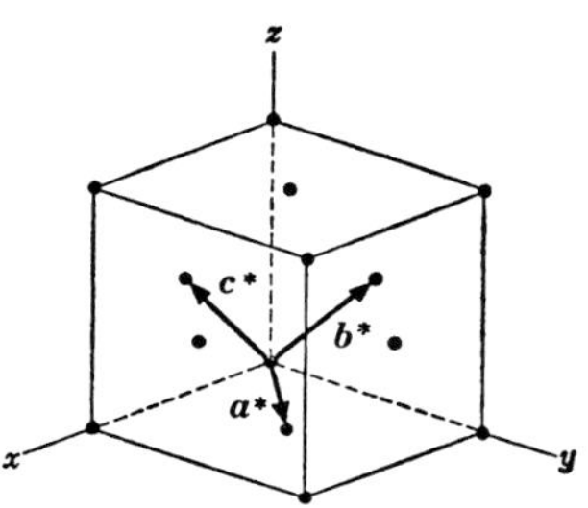

図 2

2 章

2·1　$$-\frac{df}{dx}=\frac{1}{e^x+e^{-x}+2} \quad \text{で対称関数}$$

$$\frac{d}{dx}\left(-\frac{df}{dx}\right)=\frac{e^x(1-e^x)}{(e^x+1)^3} \quad \text{で } x=0 \text{ で } -\frac{df}{dx}\text{は最大}$$

$$\frac{\partial f}{\partial E}=\frac{\partial f}{\partial x}\frac{\partial x}{\partial E}=-\frac{1}{e^x+e^{-x}+1}\frac{1}{kT}$$

で $|E-E_F|>kT$ のとき e^x か e^{-x} のいずれかが大きな値となり $\partial f/\partial E$ は小さく

なる.

2·2　$e^{\frac{E-E_F}{\kappa T}} \simeq 100$ となる $E-E_F$ を求めればよい．0.12〔eV〕.

2·3　$n=\frac{1}{(3.608\times10^{-10})^3}\times4=8.5\times10^{28}$

これを式（2·45）に代入して

$$E_{F_0}=\frac{(6.624\times10^{-34})^2}{2\times9.107\times10^{-31}}\times\left(\frac{3}{8\pi}\times8.5\times10^{28}\right)^{2/3}\times\frac{1}{1.6\times10^{-19}}\simeq7\text{〔eV〕}$$

2·4　図 3

2·5　〔100〕; 2,〔110〕; 2,〔111〕; 1,

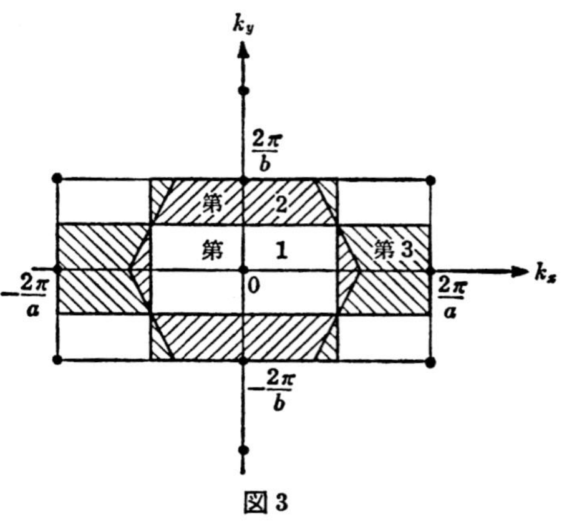

図 3

3 章

3·1　1 m^3 あたり Cu の金属中に含まれる原子数 n は

$$n=6.03\times10^{23}\Big/\frac{63.54\times10^{-3}}{8.93\times10^3}=8.46\times10^{28}\text{〔1/m}^3\text{〕}$$

Cu 原子の価電子は 1 個であるから，Cu 金属 1 m^3 あたり含まれる価電子数は原子数に等しい．したがって電子の移動度 μ_e は

$$\mu_e=\frac{\sigma}{en}=\frac{1}{\rho en}=\frac{1}{1.72\times10^{-8}\times1.6\times10^{-19}\times8.46\times10^{28}}=4.3\times10^{-3}\text{〔m}^2\text{/Vs〕}$$

電子の平均移動度を v_d とすれば，電流密度 I は

$$I=nev_d$$

$$\therefore\quad v_d=\frac{I}{ne}$$

$$=\frac{\dfrac{30}{\left(\frac{3}{2}\times10^{-3}\right)^2\pi}}{8.46\times10^{28}\times1.6\times10^{-19}}=3.13\times10^{-4}\text{〔m/s〕}$$

3·2　電流密度を I とすれば

$$I=\frac{E}{\rho}=-nev_d$$

v_d はドリフト速度である.

$\therefore\quad \dfrac{1\times10^{2}}{1.54\times10^{-8}}=1.6\times10^{-19}\times5.8\times10^{28}\times v_d$

$\therefore\quad v_d=0.7$〔m/s〕

$$\mu=\frac{v_d}{E}=\frac{0.7}{1\times10^{2}}=7\times10^{-3}\text{〔m}^2\text{/sV〕}$$

$$\tau=\mu\times\frac{m}{e}=7\times10^{-3}\times\frac{9.107\times10^{-31}}{1.6\times10^{-19}}$$
$$=4\times10^{-14}\text{〔s〕}$$

3・3　フェルミエネルギーを有する電子の速度を v_F とすれば

$$\frac{1}{2}mv_F{}^2=E_F$$

1eV は 1.6×10^{-19} ジュールであることを考慮して

$$v_F=\left(\frac{2E_F}{m}\right)^{1/2}=\left(\frac{2\times5.5\times1.6\times10^{-19}}{9.107\times10^{-31}}\right)^{1/2}$$
$$=1.39\times10^{6}\text{〔m/s〕}$$

前問の緩和時間 τ を，速度 v_F をもつ電子の衝突間の平均時間であると考えれば，平均自由行程は

$$\lambda=v_F\tau=1.39\times10^{6}\times4\times10^{-14}=5.56\times10^{-8}\text{〔m〕}$$
$$=556\text{〔Å〕}$$

3・4　$\rho=\rho_i+aT$　(1)

300K における抵抗率を求めるのに，まず不純物による抵抗値の変化は

$1.25\times10^{-8}\times0.2+0.14\times10^{-8}\times0.4=0.306\times10^{-8}$〔Ωm〕

したがって全体では

$1.56\times10^{-8}+0.306\times10^{-8}=1.866\times10^{-8}$〔Ωm〕

題意により $1.56\times10^{-8}=a\times300$

4 K における純銅の抵抗率は

$$4\times a=\frac{4\times1.56\times10^{-8}}{300}=0.020\times10^{-8}\text{〔Ωm〕}$$

これと不純物分とを加えて

$0.306\times10^{-8}+0.020\times10^{-8}=0.326\times10^{-8}$〔Ωm〕

3・5　$$\frac{K}{\sigma T}=L=2.45\times10^{-8}\text{〔WΩ/(K)}^2\text{〕}$$

上式に $\dfrac{1}{\sigma}=1.7\times10^{-8}$ および 1.4×10^{-6}，$T=300$K を代入すると

$$\text{Cu}：\text{K}=\frac{2.45\times10^{-8}}{1.7\times10^{-8}}\times300=432\text{〔W/mK〕}$$

$$\text{カンタル}：\text{K}=\frac{2.45\times10^{-8}}{1.4\times10^{-6}}\times300=5.25\text{〔W/mK〕}$$

3・6　Richardson の式 $J_s=AT^2e^{-\phi/kT}$

において，与えられた下記の値を代入する　(1)

$J_s=1$〔A/cm²〕$=10^4$〔A/m²〕

$T=1600+273=1873\mathrm{K}$

$k=1.38\times10^{-23}[\mathrm{J\cdot deg^{-1}}]$

（1）から

$$e^{-\phi/kT}=\frac{J_s}{AT^2}$$

$$-\frac{\phi}{kT}=\ln\frac{J_s}{AT^2}=\ln\frac{10^4}{1.2\times10^6\times1873^2}$$

$$=-19.882$$

ここで ϕ の単位は J で与えられ $J=e\times V$ であることを考慮して

$$\phi=\frac{1.38\times10^{-23}\times1873\times19.882}{1.6\times10^{-19}}=3.21[\mathrm{eV}]$$

3·7 $J_s=AT^2e^{-\phi/kT}$ （1）

前問における値を J_{sB}, ϕ_B とすれば

$J_{sB}=AT^2e^{-\phi_B/kT}$ （2）

（1）（2）より

$$J_s=J_{sB}\times e^{(-\phi+\phi_B)/kT}$$

$$=1\times e^{\frac{0.5\times1.6\times10^{-19}}{1.38\times10^{-23}\times1873}}$$

$$=22.09[\mathrm{Acm^{-2}}]$$

3·8 脱出する電子の最大エネルギーを E_m とすれば，それは入射光量子のエネルギー $h\nu$ から仕事関数を差引いたものである．エネルギーの単位を eV であらわすとして

$$E_m=\frac{h\nu}{e}-\phi$$

$$\therefore\quad \phi=\frac{h\nu}{e}-E_m$$

$$=\frac{hc}{e\lambda}-E_m$$

$$=\frac{6.624\times10^{-34}\times3\times10^8}{1.6\times10^{-19}\times2537\times10^{-10}}-2.5$$

$$\fallingdotseq2.4[\mathrm{eV}]$$

3·9 物質において熱伝導にあずかるものは電子および格子振動である．金属では電子が豊富なので格子振動による分は極めて少ない．したがって金属，半導体，絶縁体の順序で熱伝導率が大きい．金属中では Wiedmann-Franz の法則によって電気伝導率と熱伝導率は比例する．また合金の抵抗率は成分金属の抵抗率より大きいことも知られている．以上の論拠によって上記の物質を熱伝導率の大きい順に並べると下記のようになる．

銀――鉄――クロム――ゲルマニウム――石英
（クロム：合金）

金属（銀・鉄・クロム）　半導体（ゲルマニウム）　絶縁体（石英）

3・10 一般に導体の電気伝導度は下式で与えられる．

$$\sigma=ne\mu$$

金属では電子の密度が大きくてその量は温度に依存しない．μ はふつう温度とともに減少するので全体として σ は温度上昇につれて僅かに減少する．半導体では温度の上昇につれてキャリアの数が著しく増加する．μ はふつう温度上昇によって僅かに減少するが，その変化に比べて n の変化が大きいので温度上昇によって σ はかなり増加する．絶縁体は，半導体において禁制帯幅の著しく大きいものと考えてよいから，そのふるまいは半導体と同じである．ただし n の値が小さいので全体としての σ は小さい．しかし温度が上昇するとき σ は次第に増加する（詳しくはそれぞれについて本文を参照）

3・11 電界 E の中におかれた電子の平均加速度 α は $(e/m^*)E$ である．衝突間の平均時間を τ とすれば，この間に電界方向へ進む距離 S は

$$S=\frac{1}{2}\alpha\tau^2=\frac{1}{2}\frac{e}{m_e^*}E\tau^2 \qquad (1)$$

したがって，平均の移動速度 v_d は

$$v_d=\frac{S}{\tau}=\frac{1}{2}\frac{e}{m_e^*}E\tau \qquad (2)$$

一方，電子の移動度を μ_e とすると

$$v_d=\mu_e E$$

両式より $\mu_e=\dfrac{1}{2}\dfrac{e}{m_e^*}\tau$

$$\therefore\quad \tau=2\mu_e\frac{m_e^*}{e} \qquad (3)$$

与えられた数値を代入して

$$\tau=2\times0.36\times\frac{9.107\times10^{-31}\times1/4}{1.6\times10^{-19}}$$

$$=1.02\times10^{-12}[\mathrm{s}]$$

3・12 電子の熱運動速度を v_T，平均自由行程を l とすると，衝突間の平均走行時間 τ は

$$\tau=\frac{l}{v_T} \qquad (1)$$

一方，電子の熱運動エネルギーは次の式（2）で与えられるから

$$\frac{1}{2}mv_T{}^2=\frac{3}{2}kT \qquad (2)$$

$$\therefore\quad v_T=\sqrt{\frac{3}{m}kT} \qquad (3)$$

前問式（2）に式（1）と（3）を代入して

$$v_d=\frac{1}{2}\frac{e}{m}E\frac{l}{v_T}=\frac{1}{2}\frac{e}{m}El\sqrt{\frac{m}{3kT}}$$

$$=\frac{el}{2\sqrt{3mkT}}E=1.83\times10^{-5}[\mathrm{m}^3]$$

$$\therefore\quad \mu=\frac{v_d}{E}=\frac{el}{2\sqrt{3mkT}}$$

$$\therefore\ l=\frac{\mu}{e}2\sqrt{3mkT}$$

$$=\frac{0.36}{1.6\times10^{-19}}\times2\times\sqrt{3\times9.107\times10^{-31}\times1.38\times10^{-23}\times300}$$

$$=4.8\times10^{-7}[\mathrm{m}]$$

$$=0.48[\mu\mathrm{m}]$$

3・13 式（*3・84*）で与えられているように

$$n_i=p_i=2\left(\frac{2\pi kT}{h^2}\right)^{3/2}(m_e{}^*m_h{}^*)^{3/4}\exp\left\{-\frac{Eg}{2kT}\right\} \quad (1)$$

$m_e{}^*=m_h{}^*=m$ とし，数値計算すれば

$$n_i=p_i=4.84\times10^{21}T^{3/2}\exp\left\{-\frac{Eg}{2kT}\right\}[\mathrm{m}^{-3}] \quad (2)$$

式（2）に問題で与えられた数値を代入して

$$n_i=p_i=4.84\times10^{21}\times300^{3/2}\exp\left\{-\frac{0.72\times1.6\times10^{-19}}{2\times1.38\times10^{-23}\times300}\right\}$$

$$=2.5\times10^{19}[\mathrm{m}^{-3}]$$

抵抗率は

$$\rho_i=\frac{1}{e(n_i\mu_e+p_i\mu_h)}$$

$$=\frac{1}{1.6\times10^{-19}\times2.5\times10^{19}(0.36+0.17)}$$

$$=0.47[\Omega\mathrm{m}]$$

3・14 0.1 kg の Ge の体積は

$$\frac{0.1}{5.46\times10^3}=1.83\times10^{-5}[\mathrm{m}^3]$$

3.22×10^{-9} kg の Sb 原子数は

$$\frac{3.22\times10^{-9}}{121.76\times10^{-3}}\times6.02\times10^{23}=1.59\times10^{16}$$

したがって Sb をとかした後の Ge 中の Sb の濃度 n は

$$n=\frac{1.59\times10^{16}}{1.83\times10^{-5}}=8.7\times10^{20}[\mathrm{m}^{-3}]$$

抵抗率

$$\rho=\frac{1}{ne\mu}$$

$$=\frac{1}{8.7\times10^{22}\times1.6\times10^{-19}\times0.36}$$

$$=0.02[\Omega\mathrm{m}]$$

3・15 0.1 kg の Ge の体積は

$$\frac{0.1}{5.46\times10^3}=1.83\times10^{-5}[\mathrm{m}^3]$$

6.44×10^{-9} kg の Sb の原子数は

$$\frac{6.44\times10^{-9}}{121.76\times10^{-3}}\times6.02\times10^{23}=3.184\times10^{16}$$

したがって Ge 中の Sb 濃度 n は

$$n=\frac{3.184\times10^{16}}{1.83\times10^{-5}}=17.4\times10^{20}[\mathrm{m^{-3}}]$$

0.78×10^{-9} kg の Ge の原子数は

$$\frac{0.78\times10^{-19}}{69.72\times10^{-2}}\times6.02\times10^{23}=6.74\times10^{15}$$

インゴット中の Ga 濃度 p は

$$p=\frac{6.74\times10^{15}}{69.72\times10^{-3}}=3.68\times10^{20}$$

したがって Ga によって生じる正孔濃度より Sb によって生じる電子濃度のほうが多く，両者の差 $(17.4-3.68)\times10^{20}=13.72\times10^{20}[\mathrm{m^{-3}}]$ の電子濃度が電気伝導にあずかり n 形となる．そのときの抵抗率は

$$\rho=\frac{1}{13.72\times10^{20}\times1.6\times10^{-19}\times0.36}$$
$$=0.0126\ [\Omega\mathrm{m}]$$

3・16　$D_\mathrm{e}=\left(\dfrac{kT}{e}\right)\mu_e\quad D_\mathrm{h}=\left(\dfrac{kT}{e}\right)\mu_\mathrm{h}$

の公式に代入して

$$D_\mathrm{e}=\frac{1.38\times10^{-23}\times300}{1.6\times10^{-19}}\times0.17=0.0044[\mathrm{m^2/s}]$$

$$D_\mathrm{h}=\frac{1.38\times10^{-23}\times300}{1.6\times10^{-19}}\times0.05=0.000647[\mathrm{m^2/s}]$$

3・17　光が試料に一様に照射されているため，濃度勾配はない．すなわち $dp/dx=0$ また光照射後には他の効果によるキャリアの発生，消滅はなく $g=0$ で，再結合の項だけがのこる．すなわち連続の式から

$$\frac{\partial p}{\partial t}=-\frac{p-p_0}{\tau_\mathrm{h}}$$

$$\therefore\quad \frac{\partial p}{p-p_0}=-\frac{\partial t}{\tau_\mathrm{h}}$$

$$ln(p-p_0)=-\frac{t}{\tau_\mathrm{h}}+c'$$

$$p-p_0=c\exp\left(-\frac{t}{\tau_\mathrm{h}}\right)$$

題意により $t=0$ で $p-p_0=p_1$　$\therefore\ c=p_1$

$$\therefore\quad p-p_0=p_1\exp\left(-\frac{t}{\tau_\mathrm{h}}\right)$$

3・18　光量子の振動数を ν，波長を λ[Å]，エネルギーを E[eV] とすれば

$$E=\frac{h\nu}{e}=\frac{h}{e}\frac{c}{\lambda}$$

$$=\frac{6.624\times10^{-34}}{1.6\times10^{-19}}\times\frac{3\times10^{8}}{\lambda\times10^{-10}}$$

$$=\frac{12420}{\lambda〔\mathrm{A}〕}〔\mathrm{eV}〕$$

∴ Ge について限界波長は

$$\lambda=\frac{12420}{E}=\frac{12420}{0.72}=17250〔\text{Å}〕$$

Si 入では λ $=\frac{12420}{1.1}=11291〔\text{Å}〕$

3・19 ホール定数は下式で与えられる

$$R=\frac{3\pi}{8}\frac{1}{e}\frac{p\mu_h{}^2-n\mu_e{}^2}{(p\mu_h+n\mu_e)^2}$$

真性であるから $p=n=n_i$ で，この値は問題 3・13 のようにして求めて 2.5×10^{19}〔m^{-3}〕

$$\therefore\quad R=\frac{3\pi}{8}\frac{1}{e}\frac{\mu_h{}^2-\mu_e{}^2}{n_i(\mu_h+\mu_e)^2}$$

$$=\frac{3\pi}{8}\frac{1}{1.6\times10^{-19}}\frac{0.17^2-0.36^2}{2.5\times10^{19}\times(0.36+0.17)^2}$$

$$=-0.11〔\mathrm{m}^2/\mathrm{C}〕$$

3・20 ホール定数は下式で与えられる．

$$R=\frac{3\pi}{8}\frac{1}{e}\frac{p\mu_h{}^2-n\mu_e{}^2}{(p\mu_h+n\mu_e)^2}$$

ホール電圧が電圧が零であるというから $R=0$

$$\therefore\quad p\mu_h{}^2-n\mu_e{}^2=0$$

$$\therefore\quad \frac{p}{n}=\left(\frac{\mu_e}{\mu_h}\right)^2=\left(\frac{0.36}{0.17}\right)^2=4.5$$

$$\therefore\quad n=\frac{p}{4.5}$$

一方 Ge では $np=n_i{}^2=6.25\times10^{38}$〔$\mathrm{m}^{-6}$〕

$n=1.2\times10^{19}$〔m^{-3}〕

これから $p=5.3\times10^{19}$〔m^{-3}〕

3・21 Ge と Si について電子デバイスとして重要な物性を示すと下記のようになる．

	(禁制帯幅)	(電子移動度)	(正孔移動度)
Si	1.11 eV	1350 cm²/Vs	480 cm²/Vs
Ge	0.66 eV	3600	1800

要約すると Si のほうが Ge と比べて禁制帯幅が広いので真性温度が高てく高温まで使える．光電素子として用いる場合 Si のほうが可視範囲に近い波長で大きい感度をもち Ge はやや赤外部の感度が大きい．またキャリア移動度では Ge のほうが大きいので高速動作を可能とする．工学的には資源的に豊富な Si が有利，加工

性でもプレナー技術のやりやすい Si が有利である．(詳細は本文あるいは半導体の専門書参照)

4章

4・1 図（a）において，p形半導体の価電子帯にはいくつかの正孔が存在している．半導体の FL は金属のそれより下にあるので，これら正孔のエネルギーは金属の FL と比べて高い状態にある．(図は電子を基準に描かれているので上方程負電位を意味する．正孔に対しては電位が負である程エネルギーは低い)

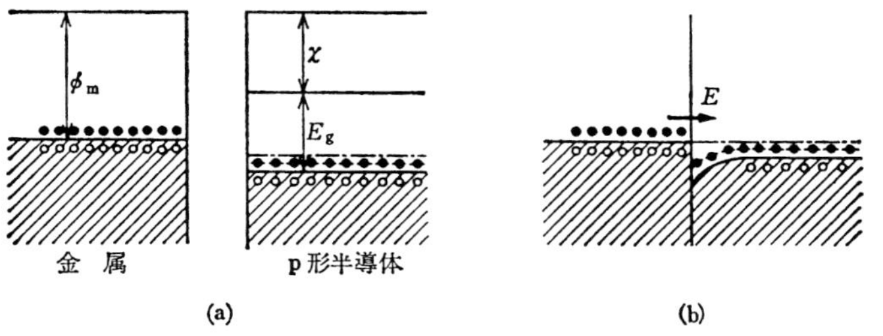

図4

そこで金属と半導体とが接触したとすれば，上記半導体の価電子帯中にある正孔は金属側に移ってそこを正に帯電する．一方p形半導体の接触面付近にはアクセプタの負電荷が残されるので，そこへ右向きの電界Eが発生する．このことは半導体で右側の電位が負になること，換言すれば電子に対するエネルギーは高くなることを意味する．そして結局図（b）に示したような形状のエネルギー準位図となる．この状態では両者の FL が一致する．したがって図示でわかるように $Eg+\chi>\phi_m$ の条件が満たされるときに限って整流性を示す．(本文にも簡単に説明されている)

4・2 本文で示されているように

$$d=\sqrt{\frac{2V_D\varepsilon}{Ne}} \qquad C=\sqrt{\frac{\varepsilon Ne}{2V_D}}$$

これに与えられた数値を代入して

$$d=\sqrt{\frac{2\times1\times15\times8.854\times10^{-12}}{10^{22}\times1.6\times10^{-19}}}=4.08\times10^{-7}〔\mathrm{m}〕$$

$$C=\sqrt{\frac{15\times8.854\times10^{-12}\times10^{22}\times1.6\times10^{-19}}{2\times1}}$$

$$=3.11\times10^{14}〔\mathrm{F/m^2}〕$$

4・3 金属-n 形半導体接合において，その静電容量とバイアス電圧Vとの関係は，下式〔本文式 (4・5)〕で与えられる．

$$C=\left[\frac{e\varepsilon N_D}{2(V_D-V)}\right]^{1/2} \tag{4・5}$$

上式を変形して

$$\frac{1}{C^2}=\frac{2(V_D-V)}{e\varepsilon N_D} \qquad (1)$$

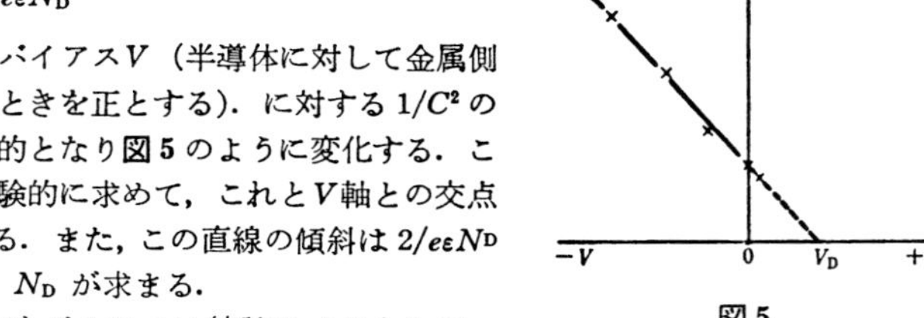

そこで直流バイアスV（半導体に対して金属側が正電圧のときを正とする）．に対する$1/C^2$の変化は直線的となり図5のように変化する．この直線を実験的に求めて，これとV軸との交点はV_Dである．また，この直線の傾斜は$2/e\varepsilon N_D$であるからN_Dが求まる．

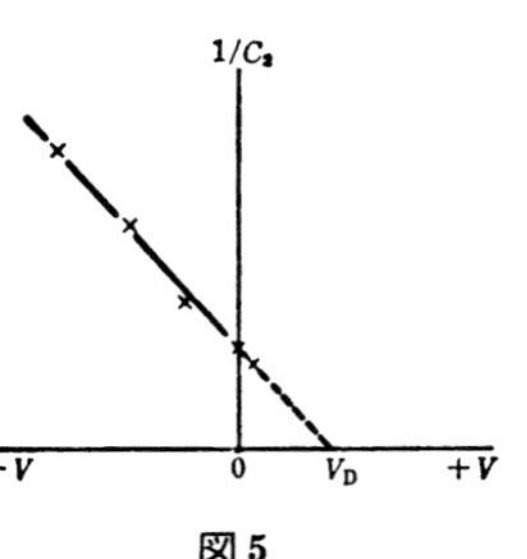

図5

4·4　電子の分布がボルツマン統計によるとして，p-n 領域において平衡状態の下に電子の数は下式で与えられる．（本文参照）

$$n_n=n_{n0}e^{-\frac{eV_D}{kT}}$$

$$\therefore\quad \frac{n_{n0}}{n_n}=e^{40V_D} \qquad (1)$$

表から $10^{-2}\Omega$m の n形および p形 Ge の電子と正孔とは

$n_{n0}=1.75\times10^{21}$

$p_{p0}=3.68\times10^{21}$

一方，$n_n p_{p0}=n_i^2\fallingdotseq(2.5\times10^{19})^2 \quad (\because\ n_n=n_{p0})$

$$\therefore\quad n_n=\frac{(2.5\times10^{19})^2}{3.68\times10^{21}}=1.7\times10^{17}$$

これらの値を（1）に代入して

$$V_D=\frac{\ln\frac{n_{n0}}{n_n}}{40}=\frac{\ln 10^4}{40}=0.23[\text{eV}]$$

4·5　$$d=\sqrt{\frac{2\varepsilon(N_D+N_a)(V_D-V)}{eN_DN_a}}$$

上式で $V=0$

$\varepsilon=16\times8.854\times10^{-12}$

および問題に与えられた数値を代入して

$$d=\left(\frac{2\times16\times8.854\times10^{-12}\times2\times10^{25}\times0.72}{1.6\times10^{-19}\times10^{25}\times10^{25}}\right)^{1/2}$$

$=1.63\times10^{-8}[\text{m}]$

$=163\times10^{-8}[\text{m}]$

$=163[\text{Å}]$

また $E_{av}=\frac{V_D}{d}=\frac{0.72}{1.63\times10^{-8}}=4.4\times10^7\ [\text{V/m}]$

4·6　飽和電流密度 I_s は下式で支えられる．

$$I_s=e\left(\sqrt{\frac{D_e}{\tau_e}}n_{p0}+\sqrt{\frac{D_h}{\tau_h}}p_{n0}\right)$$

上式で $D_e=\mu_e\dfrac{kT}{e}=0.12\times\dfrac{1.38\times10^{-23}\times300}{1.6\times10^{-19}}=3.10\times10^{-3}$〔$m^2/s$〕

$$D_h=0.035\times\frac{1.38\times10^{-23}\times300}{1.6\times10^{-19}}=0.91\times10^{-3}〔m^2/s〕$$

$$n_{p0}=\frac{n_i^2}{p_{p0}}=\frac{42\times10^{32}}{10^{18}}=4.2\times10^{14}〔m^3〕$$

$$p_{n0}=\frac{n_i^2}{n_{n0}}=\frac{42\times10^{32}}{10^{18}}=4.2\times10^{14}〔m^3〕$$

$$I_s=1.6\times10^{-19}\left(\sqrt{\frac{3.10\times10^{-3}}{10^{-6}}}\times4.2\times10^{14}+\sqrt{\frac{0.91\times10^{-3}}{10^{-6}}}\times4.4\times10^{14}\right)$$

$$=5.78\times10^{-3}〔A/m^2〕$$

4・7　求める電流は下式で支えられる

$$I=Ae\left(\sqrt{\frac{D_e}{\tau_e}}n_{p0}+\sqrt{\frac{D_h}{\tau_h}}p_{n0}\right) \tag{1}$$

問題で与えられた数値を MKS 単位に換算して式に代入する.

p 側における正孔密度は

$$\rho_p=\frac{1}{p_{p0}e\mu_h}\quad\therefore\quad p_{p0}=\frac{1}{\rho_p e\mu_e}$$

$$\therefore\quad p_{p0}=\frac{1}{\rho_p e\mu_h}=\frac{1}{0.1\times10^{-2}\times1.6\times10^{-19}\times0.17}$$

$$=3.67\times10^{22}$$

$$\therefore\quad n_{p0}=\frac{(2.5\times10^{19})^2}{3.67\times10^{22}}=1.70\times10^{16}/m^3$$

n 側における電子密度は

$$n_{n0}=\frac{1}{\rho_n e\mu_e}=\frac{1}{2\times10^{-2}\times1.6\times10^{-19}\times0.36}$$

$$=0.868\times10^{21}$$

$$\therefore\quad p_{n0}=\frac{(2.5\times10^{19})^2}{0.868\times10^{21}}=7.20\times10^{17}/m^3$$

$$D_e=\mu_e\frac{kT}{e}=0.36\times8.62\times10^{-5}\times300=9.3\times10^{-3}$$

$$D_h\qquad=0.17\times8.62\times10^{-5}\times300=4.4\times10^{-3}$$

$$\therefore\quad I=1.1\times10^{-6}\times1.6\times10^{-19}\left(\sqrt{\frac{9.3\times10^{-3}}{100\times10^{-6}}}\times1.7\times10^{16}\right.$$

$$\left.+\sqrt{\frac{4.4\times10^{-3}}{200\times10^{-6}}}\times7.2\times10^{17}\right)$$

$$=6.1\times10^{-7}〔A〕$$

$$=0.61〔\mu A〕$$

4・8　接合における電位の分布はポアソンの式を解くことによって求められる. この場合不純物の分布が空間電荷の分布となる. (a) の場合については本文で計算が行われている. (b) の場合は計算が少し複雑であるが近似計算によれば $C\propto(V_D-$

$V)^{-1/3}$ となることが知られている．さてCのVによる変化はバリアブルキャパシタとして工学上応用されているがCがVによって，なるべく著しく変化することは，式中のnが小さいことを意味する．図（a）の分布では$n=2$であり，（b）の分布では $n=3$ であることから $n<2$ にするには不純物の分布が直観的に図のよう

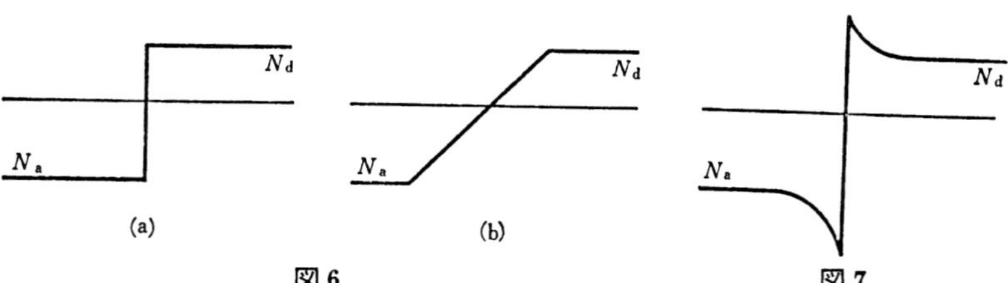

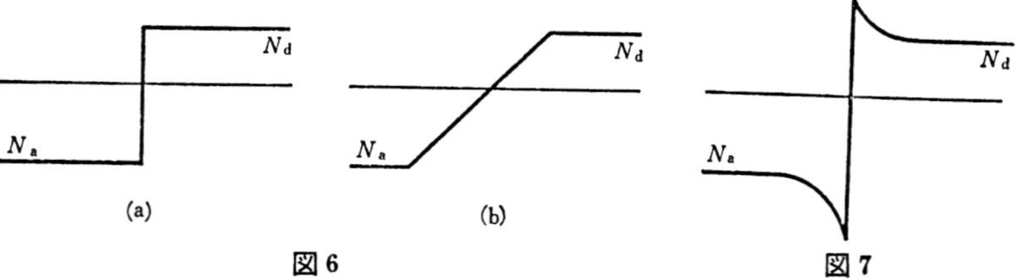

図 6　　図 7

になっていればいいであろうと想像できよう．つまり接合の深さに沿って dx の変化に対する dp の変化の割合が接合面の近くにゆくほど激しいためには物理的に考えて図 7 のようであるほうがいいと考えられる．厳密には不純物分布をポアソン式に代入して計算する必要があるが，ここでは計算まで要求しない．

4・9　（本文参照）

4・10　（本文参照）

5 章

5・1　双極子 $\boldsymbol{\mu}$ から $\boldsymbol{r}$ の距離の点の電界は

$$\boldsymbol{E}=\frac{1}{4\pi\varepsilon_0}\left\{\frac{3(\boldsymbol{\mu r})\boldsymbol{r}}{r^5}-\frac{\boldsymbol{\mu}}{r^3}\right\}$$

$\boldsymbol{\mu}$ の成分を μ_x，μ_y，μ_z とすると

$$\boldsymbol{E}=\frac{1}{4\pi\varepsilon_0}\left\{\frac{3(\mu_x x+\mu_y y+\mu_z z)(\boldsymbol{i}x+\boldsymbol{j}y+\boldsymbol{k}z)}{r^5}-\frac{\boldsymbol{i}\mu_x+\boldsymbol{j}\mu_y+\boldsymbol{k}\mu_z}{r^3}\right\}$$

いま x 成分について考えると

$$E_x=\frac{1}{4\pi\varepsilon_0}\left(\mu_x\frac{-r^2+3x^2}{r^5}+\mu_y\frac{3xy}{r^5}+\mu_z\frac{3xz}{r^5}\right)$$

双極子が多数あるときは

$$\sum E_x=\frac{1}{4\pi\varepsilon_0}\left(\mu_x\sum_i\frac{-r_i^2+3x_i^2}{r_i^5}+\mu_y\sum_i\frac{3x_iy_i}{r_i^5}+\mu_z\sum_i\frac{3x_iz_i}{r_i^5}\right)$$

立方対称のときは（x，y，z）に双極子があれば（$|y|,|z|,|x|$），（$|z|,|x|,|y|$）にも双極子があるので

$$\sum x_i^2=\sum y_i^2=\sum z_i^2=\frac{1}{3}\sum r_i^2$$
$$\sum x_iy_i=\sum y_iz_i=\sum z_ix_i=0$$

となり $\sum E_x=0$ になる．$\sum E_y$，$\sum E_z$ についても同様に 0 になる．

5・2　原子に誘起されるモーメントを μ とすれば

$$E_l = E + \frac{\mu}{2\pi\varepsilon_0 a^3} = E + \frac{\alpha E_l}{2\pi\varepsilon_0 a^3}$$

$$\therefore \quad E_l = \frac{E}{1-\dfrac{\alpha}{2\pi\varepsilon_0 a^3}}$$

$$\frac{E_l}{E} = \frac{1}{1-\dfrac{\alpha}{2\pi\varepsilon_0 a^3}} \simeq 1.029$$

5・3 原子核が x だけ変位したとすれば力のつりあいから

$$\int_0^{2\pi} \frac{1}{4\pi\varepsilon_0 r^2} \times \frac{e}{2\pi} \times e \times \frac{x}{r} d\theta = eE$$

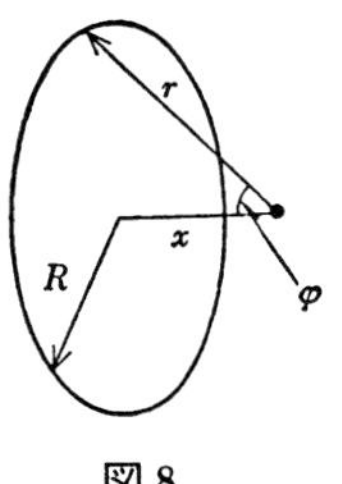

図 8

より

$$x = \frac{4\pi\varepsilon_0 r^3}{e} E \simeq \frac{4\pi\varepsilon_0 R^3}{e} E \quad (x \ll R \text{ とする．} r \simeq R)$$

$$\alpha_e = \frac{\mu}{E} = \frac{ex}{E} = 4\pi\varepsilon_0 R^3 \simeq 1.65 \times 10^{-41} \text{〔Fm}^2\text{〕}$$

5・4 図 5・9 において $a = \mu E_l / kT \simeq 10$ となる E_l を考える．$\mu = 1$ デバイ，$T = 300\text{K}$，$E \simeq E_l$ とすれば

$$E = \frac{10kT}{\mu} \simeq 10^{10} \text{〔V/m〕}$$

たとえば空気の絶縁破壊の強さは約 3×10^6 V/m で，これよりはるかに低い．

5・5 式 (5・40) より $\varepsilon_r = 1.000435$

5・6 Si の単位体積あたりの原子数は問題 1・4 より 5×10^{28}．式 (5・22) より

$$\alpha = \frac{3\varepsilon_0}{N} \frac{\varepsilon_r - 1}{\varepsilon_r + 2} = \frac{3 \times 8.854 \times 10^{-12}}{5 \times 10^{28}} \frac{11}{14} \simeq 4.17 \times 10^{-40} \text{〔Fm}^2\text{〕}$$

5・7 $\omega_0{}^2 = a/\text{m}$，式 (5・24) より

$$a = \frac{(Ze)^2}{4\pi\varepsilon_0 r^3}$$

$Z = 1$，r＝ボーア半径として 0.529 A，$m = 9.107 \times 10^{-31}$ kg を代入

$$\omega_0{}^2 = \frac{(1.601 \times 10^{-19})^2}{4\pi \times 8.854 \times 10^{-12} \times (0.529 \times 10^{-10})^3 \times 9.107 \times 10^{-31}} = 1.37 \times 10^{33}$$

$\omega_0 \simeq 4.4 \times 10^{16}$〔ラジアン/s〕

波長は

$$\lambda = \frac{3 \times 10^8}{\omega_0 / 2\pi} = 4 \times 10^{-8} \text{〔m〕}$$

これは紫外線に相当する．

5・8 温度が低くなると粘性が増して τ は大きくなると考えられる．$\omega\tau = 1$ になる周波数は減少するゆえ，図 5・18 にならって図 9 のようになる．

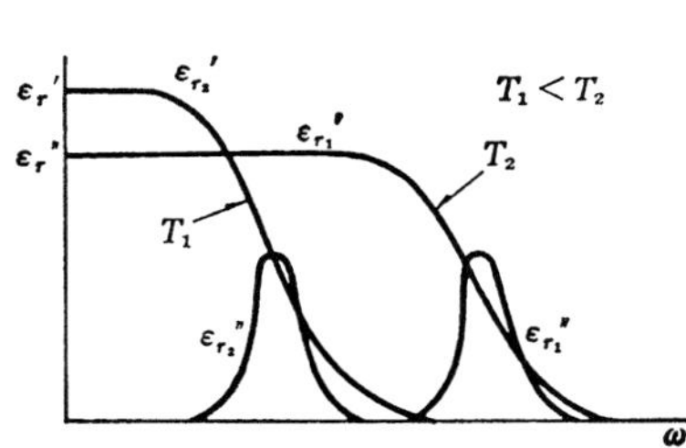

図 9

5・9 c_x は強誘電体試料．$c_0 \gg c_x$ とすると電圧

はほとんど c_x に加わり，オシロスコープの横軸には印加電圧，縦軸には分極に比例する電圧が加わる．

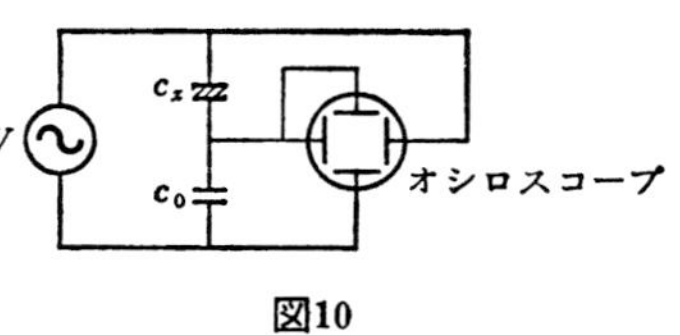

図10

5·10 図5·25（b）を参照して1分子あたりの μ は

$$\mu=4e\times0.12\text{Å}(\text{Ti})+2e\times0.06\text{Å}(\text{Ba})$$
$$+2e\times0.03\text{Å}(\text{O})$$
$$=1.06\times10^{-29}[\text{mC}]$$

$$P_s=N\mu=\frac{1}{(4\times10^{-10})^3}\times1.06\times10^{-29}=0.166[\text{C/m}^2]$$

6章

6·1 表 1·1 より Cr の2価イオンは4個の $3d$ 電子をもつ． d 殻は10個の電子が入れるので

フントの規則（1）により　$S=4\times1/2=2$

同じく　（2）により　$m_l=2,\ 1,\ 0,\ -1,\ -2$ の中始めの四つに入れて

$L=2$

同じく　（3）により　$J=L-S=0$

6·2 式（6·29）を用いる．$N\simeq5\times10^{28}/\text{m}^3$，$R\simeq10^{-10}\text{m}$，$\mu_r\simeq1$ として

$$\chi_m=\frac{N\mu_m}{H}=\frac{Ne^2R^2\mu_0}{4m}\simeq0.28\times10^{-5}$$

6·3 単位体積の原子数は

$$N=2\times\frac{1}{(2.86\times10^{-10})^3}$$

1原子あたりの磁気モーメントは

$$\frac{M_s}{N}=\frac{1.75\times10^6}{2\times\dfrac{1}{(2.86\times10^{-10})^3}}\simeq20.47\times10^{-24}\text{Am}^2\simeq2.2[\mu_B]$$

6·4 原子の磁気モーメントを μ_m とし，これに作用する分子磁界 H_i によるエネルギーと交換力によるエネルギーが等しいとおく．単位体積の原子数を N とすれば，H_i によるエネルギーは

$$-\gamma N\mu_m\times\mu_m=-\gamma N\mu_m^2 \qquad (1)$$

交換力によるエネルギーは式（6·52）の z 倍で，$S_i=S_j=S,\ \cos\theta=1$ とおいて

$$-2zJ_eS^2 \qquad (2)$$

(1)=(2) より

$$J_e=\frac{\gamma N\mu_m^2}{2zS} \qquad (3)$$

$\mu_m=-gS\mu_B$，$\gamma=\theta/C$ を入れると求める関係となる．

6·5 Zn^{2+} イオンが A 位置に優先的に入り，イオン配置は

$$(\overrightarrow{\text{Fe}}_{1-x}{}^{3+}\text{Zn}_x{}^{2+})(\overleftarrow{\text{Fe}}_{1+x}{}^{3+}\overleftarrow{\text{M}}_{1-x}{}^{2+})\text{O}_4{}^{2-}$$

となる．→は磁気モーメントの向きを示す．したがって

$$1分子あたりの磁気モーメント=\{5(1+x)+n(1-x)-5(1-x)\}\mu_B$$
$$=\{n+(10-n)x\}\mu_B$$

6・6 式（*6・63*）において〔100〕では $\alpha_1=1$，$\alpha_2=0$，$\alpha_3=0$，〔111〕では $\alpha_1=\alpha_2=\alpha_3=1/\sqrt{3}$ であるから

$$E_{a111}-E_{a100}=\frac{K_1}{3}+\frac{K_2}{27}\simeq\frac{K_1}{3}=1.4\times10^4〔J/m^3〕$$

6・7 いま〔001〕方向を z 軸にとり，この方向から磁化ベクトルを微小な角度 θ だけ回転したときのエネルギー変化を計算する．曲座標を用いて

$$\left.\begin{aligned}\alpha_1&=\sin\theta\cos\varphi\simeq\theta\cos\varphi\\ \alpha_2&=\sin\theta\sin\varphi\simeq\theta\sin\varphi\\ \alpha_3&=\cos\theta=(1-\sin^2\theta)^{1/2}\simeq1-\frac{1}{2}\theta^2\end{aligned}\right\}\qquad(1)$$

式（*6・63*）の第1項のみをとると，（*1*）を入れて

$$E_a=K_1\left\{\theta^4\sin^2\varphi\cos^2\varphi+\left(1-\frac{1}{2}\theta^2\right)^2\theta^2\right\}\simeq K_1\theta^2\qquad(2)$$

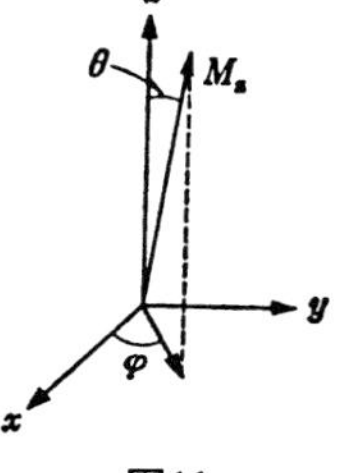

図11

一方，z 方向に H_a なる磁界があるときのエネルギーの変化は

$$E_H=-M_s\mu_0H_a\cos\theta\simeq定数+\frac{1}{2}M_s\mu_0H_a\theta^2\qquad(3)$$

（*2*）と（*3*）を比べると

$$H_a=\frac{2K_1}{\mu_0M_s}\qquad(4)$$

6・8 式（*6・74*）による．$g=2$ とする．

$$H=\frac{\omega_0}{\gamma\mu_0}=\frac{\omega_0}{\frac{ge}{2m}\mu_0}=\frac{\omega_0m}{e\mu_0}=\frac{2\pi\times10^8\times9.109\times10^{-31}}{1.6\times10^{-19}\times1.257\times10^{-6}}$$
$$\simeq2.84\times10^3〔A/m〕$$

表 6・3 の Ni Fe_2O_4 の値を用いると，単位胞は8分子からなるので

$$M_s=\frac{8\times2.3}{(8\times10^{-10})^3}\mu_B$$

前問題を参照して

$$K\simeq\mu_0M_sH_a=\frac{1.257\times10^{-6}\times8\times2.3\times9.273\times10^{-24}\times2.84\times10^3}{(8\times10^{-10})^3}$$
$$\simeq1.2\times10^3〔J/m^3〕$$

さくいん

く

け

こ

さ

著者略歴

酒井　善雄
1943年　東京工業大学電気工学科卒業
　　　　東京工業大学名誉教授　工学博士
専　攻　固体電子工学
主要著書　半導体工学，共立出版，1950年
　　　　電気材料（共著）コロナ社，1970年
　　　　半導体ヘテロ接合（共訳）森北出版，1974年

山中　俊一
1946年　東京工業大学電気工学科卒業
1998年　死去
　　　　東京工業大学名誉教授　工学博士
専　攻　電気材料
主要著書　電気物性論入門（共訳）丸善，1961年
　　　　近代電気材料工学（共著）電気書院，1970年

電気・電子工学基礎講座 3
電気物性学

1976年3月20日　第1版第1刷発行
2012年2月10日　第1版第27刷発行

定価はカバー・ケースに表示してあります．

著者との協議により検印は廃止します．

著　者　酒井（さかい）善雄（よしお）
　　　　山中（やまなか）俊一（しゅんいち）
発行者　森北博巳
印刷者　竹内一

発行所　森北出版株式会社
東京都千代田区富士見1-4-11
電話　東京（3265）8341（代表）
FAX　東京（3264）8709
日本書籍出版協会・自然科学書協会・工学書協会　会員

落丁・乱丁本はお取替えいたします　　印刷　壮光舎印刷（株）／製本　協栄製本

ISBN978-4-627-70030-7／Printed in Japan

電気物性学 [POD版]

2019年3月25日 発行

著 者 酒井善雄・山中俊一

発行者 森北 博巳

発 行 森北出版株式会社
〒102-0071
東京都千代田区富士見1-4-11
TEL 03-3265-8341 FAX 03-3264-8709
https://www.morikita.co.jp/

印刷・製本 ココデ印刷株式会社
〒173-0001
東京都板橋区本町34-5

ISBN978-4-627-70039-0 Printed in Japan